三峡工程运行后泥沙冲淤与调控

三峡工程泥沙专家组　编著

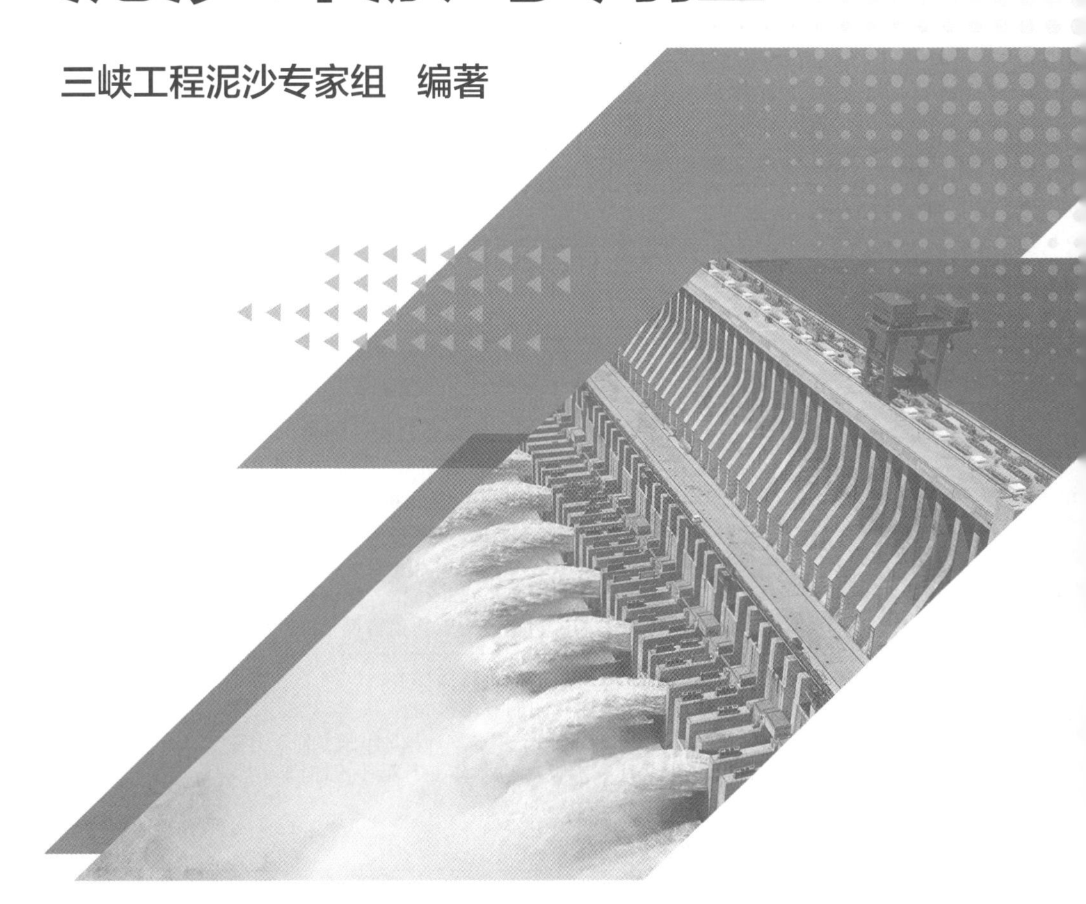

·北京·

内 容 提 要

三峡工程举世瞩目，泥沙问题是关系到三峡工程成败和效益发挥的关键技术问题之一。本书系统分析了三峡工程运行以来入库水沙变化、库区泥沙淤积、坝下游河道冲淤演变、江湖关系调整、航道演变及其治理、长江河口演变及水库运行方式优化等泥沙问题；总结了2003年三峡水库蓄水运用以来，特别是2008年175m试验性蓄水运用10年以来，三峡工程泥沙冲淤与调控的认识和经验；针对三峡工程面临的新情况、新问题和新需求，提出了今后三峡工程泥沙研究应关注的关键科技问题。

本书可供从事泥沙运动力学、河床演变与河道治理、水库调度、防洪减灾、长江治理等方面研究、规划、设计和管理的科技人员及高等院校相关专业的师生参考。

图书在版编目（CIP）数据

三峡工程运行后泥沙冲淤与调控 / 三峡工程泥沙专家组编著. -- 北京 : 中国水利水电出版社, 2020.6
ISBN 978-7-5170-8853-0

Ⅰ. ①三… Ⅱ. ①三… Ⅲ. ①三峡水利工程－水库泥沙－泥沙冲淤－研究②三峡水利工程－水库泥沙－洪水调度－研究 Ⅳ. ①TV145

中国版本图书馆CIP数据核字(2020)第171305号

书名	三峡工程运行后泥沙冲淤与调控 SAN XIA GONGCHENG YUNXING HOU NISHA CHONGYU YU TIAOKONG
作者	三峡工程泥沙专家组 编著
出版发行	中国水利水电出版社 （北京市海淀区玉渊潭南路1号D座 100038） 网址：www. waterpub. com. cn E-mail：sales@waterpub. com. cn 电话：(010) 68367658（营销中心）
经售	北京科水图书销售中心（零售） 电话：(010) 88383994、63202643、68545874 全国各地新华书店和相关出版物销售网点
排版	中国水利水电出版社微机排版中心
印刷	清淞永业（天津）印刷有限公司
规格	170mm×240mm 16开本 16.25印张 318千字
版次	2020年6月第1版 2020年6月第1次印刷
印数	0001—1500册
定价	**86.00**元

前　言

泥沙问题是贯穿三峡工程论证、设计、施工、运行中的关键技术问题之一，关系到三峡工程设计成败和高效运行。三峡工程泥沙问题的研究与解决为工程在防洪、发电、航运和供水等方面巨大综合效益的发挥提供了重要科技支撑。2003年三峡水库蓄水运用以来，由于上游干支流水库群的建设，入库水沙条件发生了显著的变化，水库调度和坝下游河道冲刷演变等面临新的问题。同时，长江流域经济社会的快速发展，以及推进长江经济带发展国家战略的实施，在防洪、发电、航运、供水和生态环境保护等方面对三峡工程综合利用提出了新的需求和更高的要求。从1993年开始，针对三峡工程在初步设计、施工建设和实际运行中面临的泥沙问题，三峡工程泥沙专家组组织国内相关单位开展了跟踪专题研究，并组织了专题调研与研讨会，在此基础上，本书系统总结了2003年三峡水库蓄水运用以来泥沙问题的研究成果，得到了以下认识和结论：

（1）20世纪90年代以来，长江上游径流量变化不大，略有减少；受水利工程拦沙、降雨时空变化、水土保持、河道采砂等因素的综合影响，输沙量大幅减少，并在相当长时间内将保持较低水平的来沙量。三峡水库入库泥沙来源发生了显著变化，个别支流暴雨洪水时产沙量大且集中，成为入库沙量的重要来源。人类活动是导致长江上游近期平均沙量大幅减小的主要因素。

（2）2003年三峡水库蓄水运用以来，截至2017年年底，水库总淤积量为16.691亿t，小于论证预测值，有效库容损失较小，仅占水库静防洪库容的0.56%。2008年175m试验性蓄水运用以来，水库淤积形态得到优化，重庆主城区走沙时间缩短，走沙期推后，总体呈略有冲刷状态，对洪水位未产生影响。

(3) 2008年三峡水库175m试验性蓄水运用以来，在保证防洪安全的条件下，探索了汛期“中小洪水”调度、汛期动态水位调度、城陵矶补偿调度等调度方式，优化了三峡水库“蓄清排浑”的运行方式，充分利用了洪水资源，进一步拓展了三峡工程综合效益。这些调整使水库淤积相对有所增大，水库平均排沙比为17.3%，小于论证时的预测值33%，但水库淤积总体控制在允许范围内。

(4) 三峡水库出库泥沙量大幅减少，坝下游河道冲刷强度、冲刷范围和发展速度均超出论证预测，目前河道冲刷已发展到长江口。2002年10月至2017年11月宜昌至湖口平滩河槽冲刷泥沙量为21.24亿m^3。长江干流同流量下枯水位显著下降，但洪水位并未明显变化，坝下游河道河势总体基本稳定，局部河势调整剧烈。

(5) 2003年三峡水库蓄水运用以来，洞庭湖和鄱阳湖汛后枯水期提前了1个月左右、枯水位延续时间加长；三口洪道和两湖湖区均已出现了由蓄水运用前的累积淤积向趋势性冲刷的逆转，对江湖之间水动力联系产生的影响已初步显现。

(6) 三峡水库蓄水运用以来，库区和坝下游航道条件得到了显著改善，但变动回水区消落期局部卵石河段尚存在少量淤积引起的碍航问题，坝下游沙质河段滩槽变化显著，航道条件年际、年内变化较大，部分砂卵石河段（芦家河、枝江水道）“坡陡流急”现象有所加剧。

(7) 三峡工程运行后，长江口来沙量显著减少，对长江口演变的影响已初步显现，河床出现冲刷和演变调整。鉴于长江口情况较为复杂，影响因素多，应加强水文泥沙监测与研究。

本书分为9章，由三峡工程泥沙专家组和邀请的相关专家共同撰写完成，撰写分工如下：第1章由胡春宏执笔；第2章由王俊和许全喜执笔；第3章由方春明执笔；第4章由胡兴娥、刘亮和任实执笔；第5章由卢金友和姚仕明执笔；第6章由刘怀汉、杨胜发、李明等执笔；第7章由李义天和孙昭华执笔；第8章由窦希萍、张志林、闻云呈等执笔；第9章由胡春宏执笔。三峡工程泥沙专家组成员谭颖教授级高工审阅了全文，提出了有益的修改意见，工作中得到了水利部三峡工程管理司的大力支持，在此表示感谢。全书由胡春宏和史红玲统稿，由胡春宏审定。

需要指出的是，三峡工程泥沙的冲淤变化及其影响是一个逐步累积的长期过程，具有偶然性和随机性。随着三峡水库的运行，三峡工程泥沙问题将不断发展变化，本书的研究内容属阶段性成果，其中所涉及的一些问题仍需要深入研究。书中存在的欠妥和不足之处，敬请读者批评指正。

三峡工程泥沙专家组组长

胡春宏

2019年8月

目　录

第1章

三峡工程泥沙问题概论

泥沙问题是贯穿三峡工程论证、设计、施工、运行中的关键技术问题之一，关系到三峡工程设计成败和高效运行。2003年三峡水库开始蓄水运用，2008年汛后实施了175m试验性蓄水，至2017年已累计运行了15年，三峡工程在防洪、发电、航运、供水等方面发挥了巨大的综合效益[1]。三峡工程泥沙专家组通过持续地对水文泥沙跟踪监测资料的分析和相关泥沙问题研究，对论证、初步设计和运行阶段开展的有关泥沙问题研究成果和工程措施效果等进行了初步检验，指导了三峡水库的优化调度运行，为三峡工程综合效益发挥和拓展提供了重要的科技支撑[2-13]。

本章在系统总结和评估2003年三峡水库蓄水运用以来水库与坝下游河道泥沙冲淤基本情况、水库优化调度效果及存在问题的基础上，针对长江出现的新情况、新问题和新需求，结合今后需要高度关注的泥沙问题，包括三峡坝下游河道强烈冲刷问题、江湖关系变化问题、三峡工程泥沙冲淤与生态环境的问题，优化并探索水库“蓄清排浑”运用新模式等，提出了三峡工程需要重点研究的泥沙关键科技问题和应对的措施。

1.1 三峡工程泥沙冲淤基本情况

1.1.1 水库“蓄清排浑”运用

根据工程初步设计，三峡水库采取“蓄清排浑”运行方式[14]，即：按175.00m—145.00m—155.00m调度，水库正常蓄水位为175.00m，汛限水位为145.00m，枯水期消落低水位为155.00m。

水库实施分期蓄水，坝前水位逐步抬高。自2003年6月开始蓄水运用以来，水库经历了3个运行阶段：2003年6月三峡水库蓄水至135.00m，进入围堰发电期，同年11月，水库蓄水至139.00m，围堰发电期运行水位为135.00（汛限水位）～139.00m（蓄水位）；2006年10月，水库蓄水至156.00m，较初步设计提前1年进入初期运行期，初期运行期运行水位为144.00～156.00m；2008年汛后水库进入175.00m试验性蓄水期。初步设计提出：2007年水库初期蓄水至156.00m，初期蓄水的历时根据移民安置和库尾泥沙淤积情况相机确定，暂定2013年水库最终蓄水至175.00m，在此6年期间，观察重庆港区的泥沙冲淤情况和研究治理对策。鉴于工程建设和移民进度总体提前，特别是入库泥沙大幅减少，水库提前实施175.00m蓄水成为可能。通过预测三峡水库入库泥沙量的变化，模拟库区泥沙淤积过程，提出水库泥沙调控技术，从而使重庆河段泥沙淤积控制在允许的范围内，因此，三峡工程泥沙专家组建议，2008年汛后水库开始实施175.00m试验性蓄水运用是可行的。建议得到了决策部门的采纳。2008年和2009年水库最高蓄水位分别达到172.80m和171.43m，2010—2017年连续8年平均实现了175.00m试验性蓄水目标，具体情况见表1.1。实测资料表明，2008年三峡水库提前5年实施175.00m试验性蓄水运用以来，水库没有出现严重的泥沙淤积情况，泥沙淤积量和淤积部位均调控在允许的范围内，提前发挥了三峡水库发电和航运等巨大的综合效益，并在水库调度运行等方面取得了许多宝贵的经验。

表1.1　2003年三峡水库蓄水运用以来历年特征水位和流量统计表

年份	汛前最低水位/m	汛期水位/m			汛期入库最大洪峰流量/(m^3/s)	汛期入库最大洪峰流量对应日期	汛期出库最大洪峰流量/(m^3/s)	汛期出库最大洪峰流量对应日期	汛后9月10日起蓄水位/m	汛后最高蓄水位/m	汛后最高蓄水位对应日期
		最低	最高	平均							
2003	135.07	135.04	135.37	135.18	46000	9月4日	44900	9月5日	135.21	138.66	11月6日
2004	135.33	135.14	136.29	135.53	60500	9月8日	56800	9月9日	136.29	138.99	11月26日
2005	135.08	135.33	135.62	135.50	45200	7月12日	45100	7月23日	135.50	138.93	12月15日
2006	135.19	135.04	141.61	135.80	29500	7月10日	29200	7月10日	135.50	155.77	12月4日
2007	143.97	143.91	146.17	144.70	52500	7月30日	47300	7月31日	144.84	155.81	10月31日
2008	144.66	144.96	145.96	145.61	39000	8月17日	38700	8月16日	145.84	172.80	11月10日
2009	145.94	144.77	152.88	146.38	55000	8月6日	40400	8月5日	145.67	171.43	11月25日
2010	146.55	145.05	161.24	151.69	70000	7月20日	41500	7月27日	161.24	175.00	11月02日
2011	145.94	145.10	153.62	147.94	46500	9月21日	28700	6月25日	152.54	175.00	10月31日
2012	145.84	145.05	163.11	152.78	71200	7月24日	45600	7月30日	159.21	175.00	10月30日
2013	145.19	145.06	155.78	148.66	49000	7月21日	35700	7月25日	157.28	175.00	11月11日
2014	146.06	145.03	168.58	152.99	55000	9月20日	45000	9月19日	162.78	175.00	10月31日
2015	149.00	144.94	166.46	150.40	39000	7月1日	31000	6月30日	156.00	175.00	10月28日
2016	145.03	144.98	161.97	149.45	50000	7月1日	31000	6月26日	146.31	175.00	11月1日
2017	145.35	145.35	157.10	150.3	32000	7月20日	29400	7月12日	153.50	175.00	10月21日

针对长江上游干支流水库群陆续建成和运行、流域防洪能力增强、汛后同时集中蓄水等新情况，为满足水利和航运部门在坝下游供水、防洪、航运等方面对三峡水库调度提出的更高需求，在保证防洪安全和泥沙淤积许可的条件下，2009 年三峡水库开始实施《三峡水库优化调度方案》，允许汛期水位上浮至 146.50m，将水库蓄水时间由 10 月 1 日提前至 9 月 15 日，10 月底可蓄至汛后最高水位。2010 年开始实施水库汛期"中小洪水"调度，并采取了汛末提前蓄水与前期防洪运用相结合的方法，水库汛末蓄水时间进一步提前至 9 月 10 日。2011 年开始，开展了水库生态调度试验。2012—2017 年期间，根据来水来沙条件，三峡水库进行了库尾减淤调度和汛期沙峰排沙调度试验，以减少库尾淤积和增加水库排沙比。这些试验均取得了较好的效果，为三峡水库优化调度积累了有益的经验[15-16]。

1.1.2 水库泥沙淤积

2003 年 6 月至 2017 年 12 月，三峡水库入库悬移质泥沙量为 21.93 亿 t，出库（黄陵庙站）悬移质泥沙量为 5.23 亿 t，不考虑三峡库区区间来沙，三峡水库累计淤积泥沙量为 16.70 亿 t，年平均淤积泥沙量为 1.15 亿 t/a，水库年平均排沙比为 23.9%。从库区泥沙淤积过程看，随着水库运行水位的逐渐抬高，泥沙淤积部位逐渐上移，排沙比也有所减小，2008 年汛后三峡水库实施 175m 试验性蓄水运用以来，2009—2017 年水库平均排沙比为 17.7%。

从三峡水库干流库区泥沙淤积沿程分布情况来看，变动回水区冲刷泥沙量为 0.74 亿 m^3，常年回水区淤积泥沙量为 15.58 亿 m^3，总体上越往坝前，淤积强度越大。从库区泥沙淤积沿高程分布情况来看，泥沙主要淤积在 145m 高程以下，占总淤积量的 92.5%，145m 以上静防洪库容淤积量为 1.25 亿 m^3，占总淤积量的 7.5%，占 221.5 亿 m^3 水库静防洪库容的 0.56%，表明水库淤积部位很有利，有效库容损失很小。

由于入库沙量减少、河道采砂影响以及采取水库泥沙减淤调控措施，库尾泥沙淤积状况良好，除局部淤积外，基本处于冲刷状态。三峡水库 175m 试验性蓄水运用后至 2017 年，重庆主城区 60km 长的河段内累计冲刷泥沙量为 1789 万 m^3（包括河道采砂），该河段没有出现累积性淤积，洪水位没有发生明显变化。

1.1.3 坝下游河道冲刷

2003 年三峡水库蓄水运用以来，坝下游河道发生了自上而下的强烈冲刷，冲刷范围很快发展至长江口。实测资料表明，2003—2017 年，宜昌至湖口河段河道平滩河槽累计泥沙冲刷量为 21.24 亿 m^3，年平均冲刷量为 1.38 亿 m^3/a。

冲刷主要集中在枯水河槽内，占总冲刷量的 92%。从冲淤量沿程分布情况来看，宜昌至城陵矶河段河床冲刷最为剧烈，平滩河槽累计冲刷量为 12.18 亿 m^3，占总冲刷量的 57%；城陵矶至汉口、汉口至湖口河段平滩河槽冲刷量分别为 3.92 亿 m^3、5.14 亿 m^3，分别占总冲刷量的 19%、24%。175m 试验性蓄水运用以来，宜昌至城陵矶河段河床冲刷强度有所下降，城陵矶至汉口河段的冲刷强度则显著增大，冲刷强度呈向下游逐渐发展的态势。宜昌至武汉河段河道的实测冲刷量与论证时预测结果基本相当，武汉以下河道实测冲刷量和冲刷范围则明显超过预测值。湖口以下河段也发生了较为强烈的冲刷，实测资料表明，2001—2016 年湖口至江阴河段平滩河槽内累计冲刷泥沙量为 11.75 亿 m^3，其中，湖口至大通、大通至江阴河段冲刷泥沙量分别占 32%和 68%。江阴至徐六泾河段（澄通河段）属近河口段，2001—2016 年澄通河段 0m 高程以下河槽累计冲刷泥沙量为 4.74 亿 m^3。

特别需要指出的是，在三峡工程运行中出现的下列两个问题需重点关注和研究：一是修建大型水库后坝下游河道萎缩的问题，这是国内外修建水库都会遇到的问题。黄河小浪底水库运行后坝下游河道已出现河道严重萎缩，2002 年后通过水库调水调沙运用得到较好的解决；丹江口水库下游汉江河道也出现了十分明显的河道萎缩问题；三峡水库下游也可能出现河道萎缩，应加强监测研究，提出应对措施。二是三峡水库下游河道强烈冲刷、河势变化与调整趋势的长期跟踪监测研究问题，如上所述，三峡水库坝下游河道冲刷量远大于水库淤积量，冲刷量是三峡水库淤积量的近 3 倍，洞庭湖和鄱阳湖汛末枯水位大幅下降与三峡及其上游水库群运用的内在关系等，都需要加强分析弄清楚其内在机理。

1.2 三峡工程泥沙问题第三方评估

2014 年，中国工程院对三峡工程整体竣工验收进行了第三方评估工作，三峡工程泥沙专家组承担了其中泥沙问题评估课题，评估时段为 2003—2013 年，对三峡工程论证和初步设计中有关泥沙问题的结论、解决措施和运行后的实际情况进行了全面评估。其中，对论证和初步设计阶段有关泥沙问题的评估内容包括：三峡水库上游来水来沙、水库分期蓄水方案、水库淤积与库容长期使用、重庆主城区河段冲淤变化及对防洪的影响、水库变动回水区和港区及常年回水区泥沙淤积对航道的影响、坝区泥沙淤积及其影响、维持宜昌枯水位的措施、坝下游河床冲刷和对堤防安全的影响、坝下游河床演变对航道的影响、三峡水库运用对长江口的影响等 10 个方面。对水库调度运行相关泥沙问题的评估与分析内容包括“中小洪水”调度及其影响、汛末提前蓄水时间、水库其他调度调整、江湖关系变化及其影响、河道与航道整治工程及其影响、河道采砂的影响等 6 个方面。并对社会公众关注的若干热点泥沙问题作了说明与分析。

1.2.1 主要评估结论

泥沙问题是三峡工程建设需要解决的关键技术问题之一。在三峡工程论证、设计、建设和运行的各个阶段，工程泥沙问题始终坚持原型监测调查与分析、泥沙数学模型计算与实体模型试验紧密结合的研究方法，对重大的工程泥沙问题组织多家单位参与进行系统、持续和平行的研究，以吸纳各种不同意见，多方比较，集思广益，形成较为全面的认识，为三峡工程建设规模、运行方式、有效库容长期保持等重大技术问题的解决提供了重要支撑。并在泥沙运动理论、模拟技术和调度运用等方面取得了一批高水平的研究成果。

评估认为，2003 年三峡水库蓄水运用以来，入库泥沙量大幅度减少，水库运行基本遵循"蓄清排浑"的原则，并根据实际情况，对水库运行调度方案进行了适当调整，水库实测泥沙淤积量明显小于论证和初步设计阶段的预测值，水库防洪库容损失率很小。目前水库泥沙淤积尚未对重庆主城区河段洪水位产生影响，三峡库区航运条件得到明显改善，坝区泥沙淤积未对发电和引航道通航造成不利影响。坝下游河道冲刷不断向下游发展，冲刷速度较快、范围较大，局部河段河势调整剧烈，崩岸时有发生，江湖关系发生一定变化，但至今坝下游河道总体河势基本稳定，堤防工程基本保持安全稳定，未出现重大险情。三峡水库调节提高了坝下游河道枯水流量的航道水深，洲滩冲淤变化对航运造成的影响可通过航道整治工程、疏浚和水库调度等加以克服。长江入海泥沙大幅度减少，长江口河床冲刷逐渐显现，但长江口总体格局尚未出现显著变化。

评估表明，水库提前至 2008 年汛后实施 175m 试验性蓄水是合适的，淤积在有效库容内的泥沙量小于初设预测值，不仅提早发挥了三峡水库的综合效益，而且取得了许多宝贵的经验。水库汛期实施"中小洪水"调度提高了汛期水资源利用率，对水库淤积的影响是可以接受的，对坝下游河道长期演变和行洪能力可能有一定影响。

综上所述，三峡水库采用"蓄清排浑"的运行方式解决泥沙问题是正确的，2003 年三峡水库蓄水运用以来，三峡工程泥沙问题及其影响未超出原先的预计，局部问题经精心应对处于可控之中。今后，随着三峡水库上游干支流新建水库群的联合调度和蓄水拦沙，三峡水库入库泥沙量在相当长时段内将处于较低的水平，三峡水库的泥沙淤积总体上会进一步减缓，有利于水库有效库容的长期保持。从泥沙问题角度来看，三峡水库正式进入正常运行期是可行的。

1.2.2　存在问题与建议

1. 问题

评估认为：泥沙的冲淤变化及影响总体上是一个逐步累积的长期过程，至2014年，三峡工程仅运行11年，入库水沙也还未经历大水大沙年份，泥沙问题尚处于初始阶段。今后随着时间的推移，泥沙问题的影响和后果会逐渐累积和加剧。同时，泥沙问题具有偶发性和随机性，如局部河段的岸坡滑移、堤岸崩塌、主流摆动、河床剧烈调整等，必须随时应对。2003年三峡水库蓄水运用以来，已经暴露出以下主要泥沙问题：

（1）重庆主城区河段因砾卵石淤积与推移而导致消落期局部河段航行条件困难，铜锣峡以下变动回水区与常年回水区重点河段累积性淤积对航道形成潜在威胁。

（2）水库“蓄清排浑”运行方式在汛期低水位排沙与壅水发电和航运调度之间存在一定矛盾；汛期“中小洪水”调度、汛期水位上浮、推迟消落等可能引起库区泥沙淤积量增加和坝下游河道萎缩，并加大后续洪水的防洪风险。

（3）坝下游河道冲刷向下游发展速度较快，宜昌枯水位偏低，崩岸时有发生，局部河段河势调整剧烈，部分河段非法采砂等，对长江中下游防洪与航运构成威胁。

（4）江湖关系的发展变化，洞庭湖口和鄱阳湖口水位下降、分流量和分沙量减少，以及对两湖防洪、水资源和环境的影响，尚缺乏全面、综合的研究。

（5）进入长江口的泥沙量大幅度减少对长江口冲淤演变的影响尚未深入研究。

2. 建议

评估认为：上述泥沙问题将随着三峡水库的持续运行而不断发展和变化，事关长江防洪与航运安全，直接影响三峡工程的综合功能和长远效益的发挥，也将成为社会新的关注点，需要密切跟踪监测和深入研究，并提出应对策略。为了配合三峡水库的优化调度，充分发挥三峡工程的综合效益，根据三峡水库蓄水运用以来的经验和新出现的泥沙问题，对今后三峡工程泥沙工作提出如下建议：

（1）坚持长期水文泥沙监测，制定和实施三峡工程的泥沙原型监测长远计划；加强长江上游来水来沙变化、水库有效库容长期保持、下游河道冲刷与水位变化、江湖关系变化、下游生态泥沙、长江口演变等方面的科学研究。

（2）高度重视水库调度运用中的有关泥沙问题，包括水库如何坚持和优化“蓄清排浑”的运用方式、汛期“中小洪水”调度控制指标及其影响、实现上游水库群联合优化调度等。

（3）抓紧研究拟议中的水库上下游重点河段的河道治理、航道整治、浅滩治理等工程，并根据具体情况适时实施这些重点河段的整治工程。

1.2.3 社会公众关注的若干问题

三峡工程举世瞩目，尽管工程已经顺利建成并发挥巨大效益，但它的利弊问题仍为社会所关注。在评估中，本着实事求是的科学态度，对社会公众关注的一些热点问题作了认真的分析。

1. 关于三峡水库有效库容能否长期保持问题

三峡水库的有效库容指的是正常蓄水位175m至防洪限制水位145m之间的防洪库容，以及175m水位至枯水期最大消落水位155m之间的兴利调节库容。在工程论证阶段，按照入库年平均来沙量4.9亿t/a（寸滩站＋武隆站）和宜昌站年平均输沙量5.3亿t/a，以及上游不建库的条件，采用水沙数学模型进行计算，结论是采用“蓄清排浑”的调度运行方式，在三峡水库运用100年达到冲淤平衡后，防洪库容可以保持86%，兴利调节库容可以保持92%。但是近20年来，由于上游水库拦沙、水土保持、降水减少和河道采砂等作用，特别是在上游金沙江、嘉陵江等干支流上修建了一系列水库后，三峡入库年平均输沙量不到2亿t/a，2013年仅为1.22亿t/a，未来入库沙量还将维持在较低水平，因而三峡水库泥沙达到冲淤平衡的年限将会大大延长；2003年三峡水库蓄水以来，库区年平均淤积泥沙仅1.39亿t/a，约为论证阶段预测的40%，且淤积主要分布在145m死水位以下，145m以上有效库容仅损失0.56%。因此，关于有效库容能否长期保持的问题，实际情况更好于当年论证结论。换言之，三峡水库不可能成为“第二个三门峡”。

2. 关于三峡水库运用后坝下游河道的强烈冲刷问题

2003年三峡水库蓄水运用后，由于水库清水下泄，坝下游河道出现强烈冲刷。2003—2013年，坝下游河道沿程冲刷已至湖口以下，年平均冲刷强度为10.8万$m^3/(km \cdot a)$；冲刷相对集中在宜昌至城陵矶河段，年平均冲刷强度为18.8万$m^3/(km \cdot a)$。长江中下游河道冲刷发展的速度较快，范围较大，其原因是由于入库和出库的泥沙量都有大幅度的减少、水流挟沙能力不饱和，以及河道大规模采砂等。坝下游河道冲刷虽然导致河床演变与调整，但长江中下游河道的河势总体稳定。

坝下游河道冲刷的影响有利有弊。在防洪方面，有利的影响是河床冲深后同流量下的水位有所下降，因而有利于河道行洪；不利的影响是近岸河床明显冲深后，护岸工程下部的岸坡变陡，堤防“崩岸”的现象有所增多，增加了汛期抢护和汛后加固的工作量。在江湖关系方面，有利的影响是入湖泥沙显著减少，从而减缓通江湖泊特别是洞庭湖的淤积和萎缩；不利的影响是在三峡水库蓄水期，下泄流量减小，加之河道冲刷，使坝下游河道水位降低，与蓄水运用前相比，通江湖泊出流加快，汛后提前进入枯水期，从而影响湖区的水资源利用，这在鄱阳湖和洞庭湖都较为明显。在对长江口的影响方面，有利的影响是通过水库调节后枯水期流量有所增加，从而减小咸潮上溯的概率；不利的影响是入海泥沙减少，将使滩涂围垦造地减缓。

坝下游河道清水冲刷的影响具有累积性和不确定性，达到新的冲淤平衡将有一个过程。目前已经显现的不利影响首先是堤防的“崩岸”问题，其次是江湖关系变化问题。据统计，自2003年蓄水以来坝下游干流总计发生崩岸698处，崩岸总长度495.9km，但大部分仍位于蓄水运用前的原崩岸段和险工段。崩岸发生后，经过抢护和加固，岸坡总体稳定。加之三峡水库汛期的削峰调度，汛期最大下泄流量控制在45000m^3/s以内，坝下游河道未经历大的洪水考验，因此，未因河道冲刷而发生重大险情。至于江湖关系变化问题，有关部门已在积极开展研究，可以通过适当的工程措施尽可能消除其不利影响。

3. 关于水库“蓄清排浑”运用方式与防洪作用是否存在矛盾问题

三峡上游的来水量和来沙量在年内分配是不均匀的，汛期的来沙量占全年的70%以上。为了使三峡水库既能发挥防洪效益，又能长期保留有效库容，在工程论证和初步设计中都规定了水库采取“蓄清排浑”的运用方式，即在来沙量多的汛期使水库在较低的防洪限制水位145m运行，以尽可能多地排出泥沙，而在来沙量少的汛末开始逐步蓄水至较高的正常蓄水位175m，实行兴利运用。在汛期，如果遇到大洪水，水库就要利用防洪限制水位以上的防洪库容拦洪削峰，这就不可避免地要增加水库的泥沙淤积，但这是小概率事件，且在洪峰过后随着水位的回落仍可加大排沙。对于三峡水库来说，由于它是河道型水库，更有利于水库排沙。在工程论证时，已有明确结论，即使采用不利的水沙系列分析，通过水沙数学模型计算，三峡水库的有效库容仍可以长期保持。三峡水库蓄水运用以来，由于上游采用水库拦沙、水土保持、河道采砂等方式，入库泥沙量已大幅减少，达到冲淤平衡的时限将大大延长。因此，三峡水库采用“蓄清排浑”的运用方式，不仅与防洪作用没有矛盾，而且恰恰是保证其长期发挥防洪效益的必要条件。

4. 关于推移质泥沙是否会堵塞重庆港问题

河流中泥沙分为推移质和悬移质两种，推移质又分为沙质推移质和砾卵石推移质。河道上修建水库后，推移质因其颗粒较粗，容易在库尾沉积，发生“翘尾巴”现象。有学者根据长江上游支流的推移质运动情况，推断重庆以上长江的推移质输沙量约有1亿t，三峡成库后入库形成的“翘尾巴”淤积不仅短期内就会阻塞航道，破坏重庆港，而且还要抬升洪水位，加重洪水灾害，以至淹没江津、合川等地。但是勘测设计单位根据对川江砾卵石推移质的调查、测验、试验和研究成果认为，川江砾卵石推移质的数量并不大，论证阶段朱沱站和寸滩站实测年平均砾卵石推移质输沙量分别仅为 32.8 万 t/a 和 27.7 万 t/a。其主要原因是长江上游支流河道比降大于干流比降，干流砾卵石推移质输沙能力减弱，大颗粒砾卵石推移质沿程沉积，导致其不断细化。自 20 世纪 90 年代以来，进入三峡的实测沙质推移质和砾卵石推移质泥沙数量总体都呈下降趋势。如寸滩站 1991—2002 年年平均沙质推移质和砾卵石推移质输沙量分别为 25.83 万 t/a 和 15.4 万 t/a；三峡水库蓄水运用后的 2003—2013 年，实测年平均沙质推移质和砾卵石推移质输沙量仅为 1.47 万 t/a 和 4.36 万 t/a，比 1991—2002 年减少了 94%和 72%。三峡入库推移质输沙量大幅减小，主要与上游水库拦沙、水土保持及河道采砂增多等因素有关。因此，三峡工程的修建不会出现堵塞重庆港和加重重庆以上洪水灾害的问题。

三峡水库蓄水运用 11 年来，重庆港各港区均未出现因泥沙淤积而影响港口正常运行的情况。2013 年重庆港完成货物吞吐量 1.37 亿 t，其中集装箱吞吐量达 90.58 万 TEU，成为西部地区重要的枢纽港。

1.3 三峡工程未来面临的泥沙问题

随着自然气候演变和强烈人类活动的双重影响，以及相关国家战略的实施，当前三峡工程面临着：上游来沙锐减、三峡库区泥沙淤积减缓、重庆河段冲刷等新情况；坝下游河道强烈冲刷、河道枯水位大幅下降、荆江三口分流锐减、两湖水位提前消落等新问题；推动长江经济带发展和长江“黄金水道”建设等国家战略的实施，对三峡及长江上游干支流控制性水库群的运行调度提出的新需求。三峡工程泥沙专家组将针对这些新情况、新问题和新需求，将持续开展跟踪监测与研究，为三峡工程安全、高效、健康运行提供科技支撑。

1.3.1 三峡工程面临的新情况

1.3.1.1 三峡水库入库泥沙大幅减少

受水库拦沙、降雨时空变化、水土保持减沙和河道采砂等多重因素影响，长江上游干支流来沙量锐减。据统计，2003—2017 年三峡入库年平均泥沙量与 1956—2002 年平均值相比，减少了约 2/3；2016 年和 2017 年的入库沙量不足 5000 万 t，减少幅度在 90%以上，如图 1.1 所示。

1. 长江上游干支流水沙变化

三峡水库上游来沙量主要来源于金沙江、岷江、嘉陵江、乌江及三峡库区

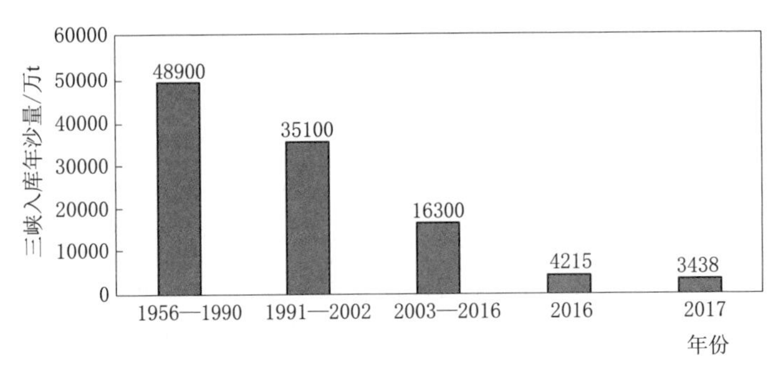

图 1.1　不同时段三峡水库入库泥沙量变化过程

区间。自 20 世纪 90 年代以来，受水利工程拦沙、降雨时空分布变化、水土保持及河道采砂等因素的综合影响，长江上游主要干支流输沙量都明显减少。

金沙江是三峡水库泥沙的主要来源区，1953—2010 年屏山站多年平均径流量为 1439 亿 m^3，输沙量为 2.383 亿 t，径流量占三峡入库（寸滩站＋武隆站）的 36.8%，输沙量占 57.2%。实测资料表明，近年来金沙江的径流量无明显变化，自 2000 年以后输沙量明显减小。金沙江干流规划分 20 余级进行梯级开发，这些水库库容大，拦截泥沙持续时间较长，特别是金沙江下游 4 级梯级水库（乌东德、白鹤滩、溪洛渡、向家坝）拦沙作用巨大。自 2012 年和 2013 年向家坝和溪洛渡水电站分别蓄水运用后，由于水库的拦沙作用，2017 年向家坝出库年输沙量为 148 万 t，仅占寸滩站的 4.3%。

20 世纪 60 年代，嘉陵江出口控制站北碚站年平均径流量和年平均输沙量均较大，分别达 753 亿 m^3 和 1.79 亿 t；20 世纪 90 年代，北碚站年平均径流量为 552 亿 m^3，年平均输沙量锐减至 0.411 亿 t；而 2003—2017 年北碚站年平均径流量为 633 亿 m^3，年平均输沙量仅为 0.27 亿 t。

乌江下游控制站武隆站多年平均径流量无明显趋势性变化，多年平均输沙量为 0.264 亿 t。根据有关调查，截至 2005 年，乌江流域已建成的大型水库总库容达 100 亿 m^3，相对于流域输沙量，具有很大的拦沙库容。2003—2017 年武隆站实测年平均径流量和年平均输沙量分别为 439 亿 m^3 和 468 万 t。

2. 三峡入库水沙变化

由于长江上游干支流水库等的减沙作用，三峡入库泥沙自 20 世纪 90 年代以来呈大幅减少的趋势。20 世纪 90 年代以前，三峡水库年平均入库悬移质泥沙量（朱沱站＋北碚站＋武隆站）为 4.8 亿 t，1991—2002 年的年平均量为 3.57 亿 t，2003—2017 年的年平均量为 1.55 亿 t，变化过程如图 1.2 所示。近年来三峡入库泥沙量大幅减少，主要是由于干流向家坝和溪洛渡水电站蓄水运用后的拦沙作用，以及嘉陵江等支流水电站的建设。

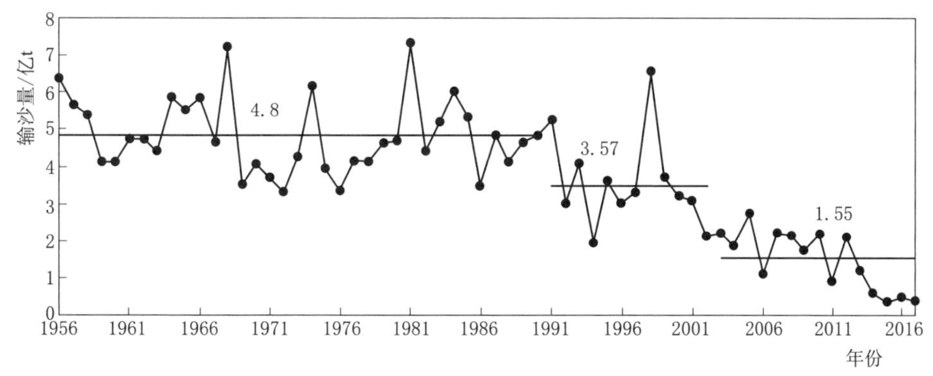

图 1.2　三峡水库入库悬移质泥沙量（朱沱站＋北碚站＋武隆站）变化过程

自 20 世纪 80 年代以来，进入三峡水库的推移质输沙量总体呈下降趋势。1991—2002 年，寸滩站实测沙质推移质年平均输沙量为 25.8 万 t，砾卵石推移质为 15.4 万 t；2016 年寸滩站砾卵石推移质输沙量为 0.928 万 t，2017 年为 3.75 万 t，如图 1.3 所示。

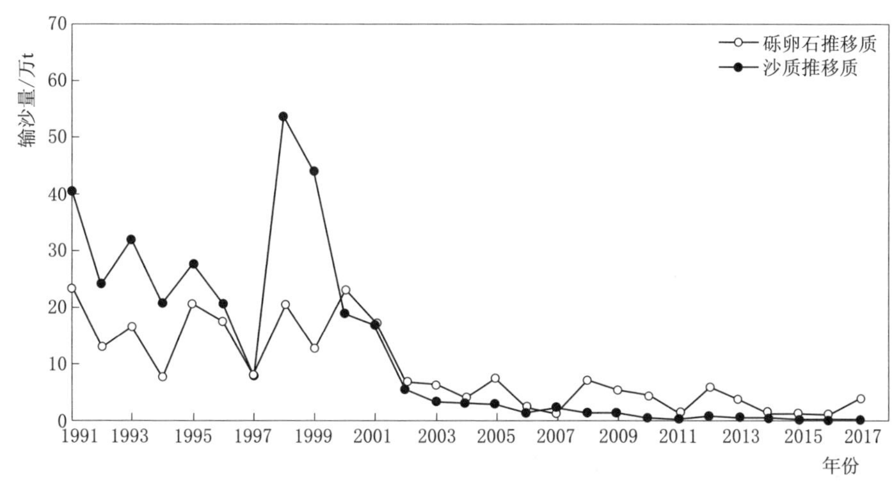

图 1.3　寸滩站砾卵石和沙质推移质输沙量

1.3.1.2　三峡水库淤积减缓

2003 年 6 月至 2017 年 12 月，三峡水库年平均淤积泥沙量为 1.15 亿 t/a，仅为论证阶段（数学模型采用 1961—1970 系列年）预测成果的 35%。

三峡水库围堰发电期，2003 年 3 月至 2006 年 10 月库区累计淤积泥沙量为 5.44 亿 m^3，年平均淤积量为 1.81 亿 m^3/a，泥沙主要淤积在丰都至奉节段和奉节至大坝段；初期运行期，2006 年 10 月至 2008 年 10 月库区累计淤积泥沙量为 2.50 亿 m^3，年平均淤积量为 1.25 亿 m^3/a；进入 175m 试验性蓄水运用后，2008 年 10 月至 2017 年 11 月库区累计淤积泥沙量为 6.90 亿 m^3，年平均淤积量为 0.77 亿 m^3/a，随着回水范围向上游延伸，奉节至丰都段泥沙淤积占总淤积量的比例逐渐增加，大坝至奉节段泥沙淤积占总淤积量的比例则逐渐减小。

2003 年三峡水库蓄水运用以来，随着汛期坝前平均水位的抬高，水库排沙效果有所减弱。三峡工程在围堰发电期的水库排沙比为 37%；初期蓄水期的水库排沙比为 18.8%，175m 试验性蓄水运用后的水库排沙比为 17.3%。

从淤积沿高程分布情况来看，145m 高程以下淤积泥沙量为 15.46 亿 m^3，占 175m 高程以下库区总淤积量的 92.5%，淤积在水库防洪库容内的泥沙量为 1.25 亿 m^3，占 175m 高程已下库区总淤积量的 7.5%，占水库防洪库容的 0.56%，水库有效库容损失较小。按新的水沙条件计算分析表明，三峡水库泥沙淤积平衡年限将由论证时的 100 年延长到 300 年以上。

1.3.1.3 重庆主城区河段发生冲刷

重庆主城区河段位于三峡水库库尾的变动回水区内，该河段的泥沙淤积问题在论证和初步设计阶段是最为关注的问题之一。三峡水库围堰发电期和初期运行期，重庆主城区河段尚未受三峡水库壅水影响，受上游来沙减少和采砂等影响，重庆主城区河段总体略有冲刷。175m 试验性蓄水运用以来，2008 年 9 月至 2017 年 12 月重庆主城区河段实测累计冲刷泥沙量（含河道采砂作用）为 1789 万 m^3，其中边滩淤积量为 149 万 m^3，主槽冲刷量为 1938 万 m^3，河床平均冲深了 0.45m。三峡水库 175m 试验性蓄水运用以来的实践表明，重庆河段没有出现累积性淤积、洪水位没有变化，较论证期间得到的相应时段泥沙淤积量 4500 万 m^3，20 年一遇洪水位将抬高约 0.8m 的预测结果有很大的改善。

1.3.2 三峡工程面临的新问题

1.3.2.1 坝下游河道发生全线强烈冲刷

1. 坝下游河道冲刷情况

三峡水库蓄水运用以来，2003—2017 年坝下游宜昌至长江口发生全线冲刷。其中，宜昌至湖口河段总体表现为“滩槽均冲”，平滩河槽累计冲刷泥沙量为 21.24 亿 m^3，以基本河槽冲刷为主，约占平滩河槽冲刷量的 92%，年平均冲刷量为 1.38 亿 m^3/a。从冲刷强度沿程分布变化情况来看，三峡水库蓄水运用后，2003—2017 年各河段的冲刷强度如图 1.4 所示，宜昌至城陵矶段冲刷强度最大。

从分段冲刷量分布情况来看，三峡水库蓄水运用后，2002 年 10 月至 2017 年 10 月，宜昌至枝城河段河床冲刷剧烈，平滩河槽累计冲刷泥沙量为 1.67 亿 m^3，冲刷主要集中在三峡水库蓄水运用后的前几年，之后冲刷强度逐渐减弱；荆江河段累计冲刷泥沙量为 10.5 亿 m^3，其中，围堰蓄水期年平均冲刷量为 0.82 亿 m^3/a，初期蓄水期年平均冲刷量为 0.177 亿 m^3/a，175m 试验

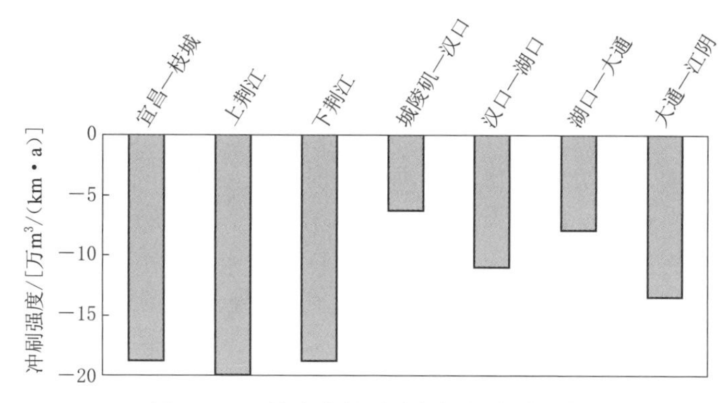

图 1.4 三峡水库坝下游各河段冲刷强度

性蓄水期年平均冲刷量为 0.77 亿 m^3/a，目前该河段冲刷仍在发展之中；城陵矶至汉口河段平滩河槽冲刷量为 3.92 亿 m^3，汉口至湖口河段平滩河槽冲刷量为 5.14 亿 m^3，湖口至长江口河段也已发生全线冲刷。

2. 实际冲刷量与原预测值的比较

2003 年三峡水库蓄水运用以来，长江中下游河道发生自上而下的长距离沿程冲刷，冲刷范围已达长江口，发展范围超过论证和初设阶段的预测。2003—2013 年水库坝下游河段实测与原预测第 1 个 10 年冲刷量比较见表 1.2，由表 1.2 可见宜昌至武汉河段的实测冲刷量与预测结果基本相当，武汉以下河道实测冲刷量和冲刷范围明显超过预测值。

表 1.2 三峡水库运用 10 年时长江中下游河道年平均冲淤量对比 单位：亿 m^3

阶 段	河 段	水科院预测值	长科院预测值	2002 年 10 月至 2012 年 10 月实测值
初设（1961—1970 水沙系列年）	宜昌—城陵矶	−0.788	−1.188	−0.766
	城陵矶—武汉	−0.244	−0.064	−0.159
	武汉—九江	0.151	0.189	−0.262（武汉—湖口）
	九江—大通	0.161	0.061	−0.156（湖口—大通）
“九五”（1991—2000 水沙系列年）	宜昌—城陵矶	−0.746	−0.833	−0.766
	城陵矶—武汉	−0.279	−0.138	−0.159
	武汉—九江	0.202	0.102	−0.262（武汉—湖口）
	九江—大通	0.06	0.003	−0.156（湖口—大通）

1.3.2.2 汛期水库实施“中小洪水”调度的影响

2008 年三峡水库 175m 试验性蓄水运用以来，针对长江上游干支流水库群建设、入库水沙量减少等新情况，为满足水利部门和航运部门在坝下游供水、防洪、航运等方面对三峡水库调度提出的更高需求，在保证防洪安全和泥沙淤积许可的条件下，2009年开始实施《三峡水库优化调度方案》，允许汛期水位上浮至146.5m，2010年开始明确了“当长江上游发生中小洪水，根据实时雨水情况和预测预报，在三峡水库尚不需要实施对荆江或城陵矶河段进行防洪补偿调度，且有充分把握保障防洪安全时，三峡水库可以相机进行调洪运用”。2010年三峡水库实施“中小洪水”调度以来，汛期水库实际控制下泄流量未超过45000m^3/s，汛期水库平均水位较汛限水位145m有较大幅度提高，进一步提高了汛期水资源利用率，提高了水库的蓄满率。根据实测资料分析，2003—2006年汛期平均水位为135.5m，2007—2009年为145.6m，2010—2017年为150.6m，其中，2012年汛期平均水位为152.78m，2014年为152.99m。上述3个时段奉节以上库段淤积量占同期水库总淤积量的比例逐渐增加，而奉节至大坝库段淤积量占比逐渐减少，表明库区淤积分布逐渐上移，如图1.5所示。特别需要指出的是，三峡水库实施“中小洪水”调度使坝下游河道造床能力减弱，对河道滩槽演变和洪水过流能力将产生长期的影响，有可能造成坝下游河道萎缩等问题，这些问题还有待进一步观察与研究。

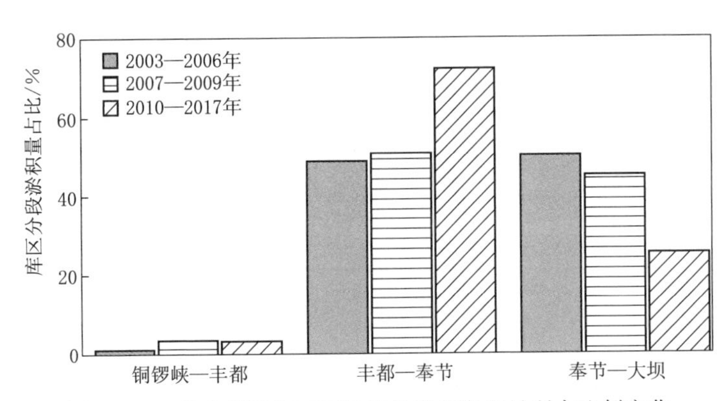

图1.5 三峡水库汛期不同时段各库段淤积量所占比例变化

1.3.2.3 荆江三口分流入湖水量锐减

受三峡水库汛后蓄水对出库径流过程的调节和坝下游河道剧烈冲刷等因素的影响，2003年三峡水库蓄水运用以来，荆江三口分流分沙量大幅减少。1991—2000年荆江三口5个水文站实测合计年平均分水量为622.4亿m^3，而2003—2017年荆江三口5站合计年平均分水量为480亿m^3，分水量减少了142亿m^3，减幅22.9%；年平均分沙量则由6780万t减少到867万t，减幅87.2%，如图1.6所示。荆江三口分流量的显著减少，加剧了四口河系地区季节性、区域性缺水的矛盾。

2003年三峡水库蓄水运用以来，分流进入洞庭湖的水量与沙量大幅度减

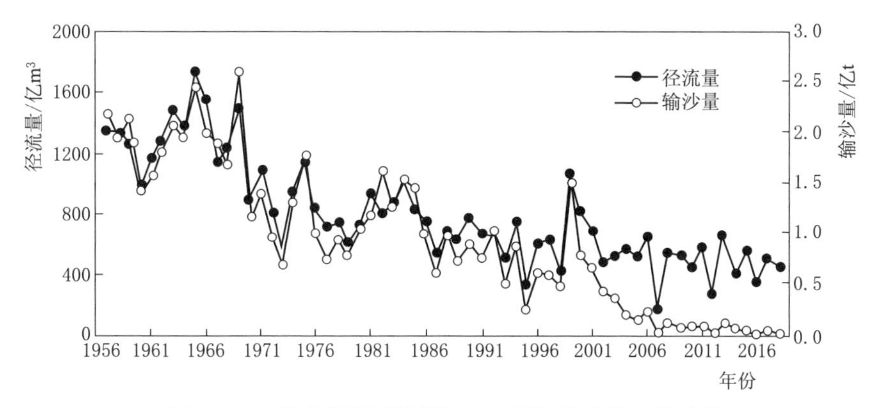

图1.6 三峡水库坝下游荆江三口历年分流分沙量过程

少，减轻了洞庭湖的淤积，与论证预测是一致的。三口分流量的减少主要是由于期间长江干流水量偏少和水库对年内流量的消丰补枯调节作用影响，而在枝城站同径流量下，三口分流比并无明显变化。三口分沙减少主要是由于三峡及上游水库群的拦沙作用，对减轻三口河道和洞庭湖的淤积萎缩是有利的，洞庭湖进出湖沙量相差不大，基本冲淤平衡。

1.3.2.4 洞庭湖和鄱阳湖汛后提前进入枯水期

2003年三峡水库蓄水运用以来，进入坝下游河道的水沙过程发生了很大变化，改变了水文节律，长江与洞庭湖、鄱阳湖（以下简称“两湖”）关系也发生了新的调整。水库汛后蓄水期长江干流水位降低，长江对两湖出流顶托减弱，两湖出流加快，湖区水位有不同程度的降低，使洞庭湖和鄱阳湖枯水期提前了1个月左右，对两湖地区水资源、水生态与水环境等产生较大影响，已成为近年社会关注的热点问题。

2008—2016年两湖水位与三峡水库蓄水运用前相比：洞庭湖城陵矶站9—10月平均水位降低了1.70m，10月下旬平均水位降低了2.94m，枯水期提前30～40d；鄱阳湖星子站9—10月平均水位降低了2.23m，10月下旬平均水位降低了3.40m，鄱阳湖枯水期提前20～30d，如图1.7和图1.8所示。

两湖具有夏季涨水为湖、秋冬季落水为河的季节性景观，形成了敞水带、季节性淹水带、滞水低地为主的湖泊湿地景观。江湖关系的变化打破了通江湖泊自然水文节律，影响到两湖的湿地生态系统质量，主要包括湿地景观呈破碎化趋势、湿地植被发生正向演替、越冬候鸟生境发生趋势性变化、水生动物生存空间萎缩。

1.3.2.5 非法采砂对河势稳定与生态环境的影响

三峡水库变动回水区采砂将破坏边滩和河道，低水位期水位降落，采砂区水流条件恶化，对航道维护及船舶航行造成影响。长江中下游河道采砂将影响

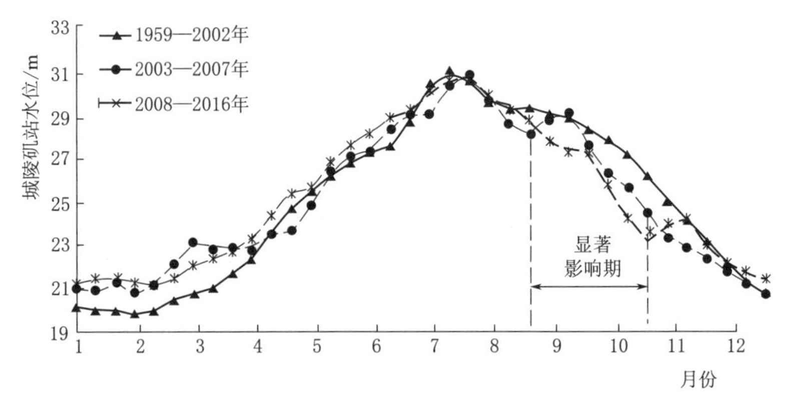

图 1.7 不同时段洞庭湖城陵矶站水位变化过程对比

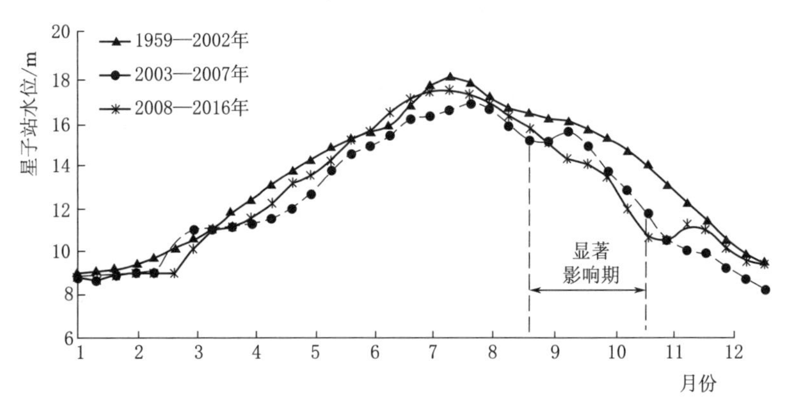

图 1.8 不同时段鄱阳湖星子站水位变化过程对比

河道与航道稳定，也导致断面（地形）法和悬移质输沙量平衡法统计得到的河道冲淤量不相匹配。长江通江湖泊采砂将威胁堤防安全，破坏底栖、水生、陆生生物栖息场所和食物源，加速重金属等污染物的释放，造成二次污染。鄱阳湖入江水道采砂，入江水面断面扩大，落差减小，也加剧了湖区枯水期水位下降。

1. 三峡水库变动回水区河道采砂的影响

三峡水库变动回水区河道采砂造成边滩破坏，低水位期水位降落，采砂区水流条件恶化，对航道维护及船舶航行造成的影响开始显现。航道部门通过对2007—2016年实测地形对比分析，表明期间变动回水区寸滩至涪陵段河道采砂造成的地形变化量为0.93亿m^3，单个采砂数量达到500万m^3的采砂坑有4个，超过100万m^3的采砂坑有24个。河道采砂后使完整滩面遭受破坏，对周围水位和水流条件产生影响，比较重要的下洛碛、腰膛碛等边滩被破坏后，已经对船舶航行造成影响。

2. 长江中下游河道采砂的影响

三峡工程运行后，干流进入长江中下游的推移质和粗颗粒悬移质都被拦截在水库内，支流大都也有水库拦截泥沙，长江中下游河道已缺少砂石补给。为了避免采砂对河道平衡带来不利影响，水利部门制定了相应的采砂规划，按照规划，2016—2020年长江中下游干流河道年度采砂控制总量为8330万t，但盗采仍难以避免。非法采砂影响河道与航道稳定，也是断面（地形）法和悬移质输沙量平衡法统计河道冲淤量不匹配的重要原因之一。

3. 鄱阳湖入江水道采砂的影响

三峡工程运行后，鄱阳湖枯水位下降引起了广泛关注。有关研究表明，三峡水库及其上游水库群汛后蓄水，9月和10月对湖口水位的直接降低作用较大，同时带动入江水道冲刷。鄱阳湖入江水道冲刷和采砂使入江水道断面扩大是造成鄱阳湖冬季枯水位下降的主要原因之一，目前已禁止鄱阳湖入江水道关键部位的采砂活动。

1.3.3 三峡工程面临的新需求

1.3.3.1 推动长江经济带发展国家战略

随着我国生态文明建设战略的不断推进，长江经济带发展提出，共抓大保护、不搞大开发，把长江生态修复放在压倒性的位置。水利工程既是保障社会经济发展的基础性战略性工程，也是实现河湖生态系统修复与保护的重要措施。在山水林田湖草生态保护修复中，要充分发挥水利工程对山水林田湖草这个生命保障系统的调节作用。正确处理好开发与保护之间的关系，在长江经济带发展与长江大保护中至关重要。

1.3.3.2 提高长江航运能力

1. 三峡库区航运需求

2003年三峡水库蓄水运用后，特别是2008年汛后实施175m试验性蓄水运用后，库区航道条件得到大幅改善，航道等级由Ⅲ级提升至Ⅰ级，主力船型由蓄水运用前的1000t级提升到5000～8000t级，远超初步设计的船型标准。鉴于船舶大型化趋势，5000t级及以上货船已成为主力船型。常年回水区个别库段由于泥沙淤积，造成边滩向主航道延伸，部分码头前沿水深减小，对码头正常运行造成影响，黄花城、凤尾碛、兰竹坝、平绥坝—丝瓜碛水道等宽谷与分汊段泥沙累积性淤积量较大。变动回水区，在消落期恢复到天然河道后，复杂滩险河段通航条件仍然较差，局部卡口河段航道尺度尚不能满足大型船舶航行的新需求，制约了三峡工程航运效益的进一步发挥，需通过航道维护及疏浚保持航道畅通。

2. 三峡坝下游航运需求

由于长江沿江经济社会和水运发展需要，坝下游河道通过实施河势控制和航道整治工程，航道条件大幅改善，航运快速发展，至2016年，长江货运量达23.1亿t。目前，长江中游航道宜昌至荆州航段、荆州至城陵矶航段、城陵矶至武汉航段最小维护水深分别提升至3.5m、3.8m、4.0m，主汛期维护水深则整体提升至5.0m，最大提升幅度为31%；武汉至安庆航段最小维护水深提升至4.5m，主汛期维护水深提升至6.0m，提升幅度为20%。但长江经济带的高速发展，黄金水道的建设，对长江中下游航道维护水深仍有提升的需求，特别是长江中游荆江河段航道已成为长江航道的瓶颈。由于三峡水库坝下游河道冲刷剧烈，沿程枯水水位持续下降，三峡工程枯水流量对坝下游河道水位的补偿效应被削弱，仍存在卵石浅滩航深紧张，葛洲坝枢纽通航船闸下引航道的正常运行受到威胁等情况。

1.3.3.3 拓展三峡水库综合效益

随着三峡水库及以上长江干支流水库群陆续建成投运，预计到2030年左右，三峡及上游控制性水库总调节库容达1000亿m^3以上，其影响将进一步显现。2018年长江中上游纳入联合调度的水库已有40座，三峡水库调度运用方式还在优化之中。长江干支流水库群的联合调度对三峡入库水沙、长江中下游径流过程变化、河道长期演变、江湖关系变化的影响等将进一步显现。三峡水库需要进一步优化运用方式，保持水库长期使用，并进一步拓展综合效益。

鉴于上述三峡工程面临的新情况、新问题和新需求，三峡水库如何安全、高效、健康运行，如何在认识和掌握泥沙运动规律的基础上，统筹考虑水库淤积和坝下游河道冲刷的调控，进一步提高三峡水库运行管理水平，对水库“蓄清排浑”运行方式进一步优化调整，建立一个新的水库运行调度模式，这是摆在我们面前的新课题。

1.4 三峡工程泥沙关键科技问题展望

综上所述，三峡工程的泥沙问题已由论证和初设阶段最为关注的水库淤积问题转化为坝下游河道冲刷问题和生态环境问题。针对当前三峡工程面临的新情况、新问题和新需求，迫切需要科技创新，进一步加强科技支撑。今后需要高度关注的泥沙问题包括：三峡坝下游河道冲刷问题、江湖关系变化问题、三峡工程泥沙冲淤与生态环境问题、优化并提出水库“蓄清排浑”运用新模式等。还需开展下列泥沙关键科技问题的研究，并提出相应的对策措施。

1. 三峡入库泥沙减少机理与变化趋势

入库泥沙量是三峡工程泥沙问题研究的基本条件，长江上游溪洛渡和向家坝水库运用后，三峡入库泥沙地区来源已发生了明显变化，来沙以向家坝至三峡大坝区间为主。近年来，在三峡水库总体入库泥沙量减少的同时，仍存在支流大洪水时突发的泥沙问题，长江上游支流暴雨产沙机理及输沙特性，未来三峡入库水沙变化趋势与持续性，以及推移质输沙量大幅减少机理等仍需要深入研究。在调查收集和采用新的资料基础上，考虑新的入库泥沙影响因素，研究确定更符合实际的长期入库泥沙量。

2. 三峡水库优化调度与长期有效库容保持

三峡水库优化调度大幅拓展了工程的综合效益，随着上游干支流水库群陆续建成投运，三峡水库运行方式仍需要进一步优化，如何确定合适的汛期水位允许上浮幅度、汛后蓄水时机等，在保持水库一定的排沙比、合理的淤积分布和长期有效库容的条件下，进一步拓展工程综合效益，这些问题仍需进一步研究，以期提出水库“蓄清排浑”运用的新模式。

3. 坝下游河道清水冲刷机理与长期演变

三峡坝下游河道冲刷问题十分复杂，以往主要研究范围是宜昌至湖口河段，湖口至河口河段研究相对较少，三峡工程运用后冲刷从上往下发展速度比论证预测要快，冲刷强度大，其内在机理有待深入研究。随着长江上游来沙的进一步减少和上游水库群联合调度运用，长江中下游河道将面临长时期、长距离、大幅度冲刷的形势，应加强三峡水库坝下游至河口的长河道、长时期冲刷演变预测研究。

4. 三峡水库“中小洪水”调度与坝下游河道萎缩

对于坝下游河道，汛期“中小洪水”调度减小了河道漫滩洪水，减轻了防洪压力，但有可能造成坝下游河道萎缩，对河道长期演变和大洪水时的行洪能力也将产生一定的影响。如汉江丹江口水库坝下游随着河道冲刷下切，呈现出中低水时同流量水位下降、洪水时对应水位抬高的现象，黄家港站 25000m^3/s 以上大流量时水位升高了近 1m，行洪能力衰减。由于汛期“中小洪水”调度对长江中下游河道行洪能力、航道条件及河流环境的影响非常复杂，应深入研究，并提出相应的水库调度调控指标。

5. 三峡及上游水库群联合调度对两湖影响机理与对策

三峡及上游水库群联合调度运用后，水库汛后蓄水期，坝下游河道水位下降，洞庭湖和鄱阳湖出流加快，使两湖汛后提前 1 个月进入枯水期。加之鄱阳湖入江水道冲刷与挖砂等影响，鄱阳湖枯水期水位下降有常态化趋势。应加强长江上游水库群联合调度运用对两湖水资源、水生态、水环境等影响机理及相应对策研究。

6. 新水沙条件下长江航道演变与治理技术

2003 年三峡水库蓄水运用以来，库区及坝下游航道条件总体得到明显改善，但也存在变动回水区局部淤积、坝下游洲滩变化、滩槽不稳定等不利演变趋势。随着长江航运的快速发展和船舶大型化趋势，对三峡库区和坝下游航道水深都提出了更高要求。需要深入研究新水沙条件下航道演变与治理技术，探讨水库汛前推迟消落的可行性，进一步提升三峡库区变动回水区航道等级与通航条件。

对于坝下游航道，在新水沙条件下，沿程枯水水位持续下降，三峡工程枯水流量补偿效应被削弱。宜昌枯水位下降，葛洲坝枢纽通航船闸下引航道的正常运行受到威胁，芦家河等河段坡陡流急的不利流态的治理等都需要研究综合治理措施。

7. 水库淤积与河道冲刷模拟技术

近年来，在三峡水库泥沙输移规律、泥沙絮凝作用、坝下游河道强烈冲刷机理等方面取得了系列研究成果，已应用于三峡水库与下游河道泥沙数学模型的改进，采用不断积累的实测资料对泥沙数学模型进行了验证，提高了模拟精度。今后仍需进一步研究新水沙条件下三峡水库与坝下游泥沙冲淤规律，对三峡水库及坝下游河道泥沙数学模型和实体模型模拟技术继续进行改进和完善，这是一项十分必要的基础性工作。

8. 泥沙监测技术与泥沙计算精度提高

三峡工程泥沙监测技术已取得了多方面进展，如三峡水库推移质观测新技术、泥沙实时预测技术、坝下游河道输沙量法与断面（地形）法观测冲淤量不匹配原因分析等。但泥沙监测技术和计算精度仍需不断改进完善，特别是坝下游河道输沙量法与断面（地形）法观测冲淤量不匹配问题等仍需继续研究解决。

9. 水沙变化对长江河流健康的影响与对策

随着长江上游干支流大型水利水电工程不断修建，长江河道输沙量的大幅减少和年内径流过程的调平将成为长江水沙过程的新常态，并在未来相当长时期内维持，其影响直至长江河口。应加强长江水沙量及过程变化对长江河流健康的影响的研究，建立稳定航道、江湖关系、河口格局，修复生态环境等的指标体系，提出维持长江河流健康的措施。

1.5 小结

（1）三峡水库蓄水运用以来的实测资料表明，水库上游来水量略有减少，而来沙量则呈大幅减少的态势。2003—2017 年期间，水库年平均径流量（宜昌站）为 4049 亿 m^3，较初步设计阶段的 4510 亿 m^3 减少了约 10%；年平均入库沙量为 1.48 亿 t（朱沱站+北碚站+武隆站），较初步设计阶段的入库年沙量偏少约 70%。其中：2003—2008 年平均沙量为 1.99 亿 t，2009—2013 年平均沙量为 1.72 亿 t，2014—2017 年平均沙量为 0.41 亿 t。溪洛渡和向家坝水电站相继蓄水运用后，长江上游干流来沙已很少，2013—2017 年向家坝年平均出库沙量为 170 万 t/a，三峡入库泥沙主要是向家坝至三峡水库区间来沙和支流来沙。近年来，随着长江上游水库群联合调度规模的不断扩大，径流过程年内分配发生了较大变化，径流过程呈均匀化趋势。

（2）三峡水库 175m 试验性蓄水运用以来，在保证防洪安全的条件下，探索了汛期“中小洪水”调度、汛期动态水位调度、城陵矶补偿调度等调度方式，优化了三峡水库“蓄清排浑”的运行方式，充分利用了汛期洪水资源，进一步拓展了三峡综合效益。这些调整使水库淤积相对有所增大，水库排沙比明显小于论证时的预测值 33%，但总淤积量远小于论证预测值。同时，三峡出库泥沙量大幅小于预期，导致坝下游河道冲刷强度较论证预测要大，发展速度较论证预测要快，三峡水库流量调节和河道冲刷对洞庭湖和鄱阳湖的影响开始显现，特别是在水库汛后蓄水期，两湖出流加快，湖区水位下降，枯水期提前约 1 个月，对两湖地区水资源和生态环境等的影响引起了各方面的关注。

（3）长江流域经济社会的快速发展，以及推动长江经济带发展国家战略的实施，在防洪、发电、航运、供水和生态环境保护等方面对三峡工程综合利用提出了新的需求和更高的要求。三峡工程的泥沙问题也已由论证和初设阶段最为关注的水库淤积问题转化为坝下游河道冲刷问题和生态环境问题，需要三峡水库在保证防洪安全、泥沙淤积可控的情况下，积极采取相应的调整对策，以发挥更大的综合效益。

参 考 文 献

［1］胡春宏，方春明．三峡工程泥沙问题解决途径与运行效果研究［J］．中国科学：技术科学，2017，47（8）：832－844.

［2］潘庆燊，陈济生，黄悦，等．三峡工程泥沙问题研究进展［M］．北京：中国水利水电出版社，2014.

［3］三峡工程泥沙评估课题专家组．中国工程院三峡工程建设第三方独立评估：三峡工程泥沙问题评估报告［R］，2015.

［4］水利电力部科学技术司．三峡工程泥沙问题研究成果汇编（160～180 米蓄水位方案）［D］．北京：水利电力部科学技术司，1988.

［5］水利部科技教育司，交通部三峡工程航运领导小组办公室．长江三峡工程泥沙与航运关键技术研究专题报告集（上、下册）［C］．武汉：武汉工业大学出版社，1993.

［6］水利部长江水利委员会．长江三峡水利枢纽初步设计报告（枢纽工程）：第九篇　工程泥沙问题研究［R］，1992.

［7］国务院三峡工程建设委员会办公室泥沙课题专家组，中国长江三峡工程开发总公司三峡工程泥沙专家组．长江三峡工程泥沙问题研究（1996—2000）：第八卷　长江三峡工程“九五”泥沙研究综合分析［M］．武汉：知识产权出版社，2002.

[8] 国务院三峡工程建设委员会办公室泥沙课题专家组，中国长江三峡工程开发总公司三峡工程泥沙专家组．长江三峡工程泥沙问题研究（2001—2005）：第六卷 长江三峡工程“十五”泥沙研究综合分析［M］．北京：知识产权出版社，2008.

[9] 国务院三峡工程建设委员会办公室泥沙课题专家组，中国长江三峡集团公司三峡工程泥沙专家组．长江三峡工程泥沙问题研究（2006—2010）：第八卷 三峡工程“十一五”泥沙研究综合分析［M］．北京：中国科学技术出版社，2013.

[10] 胡挺，王海，胡兴娥，等．三峡水库近十年调度方式控制运用分析［J］．人民长江，2014，45（9）：24-29.

[11] 方春明，胡春宏，陈绪坚．三峡水库运用对荆江三口分流及洞庭湖的影响［J］．水利学报，2014（1）：36-41.

[12] 国务院三峡工程建设委员会办公室泥沙课题专家组，中国长江三峡集团公司三峡工程泥沙专家组．长江三峡工程泥沙问题研究（2001—2005）：第五卷 2007年蓄水位方案泥沙专题研究［M］．北京：知识产权出版社，2008.

[13] 国务院三峡工程建设委员会办公室泥沙课题专家组，中国长江三峡集团公司三峡工程泥沙专家组．长江三峡工程泥沙问题研究（2006—2010）：第七卷 三峡水库试验性蓄水运行方案研究及查勘调研报告［M］．北京：中国科学技术出版社，2013.

[14] 胡春宏．我国多沙河流水库“蓄清排浑”运用方式的发展与实践［J］．水利学报，2016，47（3）：283-291.

[15] 胡春宏，李丹勋，方春明，等．三峡工程泥沙模拟与调控［M］．北京：中国水利水电出版社，2017.

[16] 张继顺，张慧，张雅琦．三峡水库优化调度研究［J］．华东电力，2010，38（8）：1191-1194.

第2章

三峡水库来水来沙变化与成因

近20年来，随着以三峡水库为核心的长江上游水库群的逐步建成，不仅改变了流域径流时空变化，还从宏观上改变了河流泥沙的时空分布格局。本章依据实测水文泥沙资料分析了三峡水库蓄水运用以来，长江上游来水来沙组成变化和三峡水库来水来沙变化，并从水库拦沙、水土保持、降雨变化、河道采砂等4个方面分析了长江上游泥沙变化的成因。

2.1 长江上游水沙来源及其变化

2.1.1 泥沙主要来源区

长江宜昌至河源江段统称长江上游，干流长约4540km，集水面积约100万km^2，约占流域总面积的55%。长江上游干流在宜宾以上有雅砻江、横江，宜宾以下有岷江、沱江、赤水、綦江、嘉陵江及乌江等支流汇入，三峡区间入汇支流大多面积较小，但数量较多。长江上游流域水系及控制性水文站分布如图2.1所示。

长江上游是长江流域泥沙的主要来源区。20世纪90年代以前，长江上游水土流失面积约35.2万km^2，地表年平均侵蚀量约15.68亿t。强度侵蚀区包括西汉水和白龙江的中下游土石山区、雅砻江和安宁河的下游、金沙江下游攀枝花至屏山区间，面积11.2万km^2，年平均地表侵蚀量约3.84亿t，占长江上游地区年平均总侵蚀量的24.5%。输沙模数大于2000t/(km^2·a)的强产沙区主要分布在嘉陵江上游支流西汉水和白龙江中游、大渡河、岷江和金沙江等河流的下游地区，其中西汉水和白龙江中游地区输沙模数大于3000t/(km^2·a)，金沙江下游干流区间的输沙模数超过2000t/(km^2·a)。

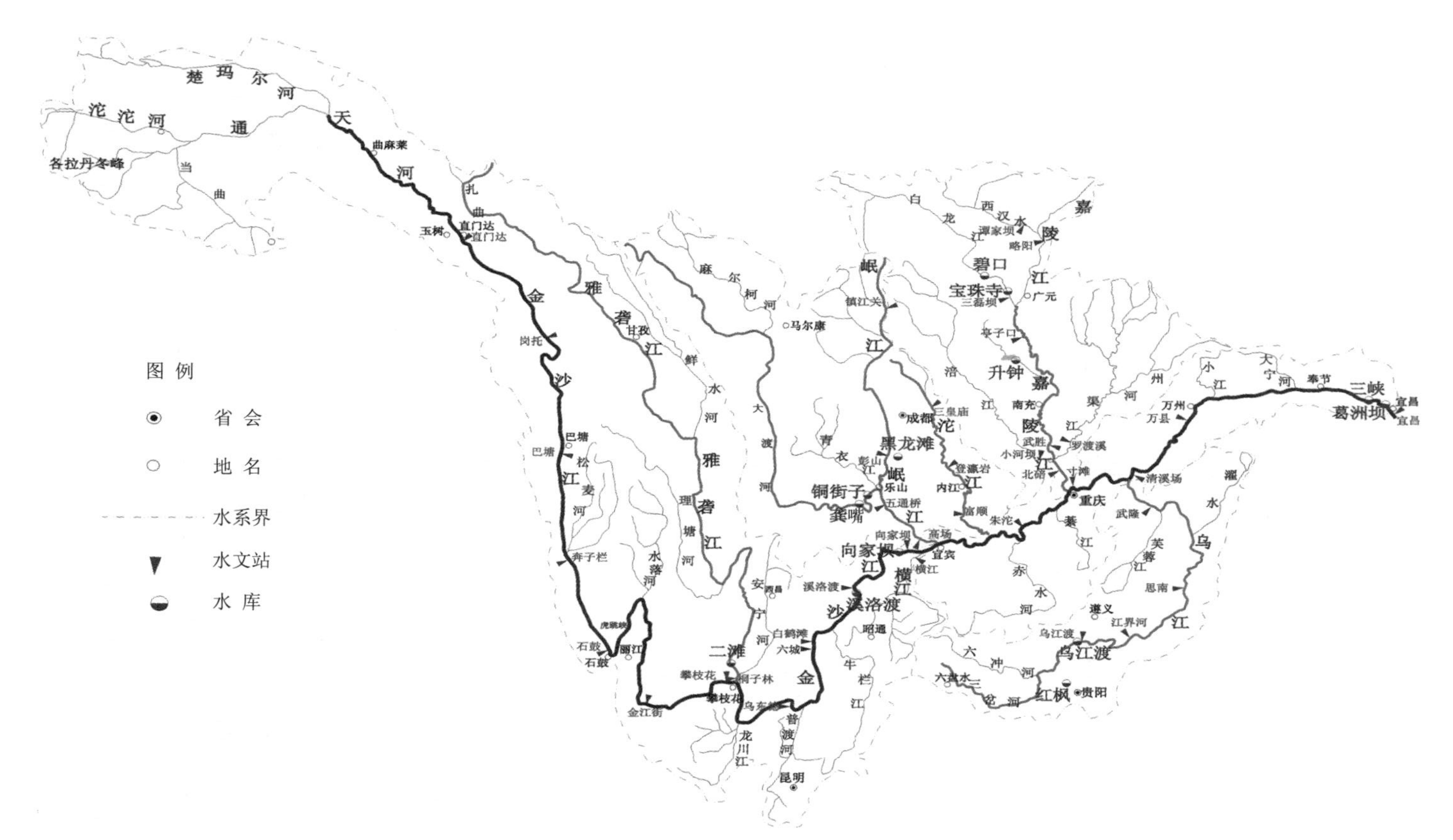

图2.1 长江上游水系及主要水文控制站分布示意图

2.1.2 水沙异源特征

长江上游水沙异源、不平衡现象十分突出。三峡水库蓄水运用前（1950—2002年），长江上游径流主要来自金沙江、岷江、嘉陵江和乌江等流域；而悬移质泥沙主要来源于金沙江和嘉陵江，金沙江来沙量占宜昌站来沙总量的51.8%，嘉陵江次之，占23.8%，见表2.1。

表2.1　1950—2002年长江上游来水来沙地区组成

河名	站名	流域面积/万 km^2	占宜昌站控制面积比例/%	径流量/亿 m^3	占宜昌站经流量比例/%	输沙量/亿 t	占宜昌站输沙量比例/%
金沙江	屏山	45.88	45.9	1454	33.3	2.55	51.8
岷江	高场	13.54	13.5	862	19.7	0.48	9.8
沱江	富顺	2.33	2.3	121	2.8	0.09	1.8
嘉陵江	北碚	15.67	15.7	658	15.1	1.17	23.8
乌江	武隆	8.30	8.3	502	11.5	0.28	5.7
长江	宜昌	100.55	100.0	4369	100.0	4.92	100.0

2.1.3 水沙来源变化

近10年来，随着长江上游干支流控制性水库的建成运用，长江上游的水沙地区组成发生了显著变化。分别以2003年和2012年为节点，其来沙组成变化特点主要表现为：2003—2012年，占寸滩站输沙量比重最大的仍为金沙江，为75.9%（1956—1990年和1991—2002年分别为53.4%和83.4%）。2012年后，受溪洛渡和向家坝水库蓄水拦沙影响，金沙江来沙量明显减少，输沙量的地区分布发生了很大的变化。在各分区径流量占比变化不大的情况下，金沙江输沙量所占比例大幅度减小，其他支流占比均有所增大，尤其是沱江流域，其来沙量占比由2012年前的1.1%～2.5%增大至2013—2017年的14.8%，见表2.2。

表2.2　1950—2017年长江上游来水来沙组成

时　段	河名	站名	径流量/亿 m^3	输沙量/亿 t	径流量占寸滩站径流量比例/%	输沙量占寸滩站输沙量比例/%
1956—1990年	金沙江	屏山	1440	2.46	40.9	53.4
	岷江	高场	882	0.526	25.1	11.4
	沱江	富顺	129	0.117	3.7	2.5
	嘉陵江	北碚	704	1.34	20.0	29.1
	长江	寸滩	3520	4.61	100.0	100.0

续表

时段	河名	站名	径流量/亿 m³	输沙量/亿 t	径流量占寸滩站径流量比例/%	输沙量占寸滩站输沙量比例/%
1991—2002年	金沙江	屏山	1506	2.81	45.1	83.4
	岷江	高场	815	0.345	24.4	10.2
	沱江	富顺	108	0.037	3.2	1.1
	嘉陵江	北碚	529	0.372	15.8	11.0
	长江	寸滩	3339	3.37	100.0	100.0
2003—2012年	金沙江	屏山	1391	1.42	42.4	75.9
	岷江	高场	789	0.293	24.1	15.7
	沱江	富顺	102.5	0.021	3.1	1.1
	嘉陵江	北碚	659.8	0.292	20.1	15.6
	长江	寸滩	3279	1.87	100.0	100.0
2013—2017年	金沙江	向家坝	1318	0.017	40.8	3.0
	岷江	高场	777	0.125	24.1	22.1
	沱江	富顺	120.9	0.084	3.7	14.8
	嘉陵江	北碚	578.1	0.177	17.9	31.3
	长江	寸滩	3228	0.566	100.0	100.0

注 2012年向家坝水电站蓄水运用后，金沙江屏山水文站改为水位站，其径流量和输沙量采用向家坝水电站下游约2km的向家坝水文站资料。

2017年，向家坝站悬移质输沙量仅为148万t，占寸滩站的4.3%（2003—2012年平均为75.9%）。长江上游部分支流出现大洪水，期间沙量大且集中，横江和岷江来沙比重明显增大，两江控制水文站的输沙量之和占寸滩站的比重达到了65.8%，其中：横江站占寸滩站的比重达到了25.5%（1956—1990年、1991—2002年和2003—2012年分别为3.0%、4.1%和2.9%），岷江高场站占寸滩站的比重达到了40.3%（1956—1990年、1991—2002年和2003—2012年分别为11.4%、10.2%和15.7%）。

2.2 三峡水库来水来沙变化

20世纪90年代以来，长江上游径流量变化不大，输沙量减少趋势明显。特别是进入21世纪后，三峡上游来沙减小的趋势仍然持续。

2.2.1 年际变化

2.2.1.1 径流量

与1990年前平均值相比，1991—2002年长江上游水量除嘉陵江北碚站偏少25%、横江站偏少15%、沱江富顺站偏少16%外，其余各站变化不大。

与1991—2002年平均值相比，2003—2017年长江上游水量除向家坝站偏少9%、北碚站偏多19%、武隆站减少17%外，其余各站变化不大。三峡入库主要控制站（朱沱站、北碚站、武隆站）年平均径流量之和为3602亿m^3，较1990年以前平均值减小7%，较1991—2002年平均值减少4%，见表2.3和图2.2、图2.4。

表2.3　　三峡水库上游主要水文站年平均径流量和输沙量与多年平均值比较

项目		金沙江	横江	岷江	沱江	长江	嘉陵江	长江	乌江	三峡入库
		向家坝	横江	高场	富顺	朱沱	北碚	寸滩	武隆	朱沱+北碚+武隆
集水面积/万km^2		45.88	1.48	13.54	2.33	69.47	15.67	86.66	8.30	93.45
年平均径流量	1990年前/(亿m^3/a)	1440	90.14	882	129	2659	704	3520	495	3858
	1991—2002年/(亿m^3/a)	1506	76.71	814.7	107.8	2672	529.4	3339	531.7	3733
	变化率1/%	5%	−15%	−8%	−16%	0%	−25%	−5%	7%	−3%
	2003—2017年/(亿m^3/a)	1367	77	785	109	2530	632	3262	440	3602
	变化率2/%	−5%	−15%	−11%	−16%	−5%	−10%	−7%	−11%	−7%
	变化率3/%	−9%	0%	−4%	1%	−5%	19%	−2%	−17%	−4%
	多年平均/(亿m^3/a)	1433	83.75	844.1	117.9	2650	652.4	3429	487.8	3790
年平均输沙量	1990年前/(万t/a)	24600	1370	5260	1170	31600	13400	46100	3040	48000
	1991—2002年/(万t/a)	28100	1390	3450	372	29300	3720	33700	2040	35100
	变化率1/%	14%	1%	−34%	−68%	−7%	−72%	−27%	−33%	−27%
	2003—2017年/(万t/a)	9530	603	2371	419	12409	2529	14325	469	15443
	变化率2/%	−61%	−56%	−55%	−64%	−61%	−81%	−69%	−85%	−68%
	变化率3/%	−66%	−57%	−31%	13%	−58%	−32%	−57%	−77%	−56%
	多年平均/(万t/a)	21700	1170	4240	817	26100	9530	36400	2200	37800

注　1. 变化率1为1991—2002年均值与1990年前均值的相对变化，变化率2、3分别为2003—2017年均值与1990年前均值、1991—2002年均值的相对变化。
2. 朱沱站1990年前水沙统计年份为1956—1990年（缺1967—1970年），横江站1990年前水沙统计年份为1957—1990年（缺1961—1964年），其余1990年前均值统计值均为三峡初步设计值。
3. 北碚站于2007年下迁7km，集水面积增加594km^2。
4. 屏山站2012年下迁24km至向家坝站（向家坝水电站坝址下游2.0km），集水面积增加208km^2。
5. 李家湾站2001年上迁约7.5km至富顺。
6. 多年平均值统计年份：向家坝站（屏山站）为1956—2017年，横江站为1957—2017年，高场站为1956—2017年，富顺站（李家湾站）为1957—2017年，朱沱站为1954—2017年（缺1967—1970年），北碚站为1956—2017年，寸滩站为1950—2017年，武隆站为1956—2017年。
7. 横江站2017年1—3月、12月沙量按规定停测，富顺站2017年1—4月、12月沙量按规定停测。

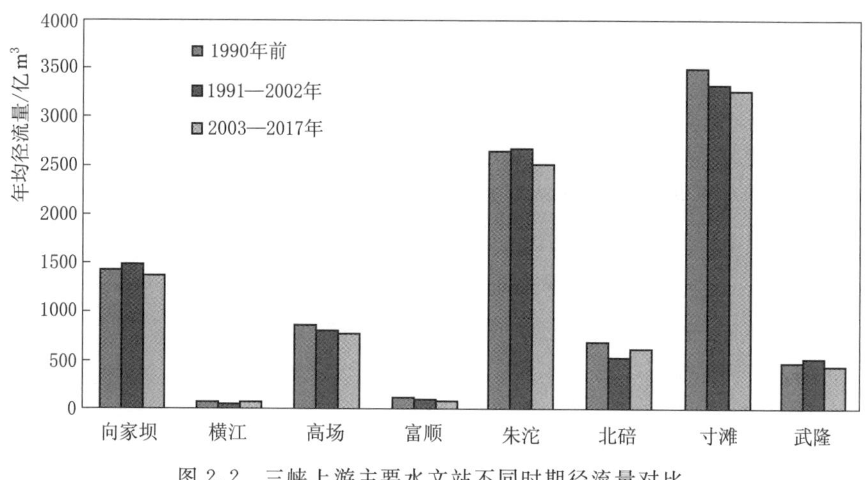

图 2.2 三峡上游主要水文站不同时期径流量对比

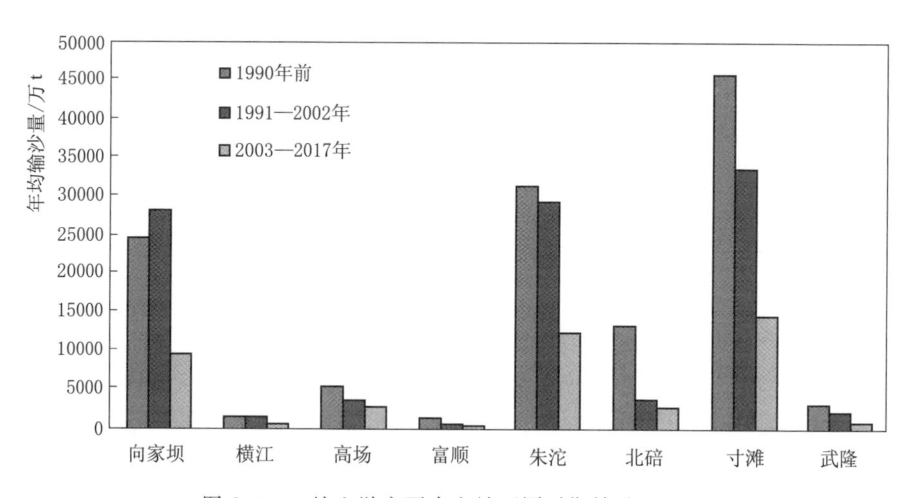

图 2.3 三峡上游主要水文站不同时期输沙量对比

2.2.1.2 悬移质

1. 输沙量

20 世纪 90 年代以来，受水库拦沙、降雨变化、水土保持、河道采砂等因素的综合影响，长江上游输沙量明显减少。与 1990 年前平均值相比，1991—2002 年长江上游输沙量除金沙江屏山站增大 14%外，其他各站均明显减小，其中尤以嘉陵江和沱江最为明显，分别减小了 68%和 72%。

进入 21 世纪后，三峡上游来沙减少趋势仍然持续。与 1991—2002 年平均值相比，长江上游各站 2003—2017 年年平均输沙量除沱江富顺站偏多 13%，

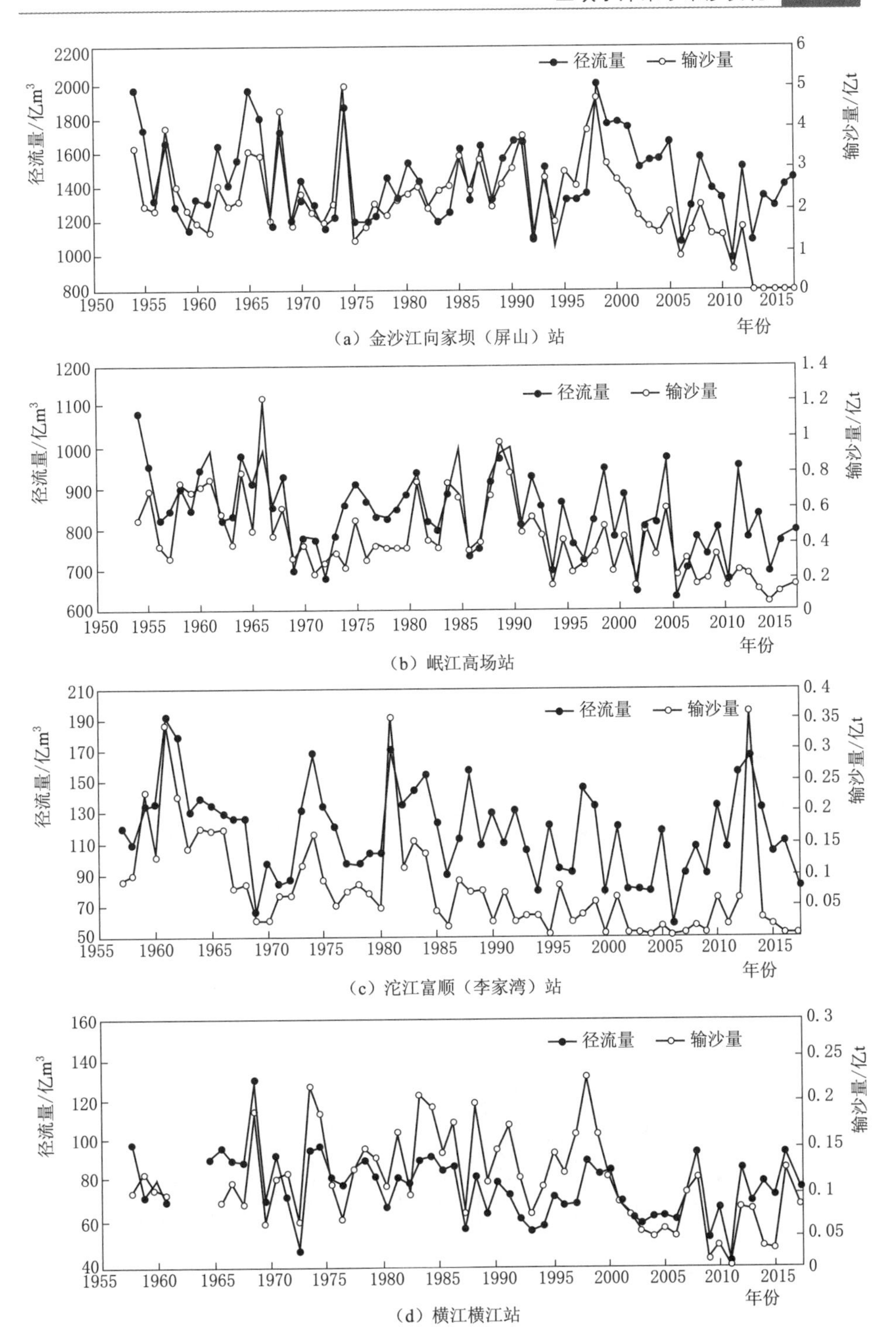

图 2.4(一) 三峡上游干支流主要水文站年径流量和年输沙量变化过程

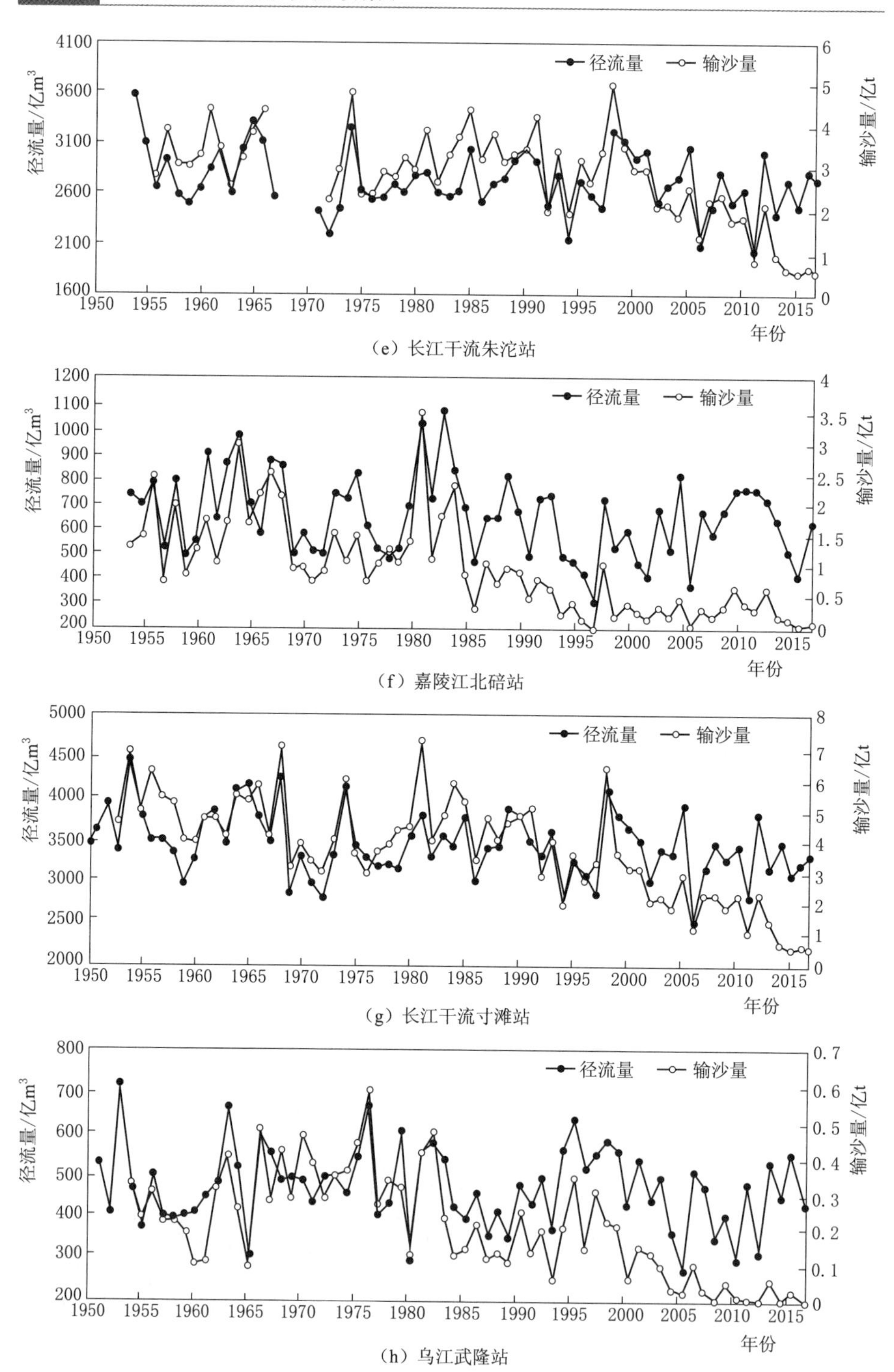

图 2.4（二）　三峡上游干支流主要水文站年径流量和年输沙量变化过程

岷江高场站和嘉陵江北碚站偏少 30%外，其余各站均减少 50%以上，见表 2.3 和图 2.3。

从长江上游干支流输沙量变化来看，近年来随着金沙江中下游梯级电站的修建，金沙江来沙量显著偏少。其中：金沙江上游石鼓站径流量和输沙量年际间呈波动性变化，水沙无明显趋势性变化，多年平均径流量和输沙量分别为 424 亿 m^3 和 2540 万 t；金沙江中游梨园（2014 年 11 月）、阿海（2011 年 12 月）、金安桥（2010 年 11 月）、龙开口（2012 年 11 月）、鲁地拉（2013 年 4 月）、观音岩（2014 年 10 月）等 6 个梯级水电站相继建成和运行后，攀枝花站径流量变化不大，但输沙量大幅度减少，2011—2017 年攀枝花站年平均径流量和输沙量分别为 540 亿 m^3 和 806 万 t，较 1998—2010 年平均值分别偏小 15.4%和偏少 87.9%，见表 2.4 和图 2.5～图 2.7。

表 2.4　金沙江下游干流控制水文站水沙年际变化

分项	石鼓		攀枝花		白鹤滩		向家坝	
	年均径流量/亿 m^3	年均输量/万 t	年均径流量/亿 m^3	年均输沙量/万 t	年均径流量/亿 m^3	年均输沙量/万 t	年均径流量/亿 m^3	年均输沙量/万 t
1998 年前均值	418	2190	540	4590	1220	17400	1400	24900
1998—2010 年	453	3510	638	6640	1380	13600	1550	20700
2011—2017 年	409	2740	540	806	1174	8060	1295	3050
变化率 1/%	−2.1	25.0	0.1	−82.4	−3.8	−53.7	−7.5	−87.8
变化率 2/%	−9.6	−22.0	−15.3	−87.9	−15.0	−40.7	−16.4	−85.3
多年平均值	424	2540	564	4770	1250	16300	1420	22300

注　1998 年前均值统计年份：石鼓、攀枝花、华弹、屏山站分别为 1952—1997 年、1966—1997 年、1958—1997 年、1954—1997 年；变化率 1、2 分别指 2011—2017 年相对于 1998 年前均值、1998—2010 年平均值的变化。

2012 年以来，受溪洛渡、向家坝水库蓄水影响，金沙江下游输沙量进一步减小，2013—2017 年向家坝站年平均径流量、输沙量分别为 1318 亿 m^3 和 170 万 t，径流量较 1950—2012 年平均值偏小 8.6%，输沙量则偏少 99.3%。

总体来看，长江上游干支流输沙量呈减少趋势，但上游个别支流如嘉陵江及其支流涪江、渠江，横江、沱江等出现大洪水时沙量较大，且输沙过程集中，对三峡入库泥沙产生较大影响。2011 年 9 月，渠江出现较大洪水，导致输沙量高度集中，罗渡溪站 7 天输沙量达 1220 万 t，占全年的比例高达 49%，见表 2.5；2013 年 7 月中旬涪江发生洪水，小河坝站实测最大含沙量达到 24.8kg/m^3，北碚站实测最大含沙量达到 14.6kg/m^3，如图 2.8 所示，7 月 8—17 日洪水期间小河坝站实测输沙量为 2950 万 t，占小河坝站全年输沙量

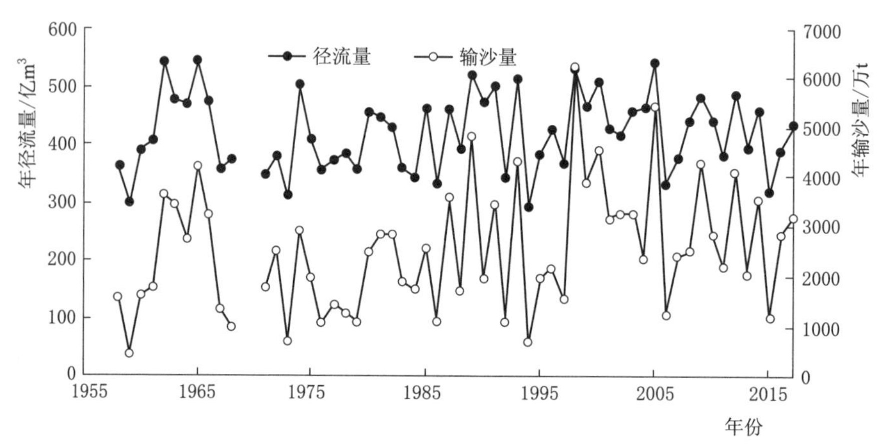

图 2.5　金沙江石鼓站年径流量和年输沙量变化过程

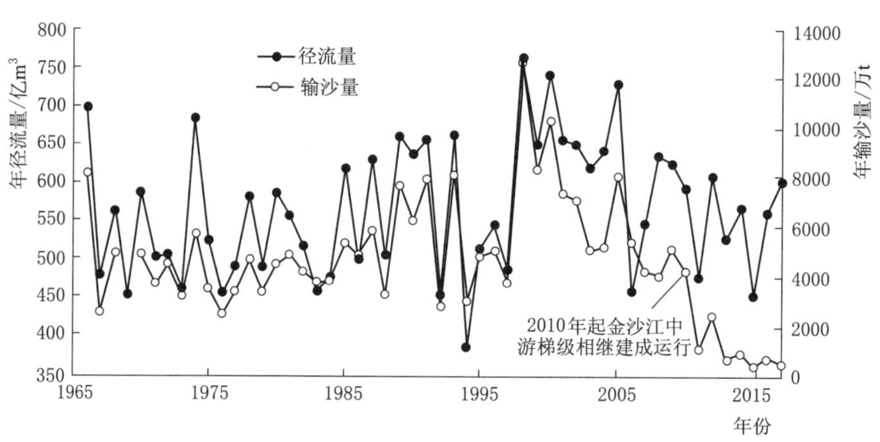

图 2.6　金沙江攀枝花站年径流量和年输沙量变化过程

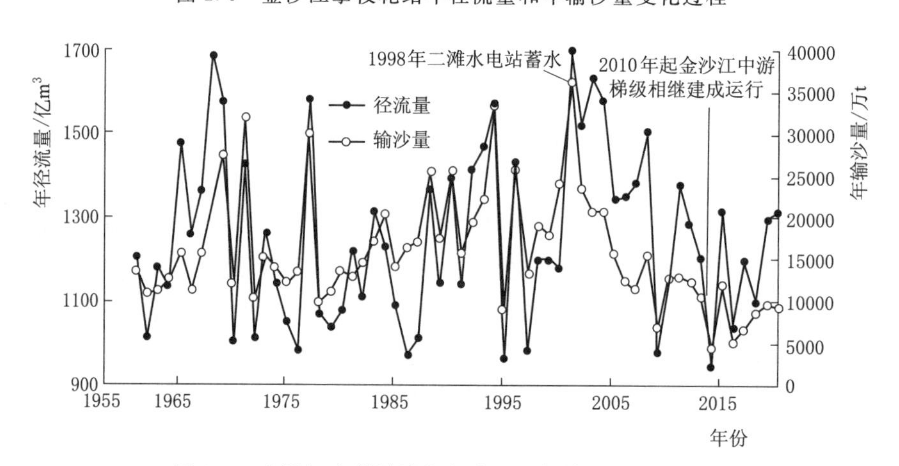

图 2.7　金沙江白鹤滩站年径流量和年输沙量变化过程

的78%；2014年9月中旬渠江发生洪水，罗渡溪站实测最大含沙量达到3.13kg/m³，北碚站实测最大含沙量达到1.94kg/m³，如图2.9所示，9月10—23日洪水期间罗渡溪站实测输沙量为1001万t，占罗渡溪站全年输沙量的91.8%。

表 2.5　　　2003年以来嘉陵江典型洪水期间来水量和来沙量

时　段	渠江罗渡溪站				嘉陵江北碚站				
	水量/亿m³	占全年水量/%	沙量/万t	占全年沙量/%	时段	水量/亿m³	占全年水量/%	沙量/万t	占全年少量/%
2003年8月31日至9月8日	43.8	14.7	940	42.6	2003年8月31日至9月10日	123.0	18.1	1430	46.7
2004年9月4—8日	62.3	27.1	1210	85.8	2004年9月4—10日	94.3	18.3	1390	79.4
2007年7月4—11日	76.0	30.1	1120	60.9	2007年7月5—12日	109.9	16.5	1090	39.9
2010年7月18—21日	63.9	27.6	1670	74.6	2010年7月17—30日	202.9	26.6	4440	71.4
2011年9月14—22日	78.3	26.7	1220	49.0	2011年9月14—23日	136.9	17.8	1390	39.2
2014年9月10—23日	90.0	38.3	1001	91.8	2014年9月10—24日	151.9	23.9	1280	88.3

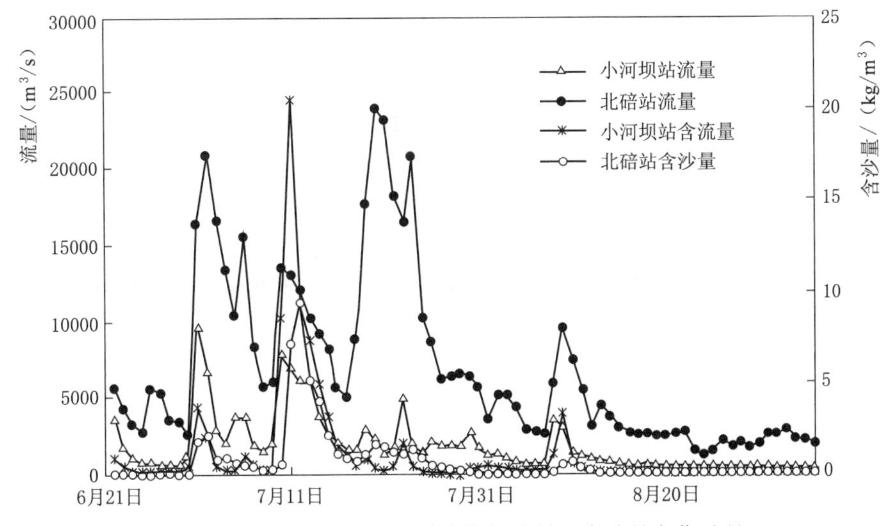

图 2.8　2013年涪江典型洪水期间流量和含沙量变化过程

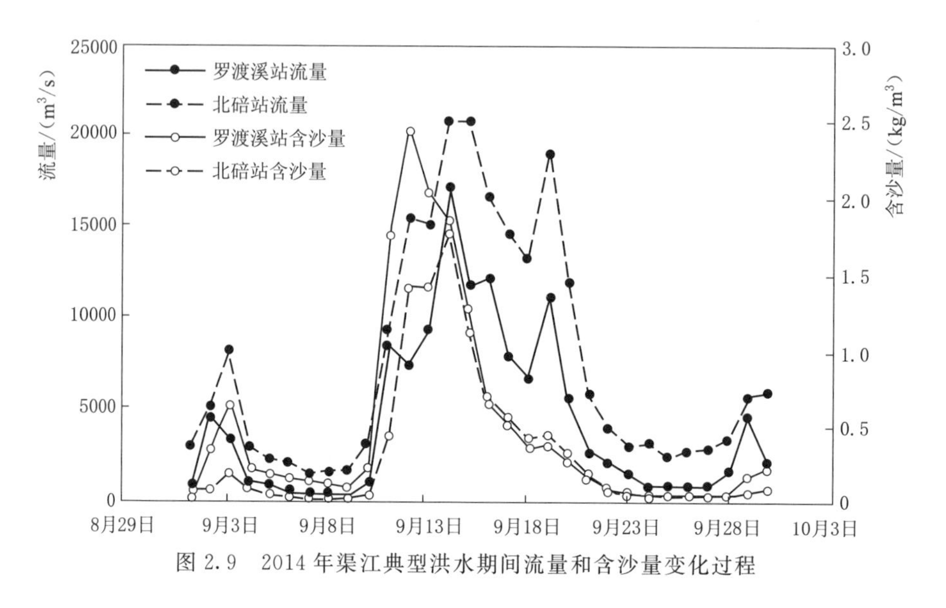

图 2.9 2014 年渠江典型洪水期间流量和含沙量变化过程

2017 年汛期，横江流域遭遇洪水，8 月 25 日横江站洪峰流量 6800m^3/s，最大含沙量达到 17.6kg/m^3，8 月 24—27 日的输沙量达到了 614 万 t，4 天的输沙量占全年输沙量的 70%，占 2017 年三峡入库沙量的 18%，如图 2.10 所示。

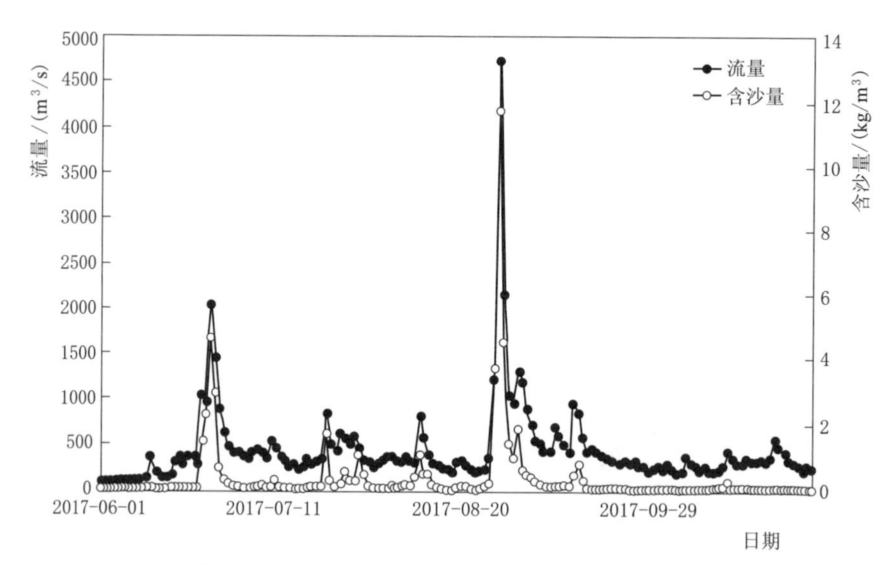

图 2.10 2017 年横江站汛期流量和含沙量变化过程

2018 年 7 月，受强降雨影响，长江上游横江、岷江、沱江、嘉陵江等支流出现大含沙量的沙峰过程，来沙量大。横江站 7 月 13 日 2 时出现 5.26kg/m^3 的沙峰；高场站 3 日 22 时出现 2.91kg/m^3 的沙峰（相应洪峰流量为

15800m³/s)；富顺站3日20时出现11.8kg/m³的沙峰（相应洪峰流量为7060m³/s)，13日2时出现21.0kg/m³的沙峰；涪江小河坝站12日8时、11时分别出现17.8kg/m³、22.0kg/m³的沙峰，北碚站12日20时出现11.8kg/m³的沙峰，如图2.11所示。据初步统计，7月寸滩站输沙量达1.0亿t左右（2014—2017年年平均输沙量为0.405亿t)，其中：富顺站输沙量约0.22亿t（2014—2017年年平均输沙量为0.015亿t)；北碚站输沙量约0.688亿t（1999—2017年年平均输沙量为0.247亿t)，其来沙主要来自于涪江，小河坝站7月输沙量约0.42亿t（2014—2017年年平均输沙量为0.013亿t)，如图2.12和图2.13所示。

2. 泥沙颗粒级配

三峡水库蓄水运用后的2003—2016年，在入库沙量大幅减小的同时，入库粗颗粒（粒径大于0.1mm）泥沙含量有所降低，中值粒径也明显偏细。寸滩站悬移质泥沙中值粒径为0.010mm，小于1987—2002年的0.011mm，粗颗粒泥沙含量也由1987—2002年的10.3%减少到5.9%，嘉陵江和乌江来沙级配变化不大。库区粗颗粒泥沙沿程落淤，悬移质泥沙粒径沿程变细，万县站中值粒径为0.007mm，粗颗粒泥沙含量也减小至0.5%。出库泥沙也明显偏细，宜昌站悬移质泥沙中值粒径变细为0.006mm，见表2.6和图2.14。

表2.6　三峡进出库各主要控制站悬移质泥沙不同粒径级沙重百分数对比表

范围 粒径 d /mm	测站 时段	沙重百分数/%							
		朱沱	北碚	寸滩	武隆	清溪场	万县	黄陵庙	宜昌
$d \leqslant 0.031$	多年平均	69.8	79.8	70.7	80.4	—	70.3	—	73.9
	2003—2016年	73.2	81.9	77.7	82.6	81.3	89.2	88.4	86.3
	2017年	**78.1**	**85.8**	**78.8**	**79.2**	**81.6**	**89.1**	**81.4**	**81.7**
$0.031 < d \leqslant 0.125$	多年平均	19.2	14.0	19.0	13.7	—	20.3	—	17.1
	2003—2016年	18.4	13.5	16.4	13.9	14.9	10.0	8.6	8.1
	2017年	**17.4**	**11.6**	**16.3**	**18.2**	**15.5**	**10.4**	**16.6**	**15.6**
$d > 0.125$	多年平均	11.0	6.2	10.3	5.9	—	9.4	—	9.0
	2003—2016年	8.4	4.6	5.9	3.5	3.8	0.8	3.0	5.6
	2017年	**4.5**	**2.6**	**4.9**	**2.6**	**2.9**	**0.5**	**2.0**	**2.7**
中值粒径	多年平均	0.011	0.008	0.011	0.007	—	0.011	—	0.009
	2003—2016年	0.011	0.009	0.010	0.008	0.009	0.007	0.006	0.006
	2017年	**0.012**	**0.008**	**0.011**	**0.012**	**0.010**	**0.008**	**0.011**	**0.010**

注 1. 朱沱、北碚、寸滩、武隆、万县站多年平均值资料统计年份为1987—2002年，宜昌站资料统计年份为1986—2002年。
2. 清溪场站无2003年前悬沙级配资料，黄陵庙站无2002年前悬沙级配资料。
3. 2010—2017年长江干流各主要测站的悬移质泥沙颗粒分析均采用激光粒度仪。

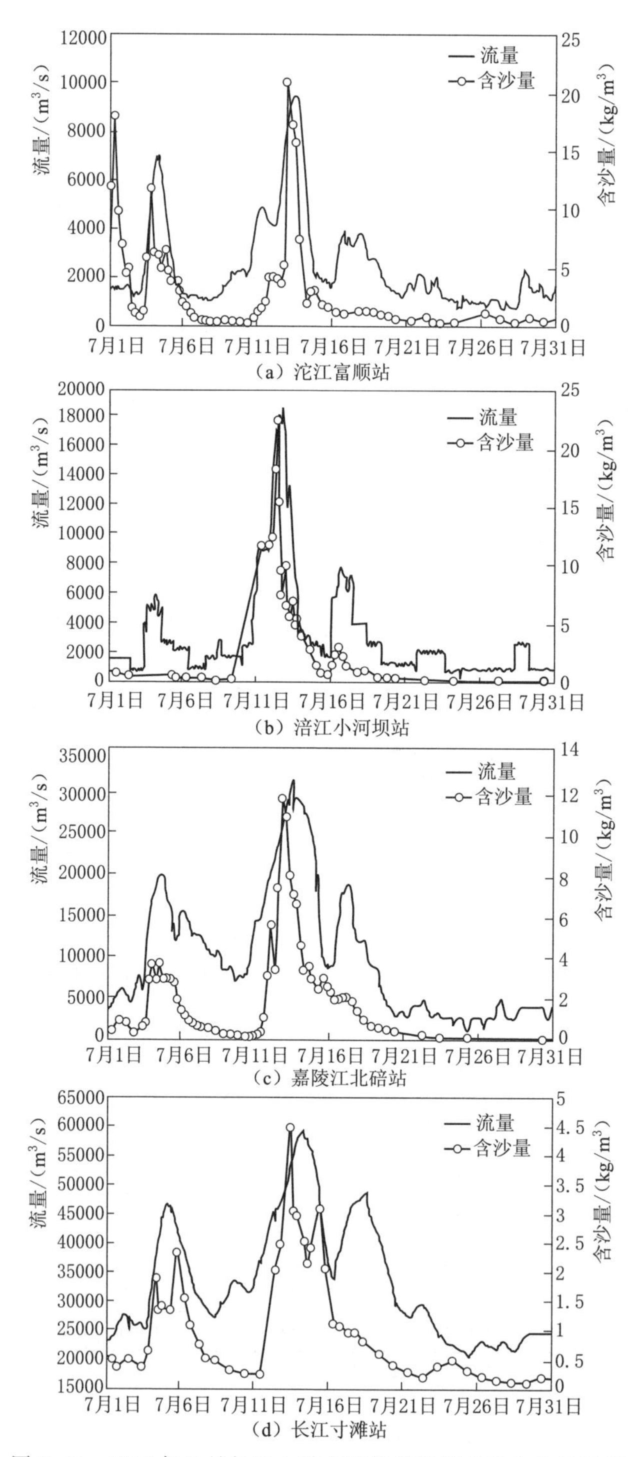

图2.11 2018年7月长江上游主要控制站流量和含沙量过程

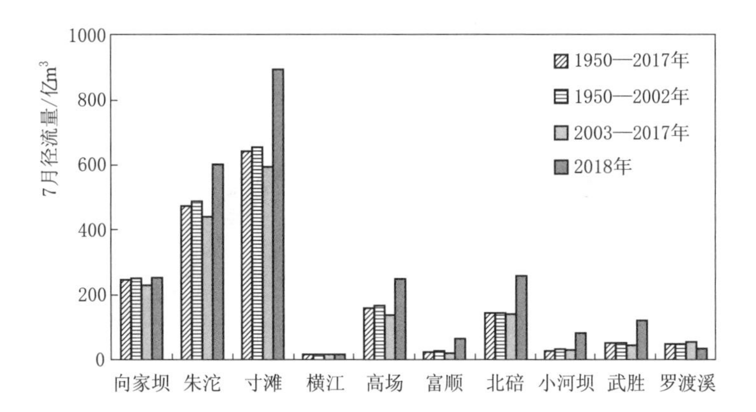

图 2.12　2018 年 7 月长江上游各站径流量与同期对比

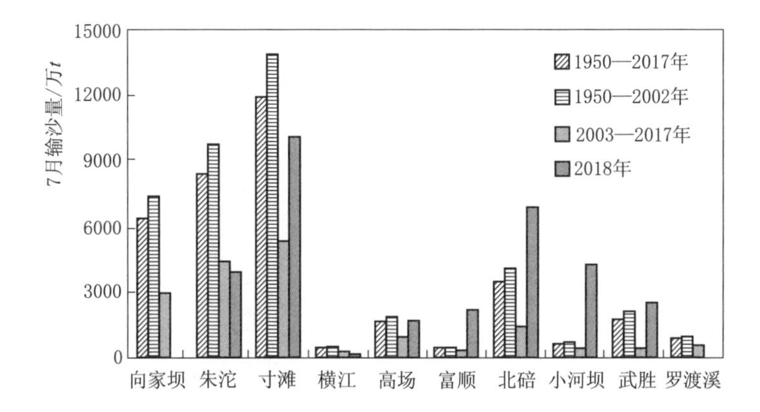

图 2.13　2018 年 7 月长江上游各站输沙量与同期对比

2017 年朱沱、北碚、寸滩、武隆站实测中值粒径分别为 0.012mm、0.008mm、0.011mm、0.012mm，粗颗粒泥沙含量分别为 4.5%、2.6%、4.9%、2.6%，宜昌站的中值粒径为 0.010mm，粗颗粒泥沙含量为 2.7%。

2.2.1.3　推移质输沙量

1. 砾卵石推移质

2003—2016 年，朱沱和寸滩站砾卵石年平均推移量分别为 11.2 万 t/a 和 3.67 万 t/a，分别较 2002 年前均值减少了 58.4%和 83.3%。2017 年朱沱和寸滩站砾卵石推移量分别为 2.27 万 t 和 3.75 万 t，与 2003—2016 年平均值相比，朱沱站减少了 80%，寸滩站则增多 2%，万县站未测到砾卵石推移质，见表 2.7。

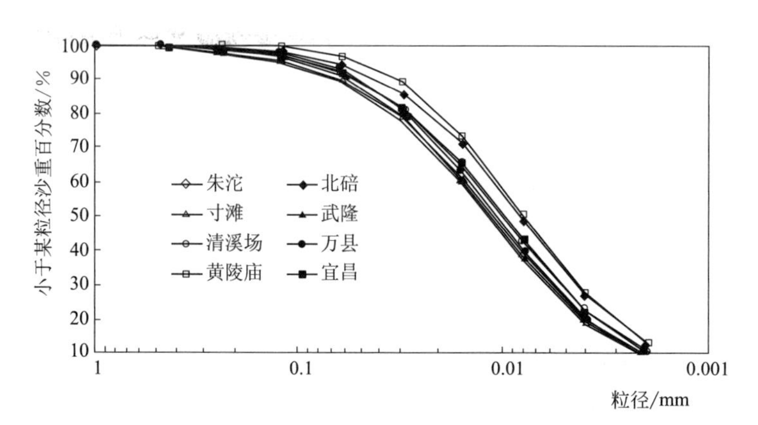

图 2.14 2017 年三峡进出库主要控制站悬移质泥沙颗粒级配曲线

表 2.7 2002 年前后三峡水库主要控制站砾卵石年均输沙量成果表

站名	统 计 年 份	砾卵石年均输沙量/(万 t/a)
朱沱	1975—2002	26.9
	2003—2016	11.2
	2017	2.27
寸滩	1966、1968—2002	22.0
	2003—2016	3.67
	2017	3.75
万县	1973—2002	34.1
	2003—2016	0.17
	2017	0

2. 沙质推移质

2003—2016 年，寸滩站沙质推移质输沙量为 1.19 万 t，较 2002 年前平均值 41.27 万 t 减少了 97.1%。

2017 年朱沱站沙质推移质输沙量为 0.495 万 t，较 2012—2016 年平均值减少了 34%；寸滩站沙质推移质输沙量为 0.0135 万 t，较 2003—2016 年平均值减小了 99%。1990 年以来寸滩站砾卵石推移质和沙质推移质历年推移量变化如图 2.15 所示。

2.2.2 年内变化

从径流量年内分配来看，除向家坝站最大月径流量为 8 月外，其他各站均

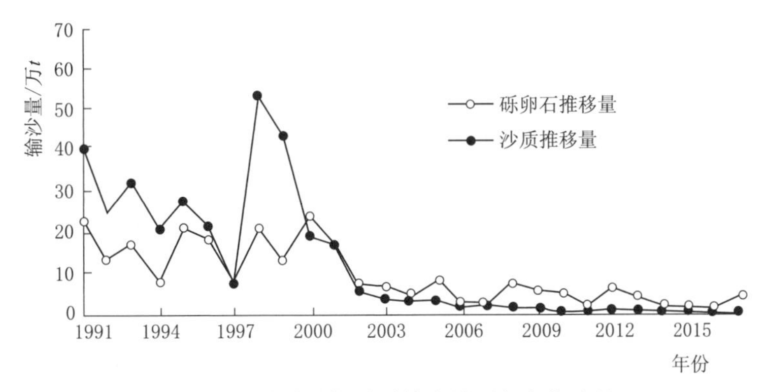

图 2.15 寸滩站推移质输沙量历年变化过程

为 7 月，各站最大月输沙量则均为 7 月。各站输沙量的年内分配比径流量更集中，各站最大月径流量一般小于 20%（北碚站为 23%），而最大月输沙量均大于 30%，北碚站最大月输沙量在各站中所占的比例最大，为 54%。汛期（5—10 月）径流量占年径流量的 71%～81%，主汛期（6—9 月）占 51%～64%；汛期输沙量占年输沙量的 92%～99%，主汛期占 75%～96%。相对而言，嘉陵江北碚站径流量和输沙量年内分配最集中，乌江武隆站年内分配最均匀。长江上游主要河流水文控制站向家坝（屏山）、北碚、武隆及干流寸滩径流量和输沙量年内变化对比如图 2.16 和图 2.17 所示。

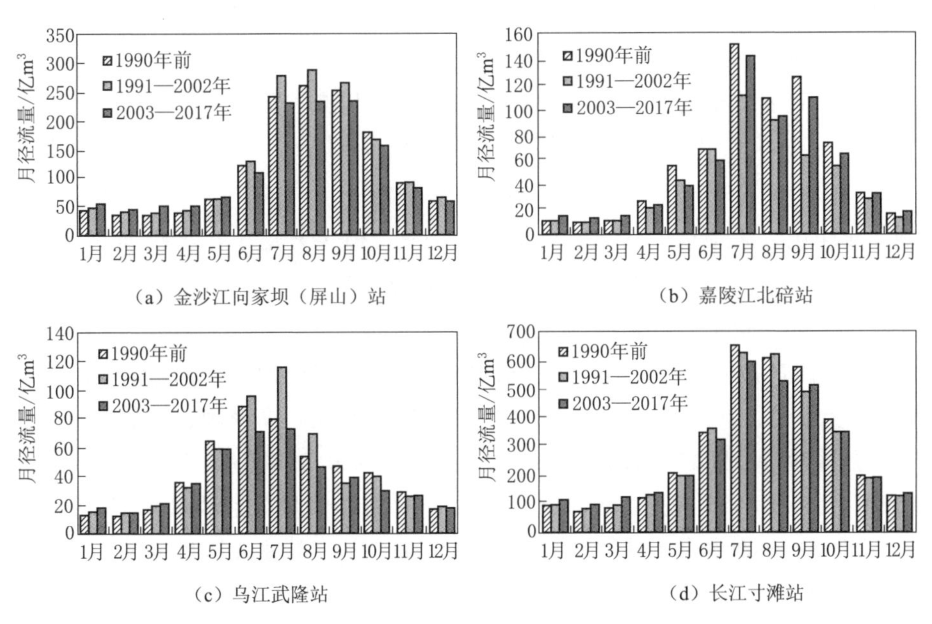

图 2.16 长江上游主要河流水文控制站径流量年内变化对比

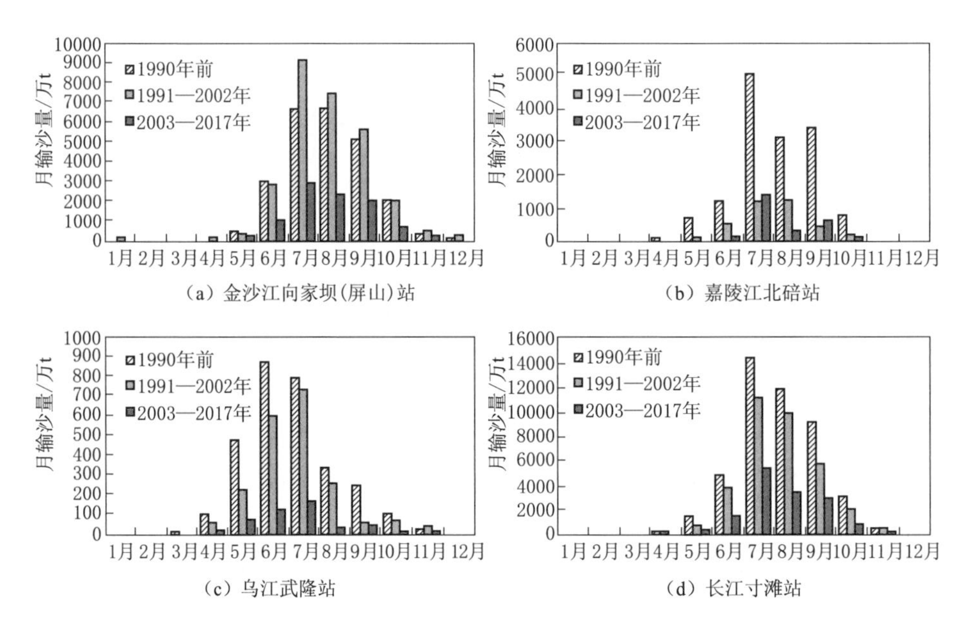

图2.17 长江上游主要河流水文控制站输沙量年内对比

从1990年前后水沙年内分配变化来看，金沙江向家坝站、岷江高场站水沙年内分配规律未发生明显变化；嘉陵江北碚站8月沙量占全年比例有所增大（主要是由于流域内水库和航电枢纽排沙所致）；乌江则由于上游乌江渡等电站蓄、泄影响，7月水沙量明显增大。

1990年前后相比，寸滩站径流年内分配发生较明显变化。1991—2002年与1950—1990年相比，寸滩站年径流量减少177亿m^3，但1—4月径流增大了20.3亿m^3，9—10月径流则减少153.2亿m^3；2003—2017年与1991—2002年相比，寸滩站年径流量减少77亿m^3，但主要集中在主汛期6—8月，其径流量减少了170.3亿m^3，1—4月径流增大了72.3亿m^3，9—12月径流则略有增大，如图2.18所示。

对于沙量来说，长江上游干支流各站输沙量均呈减少趋势，尤以7—9月减少最为显著。2003—2017年与1990年前同期相比，向家坝、高场和北碚站7—9月输沙量分别减少1.145亿t、0.242亿t和0.858亿t，分别占全年减沙量的76%、84%和79%；寸滩、武隆站7—9月输沙量分别减少3.178亿t和0.257亿t，分别占全年减沙量的77%和45%。从三峡水库入库寸滩+武隆的输沙量占年值的比例看，2003—2017年7—9月输沙量占年值的比例由1990年前同期的76%增加至80%。

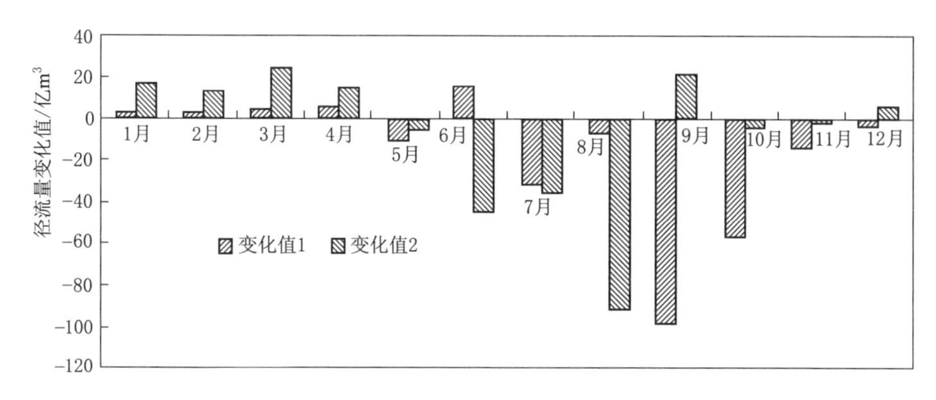

图 2.18　寸滩水文站不同时段月均径流量变化

变化值 1—1991—2002 年与 1950—1990 年平均值相比

变化值 2—2003—2017 年与 1991—2002 年平均值相比

2.2.3　入库水沙特性

2.2.3.1　径流量

在三峡工程初步设计阶段，三峡坝址径流量采用宜昌站 1877—1990 年长系列资料统计，其年平均径流量为 4510 亿 m³；入库径流量采用寸滩+武隆站 1956—1990 年资料统计，两站年平均径流量之和为 4015 亿 m³，见表 2.8。在初步设计阶段，数学模型计算和实体模型试验采用长江干流寸滩站+乌江武隆站 1961—1970 系列年的水沙资料作为代表性的入库水沙条件，入库年平均径流量为 4196 亿 m³。

表 2.8　　三峡水库坝址和入库径流与泥沙变化

部位	年平均径流量/亿 m³					年平均输沙量/亿 t				
	初设（1877—1990 年）	蓄水前（1991—2002 年）		蓄水后（2003—2017 年）		初设（1877—1990 年）	蓄水前（1991—2002 年）		蓄水后（2003—2017 年）	
		实测值	与初设相比	实测值	与初设相比		实测值	与初设相比	实测值	与初设相比
三峡坝址	4510	4287	−4.9%	4049	−10.2%	5.21	3.91	−25.0%	0.358	−93.1%
三峡入库	4015	3871	−3.6%	3701	−7.8%	4.93	3.57	−27.3%	1.48	−69.9%

注　表中三峡入库采用寸滩+武隆站资料，初设采用 1956—1990 年资料统计。

2003 年三峡水库蓄水运用以来，入库径流量略有偏少。2003—2017 年寸滩和武隆两站年平均径流量之和为 3701 亿 m³/a，较初设值减少了 314 亿 m³，减幅为7.8%，见表2.8。三峡入库控制站朱沱、北碚、武隆站径流量年内变化见表2.9和图2.19。

表2.9 三峡入库（朱沱站+北碚站+武隆站）径流量和输水量年内变化

月份		1	2	3	4	5	6	7	8	9	10	11	12
径流量/亿m³	多年平均	107.9	89.5	107.8	149.7	252.2	417.8	702.7	633.6	571.1	397.6	215.4	137.8
	1956—1990年	100.4	83.25	98.67	144.4	261.5	428.9	707.5	637.5	608.5	419.5	217.3	135.6
	1991—2002年	107.3	90.61	106.9	147.8	243.6	442.6	718.6	665.6	505.9	367.6	205.4	135.1
	2003—2017年	125.0	102.5	129.3	161.7	238.5	371.6	655.2	562.4	538.3	363.9	210.5	142.6
输沙量/万t	多年平均	37.2	25	39.1	221	1200	4560	12400	9590	6980	2060	351	76.5
	1956—1990年	37.1	25.4	41.8	295	1770	5990	15600	12200	9370	2750	383	83.9
	1991—2002年	41	30	36.4	194	722	4470	11800	9980	5520	1820	421	92.5
	2003—2017年	34.2	20.2	35.2	78.3	314	1516	5873	3590	2967	751	224	46.8

注 径流量和输沙量多年平均值统计年份为1956—2017年。

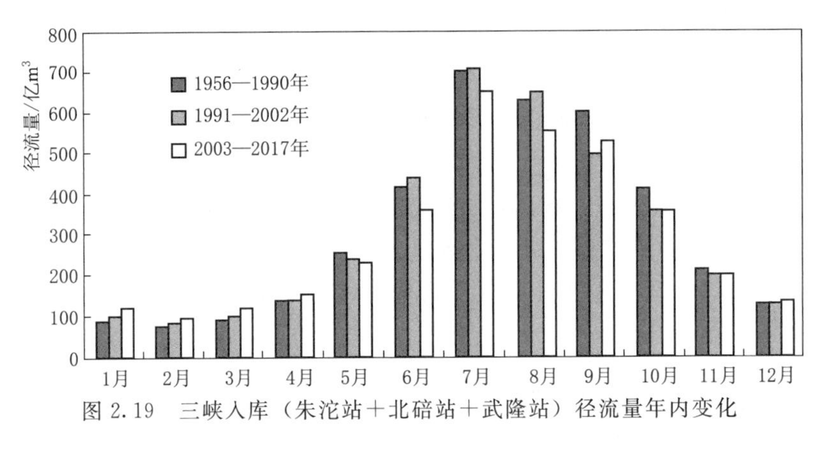

图2.19 三峡入库（朱沱站+北碚站+武隆站）径流量年内变化

2.2.3.2 输沙量

在三峡工程论证和初步设计阶段，采用长江干流寸滩站+乌江武隆站实测资料，年平均入库悬移质输沙量为4.93亿t，数学模型计算和物理模型试验采用1961—1970系列年的水沙资料作为代表性的入库水沙条件，年平均入库悬移质输沙量为5.09亿t，水库运用前10年，库区年平均淤积泥沙量为3.28～3.55亿t，水库排沙比在35%左右。

三峡水库蓄水运用以来，由于入库泥沙大幅度减小，2003—2017年平均入库悬移质输沙量为1.55亿t，寸滩和武隆两站年平均输沙量之和为1.48亿t，较设计采用值减少了70%，见表2.8。从三峡入库控制站朱沱、北碚、武隆站年内变化来看，与多年平均值相比，各月输沙量均明显偏少，见表2.9和如图2.20所示。

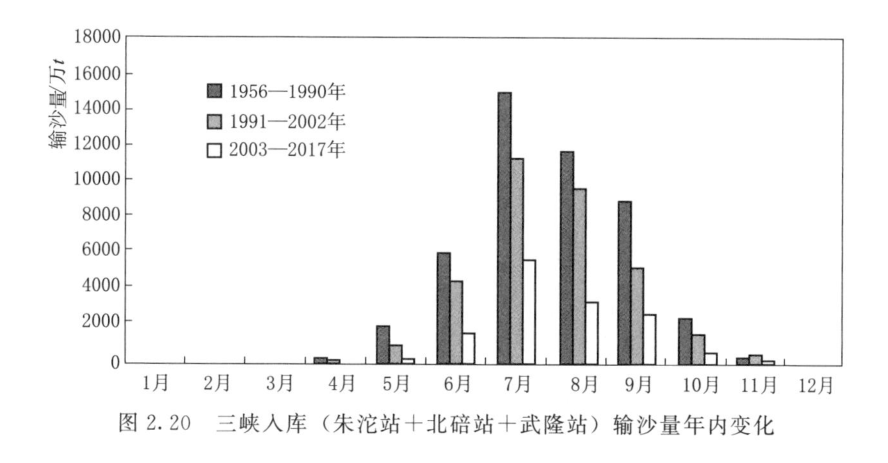

图 2.20 三峡入库（朱沱站+北碚站+武隆站）输沙量年内变化

2.3 长江上游泥沙变化成因分析

长江上游来沙大幅减少的原因，主要有 4 个方面：水库拦沙、水土保持、降雨减少、河道采砂。

2.3.1 水库拦沙

据不完全调查统计，截至 2015 年，长江上游地区共修建水库 14732 座（含三峡水库），总库容为 1672.77 亿 m^3，见表 2.10。其中：大型水库 99 座，总库容约 1449.93 亿 m^3，占总库容的 86.7%；中型水库 475 座，总库容约 132.63 亿 m^3，占总库容的 7.9%；小型水库约 14158 座，总库容约 90.22 亿 m^3，占总库容的 5.4%。

表 2.10 长江上游地区已建水库群分类统计表（截至 2015 年）

水系	大型		中型		小型		合计	
	数量/座	总库容/亿 m^3	数量/座	总库容/亿 m^3	数量/座	总库容/亿 m^3	数量/座	总库容/亿 m^3
金沙江	22	429.23	108	24.81	2537	16.38	2667	470.41
岷江	19	127.42	41	9.74	801	6.97	861	144.14
沱江	2	3.78	37	9.70	1508	12.20	1547	25.68
乌江	21	239.33	77	24.32	1324	11.66	1422	275.31
嘉陵江	25	170.30	125	41.48	4990	24.46	5140	236.24
长上干①	10	479.87	87	22.57	2998	18.56	3095	521.00
总计	99	1449.93	475	132.63	14158	90.22	14732	1672.77

① 长上干指长江宜宾至宜昌干流及未控区间，包括三峡和葛洲坝水库。

随着以三峡工程为核心的长江上游水库群的逐步建成，水库群在防洪与综合利用、梯级水库间的蓄泄矛盾等也逐步显现。为统筹长江上游水库群防洪、发电、航运、供水、水生态与水环境保护等方面的需求，保障流域防洪和供水安全，2012年8月国家防总首次批复了《2012年度长江上游水库群联合调度方案》，该方案对三峡、二滩、紫坪埔、构皮滩、碧口等10座水库的调度原则和目标、洪水调度、蓄水调度、应急调度、调度权限、信息报送和共享等方面进行了明确，为水库群联合统一调度提供了依据。2016年进一步将金沙江梨园、阿海、金安桥、龙开口、鲁地拉、观音岩、溪洛渡、向家坝，雅砻江锦屏一级、二滩，岷江紫坪铺、瀑布沟，嘉陵江碧口、宝珠寺、亭子口、草街，乌江构皮滩、思林、沙陀、彭水，三峡水库等21座水库纳入水库群联合调度范围，总调节库容达459.22亿m^3，总防洪库容为363.11亿m^3。2017年又将水库群联合调度的范围扩展到了城陵矶河段以上的长江上中游28座水库。

水库群的联合调度不仅改变了流域径流时空变化，还从宏观上改变了河流泥沙的时空分布，水库拦截了大部分泥沙，水库下泄输沙量明显减少。

2.3.1.1 典型水库淤积分析

1. 金沙江中游干流梯级水库

金沙江中游梯级开发方案为“一库八级”方案，目前，除龙盘、两家人未动工外，其他6个梯级自2010年相继建成和运行。金沙江中游石鼓站和攀枝花站分别位于梨园水电站上游114km和观音岩水电站下游约40km处，从两站实测水沙变化过程来看，金沙江上游石鼓站水沙量年际间无明显趋势性变化，多年平均径流量和输沙量分别为424亿m^3和2540万t；受水电站蓄水拦沙影响，攀枝花站径流量变化不大，但输沙量大幅度减少，2011—2017年攀枝花站年平均径流量和输沙量分别为540亿m^3和806万t，较1966—2010年平均值分别偏小4.9%和84.5%。与此相应，2010年以来，攀枝花站的水沙关系发生了显著变化。

为估算金沙江中游梨园、阿海、金安桥、龙开口、鲁地拉和观音岩建库后的拦沙量，依据石鼓、攀枝花站2010年前年平均输沙量和区间输沙模数，估算得到石鼓至攀枝花区间年平均来沙量约0.264亿t。因此，2011—2017年金沙江中游梯级水电站年平均拦沙量为0.437亿t。

2. 金沙江下游梯级水库

位于金沙江下游干流在建和已建有乌东德、白鹤滩、溪洛渡和向家坝4座水库，如图2.21所示。受向家坝、溪洛渡水库蓄水影响，2012—2017年，金沙江下游输沙量大幅减少，向家坝站（位于向家坝水电站下游2km）年平均径流量和输沙量分别为1318亿m^3/a和170万t/a，较2012年以前均值

（1954—2012 年平均径流量和输沙量分别为 1443 亿 m^3/a 和 2.36 亿 t/a）分别偏小 8.7%和 99%。

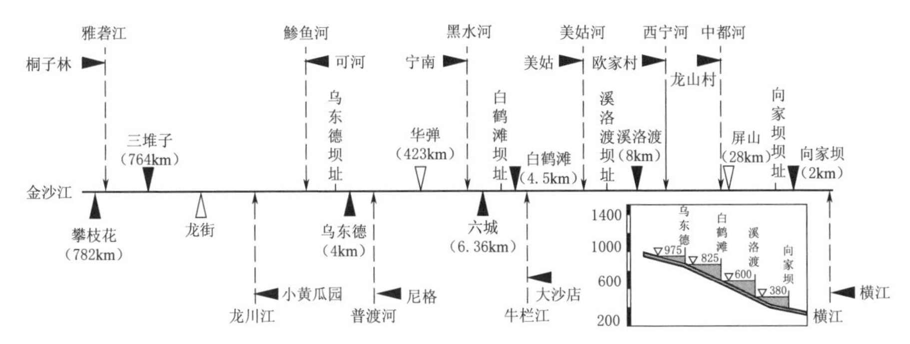

图 2.21 金沙江下游干流梯级及主要水文控制站分布示意图

"△"—水位站；"▲"—水文站；攀枝花、三堆子、华弹括号中数据—距宜宾距离；乌东德、六城、白鹤滩、溪洛渡、屏山、向家坝括号中数据—距最近梯级水电站的距离

考虑未控区间来沙后，2013—2017 年期间溪洛渡、向家坝水库淤积泥沙量约为 5.40 亿 t，年平均淤积泥沙 1.08 亿 t。其中：溪洛渡总入库沙量为 52873 万 t，出库沙量为 1380 万 t，水库累计淤积泥沙量为 51493 万 t，水库排沙比为 2.6%；向家坝总入库沙量为 3367.6 万 t，出库沙量为 849.4 万 t，水库累计淤积泥沙量为 2518.2 万 t，水库排沙比为 25.2%。两库联合排沙比为 1.5%。

实测地形资料表明，2008 年 2 月至 2017 年 10 月溪洛渡和向家坝水库分别淤积泥沙 4.82 亿 m^3 和 0.53 亿 m^3，共淤积泥沙 5.35 亿 m^3。

3. 三峡水库

2003 年三峡水库蓄水运用以来，由于入库泥沙量较初步设计值大幅减小，三峡库区泥沙淤积大为减轻。2003 年 6 月至 2017 年 12 月，三峡入库悬移质泥沙量为 21.925 亿 t，出库（黄陵庙站）悬移质泥沙量为 5.234 亿 t，不考虑三峡库区区间来沙，水库淤积泥沙量为 16.691 亿 t，近似年平均淤积泥沙量为 1.145 亿 t/a，仅为论证阶段（数学模型采用 1961—1970 系列年预测成果）的 35%，水库排沙比为 23.9%，见表 2.11。

表 2.11　三峡水库进出库泥沙与水库淤积量统计表

时　段	累　计　值			年　均　值			排沙比/%
	入库沙量/亿 t	出库沙量/亿 t	淤积量/亿 t	入库沙量/(亿 t/a)	出库沙量/(亿 t/a)	淤积量/(亿 t/a)	
2003 年 6 月至 2006 年 8 月	7.004	2.590	4.414	2.155	0.797	1.358	37.0

续表

时段	累计值			年均值			排沙比/%
	入库沙量/亿 t	出库沙量/亿 t	淤积量/亿 t	入库沙量/(亿 t/a)	出库沙量/(亿 t/a)	淤积量/(亿 t/a)	
2006年9月至2008年9月	4.435	0.832	3.603	2.129	0.399	1.729	18.8
2008年10月至2017年12月	10.486	1.812	8.674	1.134	0.196	0.938	17.3
2003年6月至2017年12月	21.925	5.234	16.691	1.503	0.359	1.145	23.9

特别是2012年溪洛渡、向家坝水库建成运用以来，三峡入库泥沙继续大幅减少，其年平均输沙量由2003—2012年的2.03亿 t/a减小至2013—2017年的0.582亿 t/a，减幅达71.3%，水库年平均淤积量也由2003—2012年的1.44亿 t/a减小至2013—2017年的0.463亿 t/a。

2.3.1.2 水库拦沙作用分析

长江上游地区水库拦沙作用研究表明，1956—2015年上游水库总拦沙（淤积）量达到67.25亿 m^3，年平均拦沙量为1.12亿 m^3/a。1956—1990年、1991—2005年和2006—2015年水库拦沙量分别占总拦沙量的27%、29%和43%，其拦沙量分别为18.82亿 m^3、19.54亿 m^3 和28.91亿 m^3，见表2.12。其中：1956—1990年水库拦沙以大型、小型水库为主，其拦沙比例占总拦沙量的百分比分别为49%和36%，1991—2005年水库拦沙以大型水库为主，其拦沙量占总拦沙量的80%，2006—2015年水库拦沙仍以大型水库为主，其拦沙量占总拦沙量的94%。

特别是2012年以来，长江上游干支流大型水库群陆续建成蓄水，其中：金沙江中下游水库年平均拦沙量为1.93亿 t/a，岷江和沱江流域内水库年平均拦沙量为0.402亿 t/a，嘉陵江和乌江流域水库年平均拦沙量分别为0.542亿 t/a和0.172亿 t/a，长江上游干流区间水库年平均拦沙量为0.888亿 t/a。现状条件下，长江上游主要控制型水库的综合年平均减沙量为3.935亿 t/a。

2.3.2 降雨（径流）变化

长江上游河道输沙量的大小主要取决于降雨（径流）量的大小，但降雨的落区及降雨强度对输沙量有明显影响。当暴雨中心在主要产沙区或主要产沙区发生大面积集中降雨时，河道输沙量较大。如1954年宜昌站径流量和输沙量分别为5751亿 m^3 和7.54亿 t，上游流域降雨范围广，主要雨区在乌江、金沙江下游和干流区间一带；降雨时间长，乌江降雨强度大。1981年宜昌站径

表 2.12　长江上游地区水库淤积量统计表

水系	1956—1990年				1991—2005年				2006—2015年				1956—2015年			
	水库数量/座	总库容/亿 m^3	总淤积量/万 m^3	年平均淤积量/万 m^3	水库数量/座	总库容/亿 m^3	总淤积量/万 m^3	年平均淤积量/万 m^3	水库数量/座	总库容/亿 m^3	总淤积量/万 m^3	年平均淤积量/万 m^3	水库数量/座	总库容/亿 m^3	总淤积量/万 m^3	年平均淤积量/万 m^3
金沙江	2138	30	20830	595	363	85	38530	2569	166	356	70354	7035	2667	470	129714	2162
岷江	736	16	31400	897	59	6	22060	1471	66	122	34151	3415	861	144	87611	1460
沱江	1509	21	15800	451	27	2	4680	312	10	2	485	48	1546	25	20965	349
嘉陵江	4756	63	65600	1874	266	69	60560	4037	118	104	31719	3172	5140	236	157879	2631
乌江	1134	46	27950	799	165	89	20784	1386	123	141	18957	1896	1422	275	67691	1128
宜宾—寸滩区间	1426	11	5884	168	62	2	1150	77	47	4	1154	115	1534	16	7949	132
三峡上游干支流①	11699	187	167464	4785	942	252	147764	9851	530	729	156821	15682	13170	1167	471810	7863
三峡区间②	1441	32	20756	593	57	152	47685	3179	63	462	132286	13229	1561	504	200727	3345
合计	13140	219	188220	5378	999	403	195449	13030	593	1192	289107	28911	14731	1671	672537	11208

① 三峡上游干支流指长江寸滩以上干支流和乌江流域。
② 三峡区间指寸滩至宜昌区间，含三峡和葛洲坝水库。

流量为4420亿m^3，但输沙量达7.28亿t，1981年7月长江上游出现大面积暴雨，8月又发生大面积强暴雨，笼罩嘉陵江、岷江、沱江等几条支流。1998年宜昌站径流量和输沙量分别为5233亿m^3和7.43亿t，长江上游主雨区笼罩范围很广，金沙江中下游产沙区月雨量为200～400mm，输沙量比1954年同期大；嘉陵江7月、8月降雨虽然较大，但主雨区不在西汉水等主要产沙区，输沙量比1954年同期小。

2.3.2.1 年际、年内变化

1. 年际变化

1951—2017年，长江上游地区面均降雨量为750～1000mm。1951—1990年、1991—2002年和2003—2017年面平均年降雨量分别为901mm、879mm和861mm。由此可见，长江上游近年来降雨量有所减少，特别是三峡工程蓄水运用以来的2003—2017年平均降雨量较1951—1990年和1991—2002年分别偏小18mm和40mm（减幅分别为2%和4%），降雨量偏少较多的区域主要是岷江、沱江、宜宾至宜昌区间和乌江。长江上游1951—2017年面平均降雨量变化过程、不同时期多年平均面降雨量变化分别见图2.22～图2.24和表2.13。

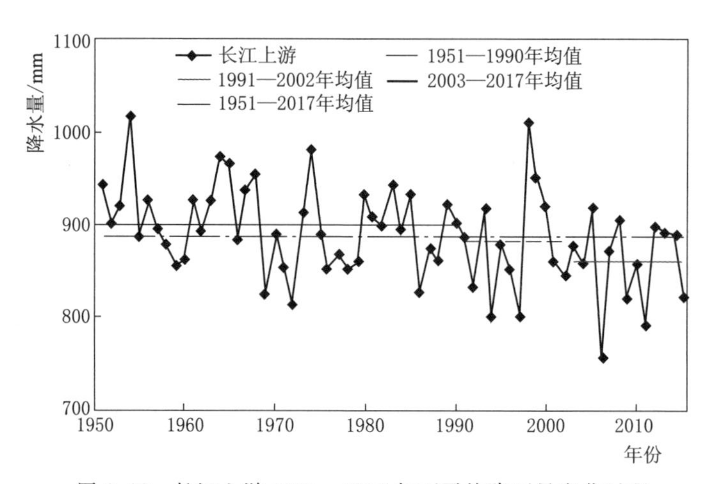

图2.22 长江上游1951—2017年面平均降雨量变化过程

表2.13 长江上游及其各分区不同时段面平均年降雨量

项目		金沙江	岷沱江	嘉陵江	宜宾至宜昌	乌江	长江上游
年份	①1950—1990	711	1099	965	1153	1153	901
	②1991—2002	734	1035	845	1117	1164	879
	③2003—2017	696	1019	929	1097	1066	861
降雨量变化	(②-①)/①	3%	-6%	-12%	-3%	1%	-2%
	(③-①)/①	-2%	-7%	-4%	-5%	-8%	-4%

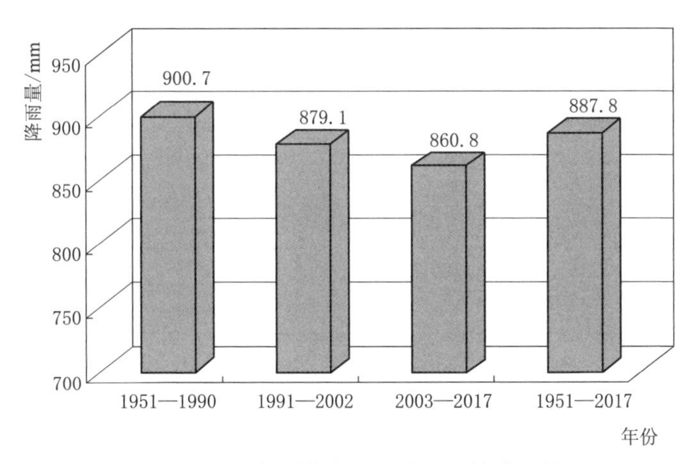

图 2.23 不同时期长江上游面平均降雨量

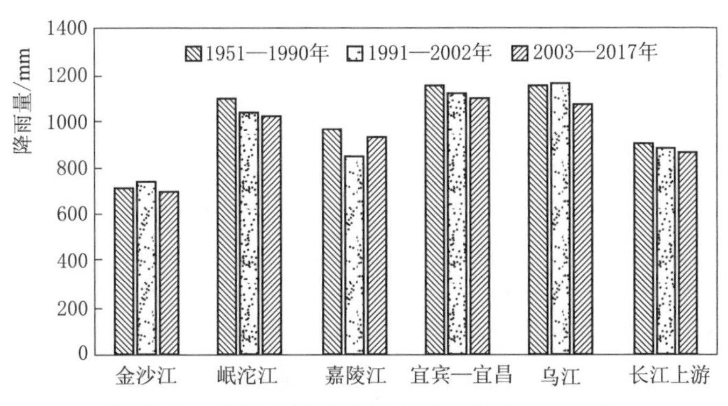

图 2.24 长江上游各分区不同时期平均降雨量

2. 年内变化

长江上游不同时段月平均降雨量情况如图 2.28 所示。由图 2.28 可见，长江上游降雨量主要集中在 5—10 月，6—9 月 4 个月平均降雨量均大于 120mm，以 7 月最大，前后逐月递减；1 月、2 月、12 月 3 个月平均降雨量较小，月平均降雨量均不足 15mm。

长江上游及其各分区不同时段汛期（5—10 月）降雨量变化见表 2.14，由表可见，1950—2013 年，除嘉陵江近期降雨量有所增加外，长江上游降雨量总体以减小为主。长江上游及其各分区不同时段月平均降雨量变化如图 2.26 和图 2.27 所示。与 1951—1990 年相比，1991—2003 年长江上游及其各分区 8—9 月降雨量占年降雨量百分比减小较为明显，减幅在 3%以内，以嘉陵江和乌江为主；6 月降雨量则增加较为显著，增幅在 2.5%以内，以嘉陵江和岷沱江为主。

表 2.14　　长江上游及其各分区不同时段汛期（5—10月）降雨量

项目		降雨量/mm				
		长江上游	金沙江	岷沱江	嘉陵江	乌江
年份	①1950—1991	601	531	756	632	632
	②1991—2005	577	546	704	544	628
	③2006—2013	558	501	670	616	538
降雨量变化	(②－①)/①	－4%	3%	－7%	－14%	－1%
	(③－②)/②	－3%	－8%	－5%	13%	－14%

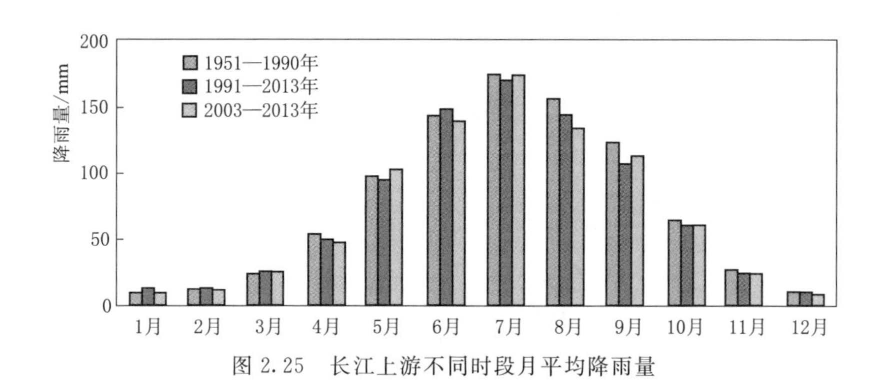

图 2.25　长江上游不同时段月平均降雨量

图 2.26　长江上游 1991—2013 年较 1951—1990 年月平均降雨量变化过程

与 1951—1990 年相比，2003—2013 年长江上游及其各分区 8—9 月降雨量占年降雨量百分比均减小较为明显，减幅均在 3%以内，其中嘉陵江和岷沱江减小最为显著；但 5 月、7 月降雨量有所增大，以嘉陵江的增幅最大。

2.3.2.2　长江上游降雨量、径流量、输沙量关系

根据长江上游不同时段面年均降雨量-径流量、径流量-输沙量关系，如

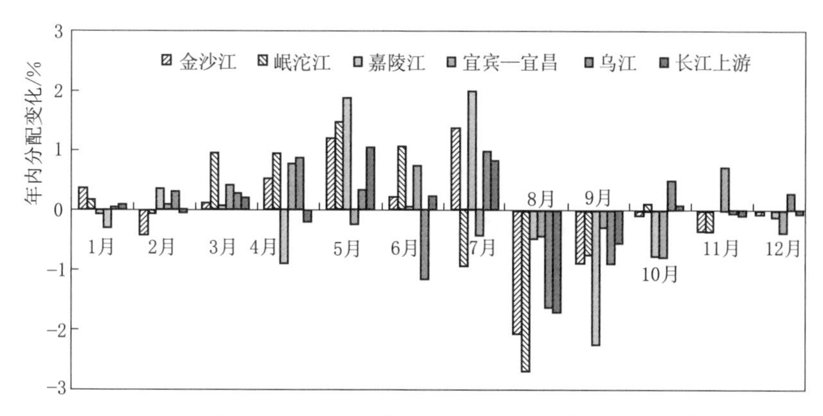

图 2.27 长江上游 2003—2013 年较 1951—1990 年月平均降水量变化过程

图 2.28 所示，分析可知：1951 年以来，长江上游及各分区的径流量和降雨量的关系基本保持稳定，说明径流量的变化基本能代表降雨量的变化。然而，径流量与输沙量的关系则发生了明显变化，主要受水库拦沙、水土保持等影响，同等径流量条件下，输沙量明显减小。但对于长江上游而言，不同阶段（时期）的降雨强度、范围对输沙量大小的影响也十分明显，其影响程度还有待下一步深入研究。

2.3.3 水土保持工程

1988 年，国务院批准将长江上游列为全国水土保持重点防治区，在长江上游水土流失最严重的金沙江下段及毕节地区、嘉陵江中下游、陇南及陕南地区、三峡库区等四大片作为首批开展重点防治。1989 年国家启动了“长治”工程，在金沙江下游及毕节地区、嘉陵江上游的陇南和陕南地区、嘉陵江中下游、三峡库区等 4 片首批实施重点防治，总面积为 35.10 万 km^2，其中水土流失面积为 18.92 万 km^2。

已有研究成果表明，1989—2005 年长江上游“四大片”水保累计治理面积为 6.63 万 km^2，占长江上游水土流失总面积的 18.8%。水保措施年平均减蚀量为 10876 万 t/a，减蚀效益 6.9%，对河流出口的减沙量为 4275 万 t/a，减沙效益 8.2%，其中尤以嘉陵江最为明显。据统计，嘉陵江流域“长治”工程累计治理面积 32674km^2，占水土流失面积 92975km^2 的 35.1%，各项水保措施共就地减蚀拦沙 6.503 亿 t。根据中国水利水电科学研究院遥感技术应用中心采用全国第一次和第二次全国土壤侵蚀遥感调查的资料，1988 年、2000 年嘉陵江流域土壤年侵蚀量分别为 3.66 亿 t、3.03 亿 t，1988—2000 年嘉陵江流域土壤侵蚀总面积减少了 1.10873 万 km^2，减少了近 11.734%；土壤侵

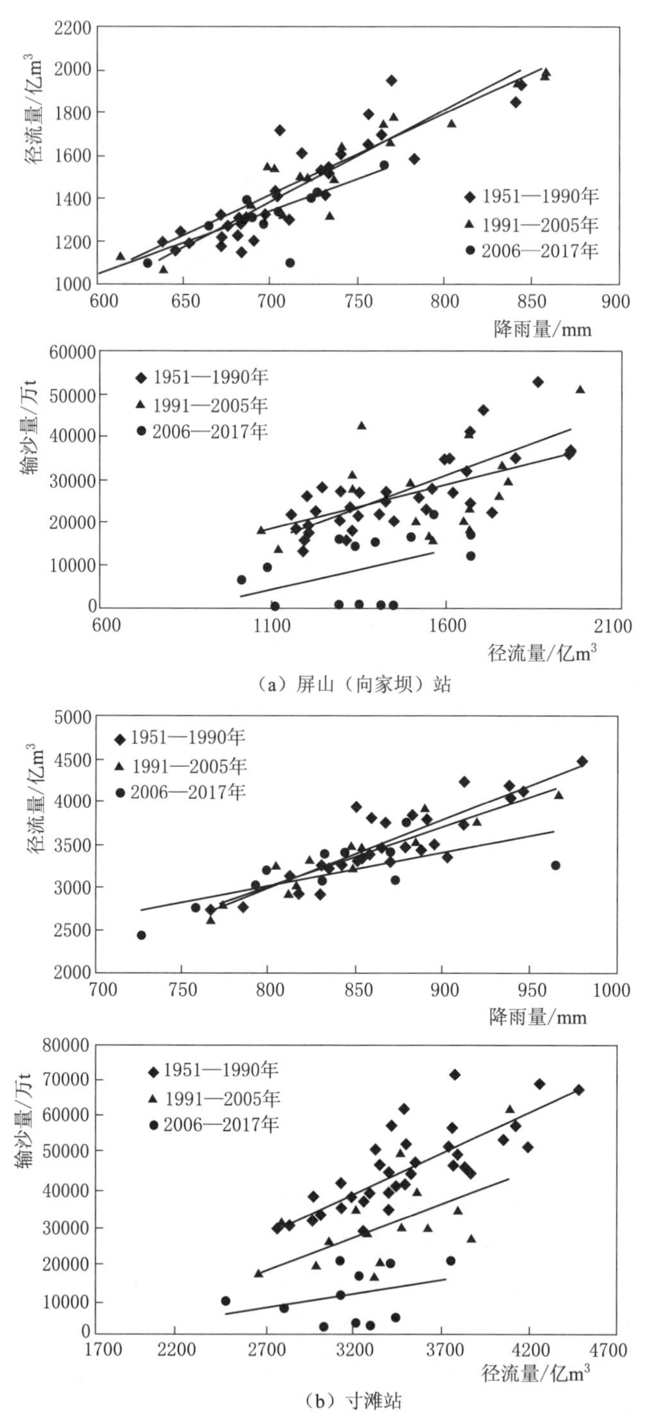

(a) 屏山(向家坝)站

(b) 寸滩站

图 2.28(一) 长江上游不同时段面年均降雨量-径流量、径流量-输沙量关系

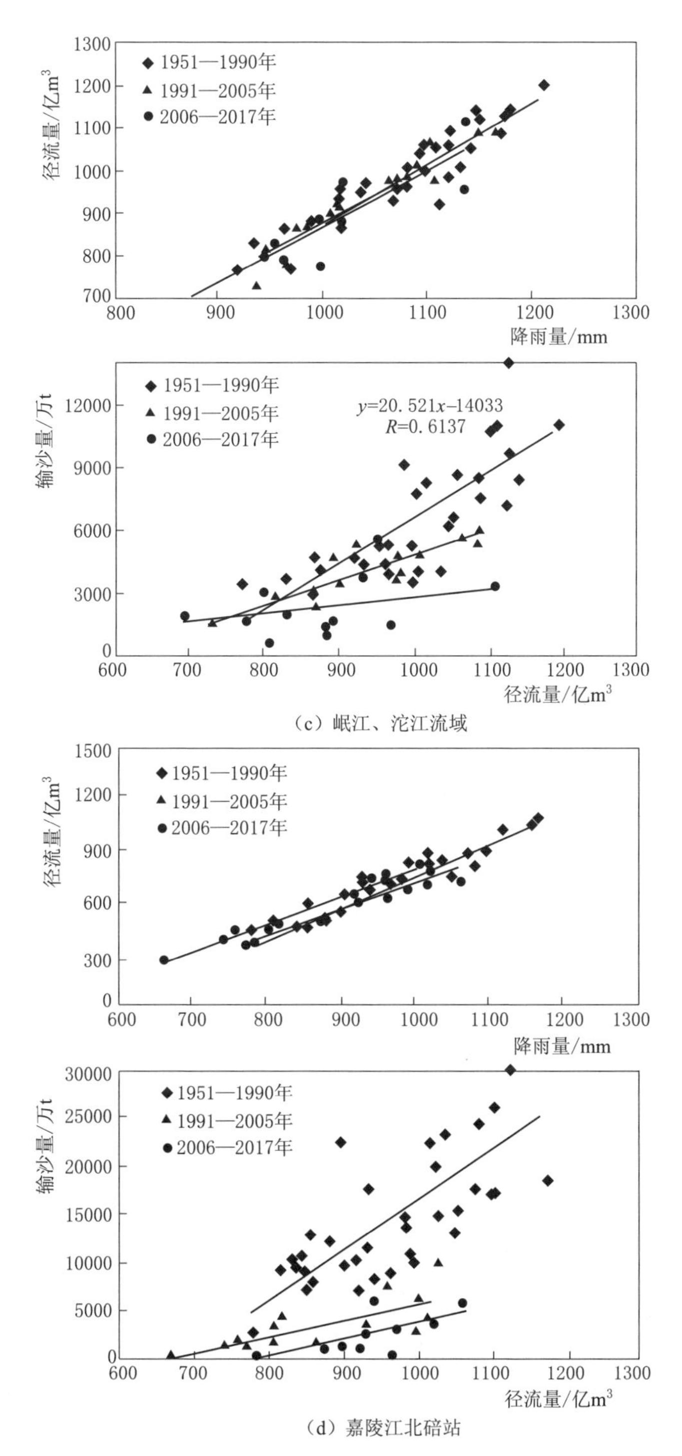

（c）岷江、沱江流域

（d）嘉陵江北碚站

图 2.28（二） 长江上游不同时段面年均降雨量-径流量、径流量-输沙量关系

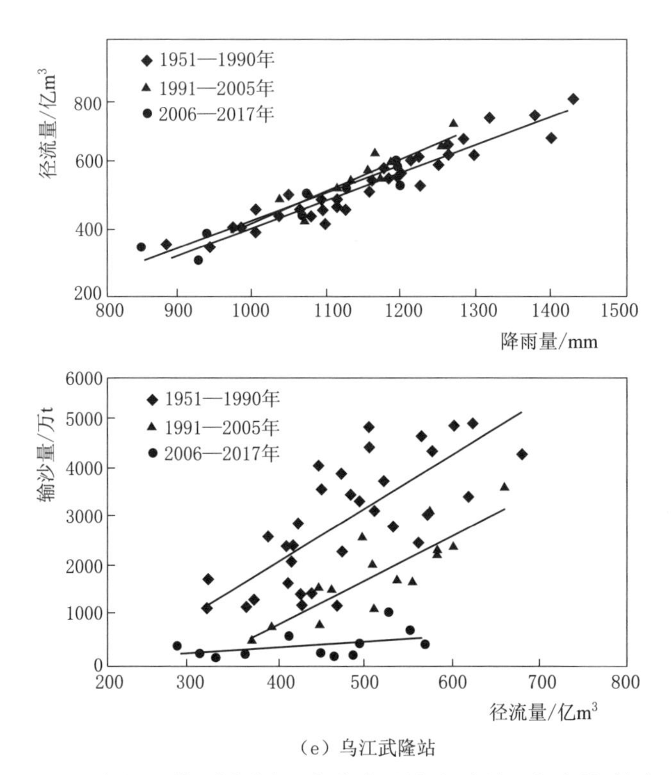

(e) 乌江武隆站

图 2.28(三) 长江上游不同时段面年均降雨量-径流量、径流量-输沙量关系

蚀总量减少约 6300 万 t/a。1991—2005 年，水土保持对北碚站年平均减沙量为 1600 万～1800 万 t/a，占北碚站同期总减沙量的 16%～18%。

近年来，国家不断加大水土流失的治理力度，水土保持措施减蚀减沙作用不断增强。特别是 1998 年大水后，国家又实施“长江上游天然林资源保护工程”(简称“天保”工程)和退耕还林还草工程，即对坡度在 25°以上的坡耕地全部要求退耕还林。据统计，国家在长江上游地区投入建设资金 200 多亿元，对近 200 万 hm^2 的天然林、500 万 hm^2 的森林进行了保护，新造林 140 多万 hm^2，森林覆盖率也由 20 世纪 60 年代的 10%提高至 1989 年的 19.9%、2006 年的 30.53%，2016 年四川省森林覆盖率达到了 36.88%。

2005 年后，国家又相继开展中央预算内重点流域治理水土保持项目、国家农业综合开发水土保持项目、坡耕地水土流失综合治理试点工程等水土保持工程，水土流失治理面积进一步增加。近年来，随着水土保持法的实施，国家加强了对建设项目水土保持方案的监督和检查，开展水土保持执法活动，在很大程度上限制了人类活动对土壤的破坏和流失，有效遏制了产生新的水土流失。加之，随着上游经济社会的发展，大批劳动力外移(据统计，四川省农民工转移输出总量由2011年的2300.5万人增加至2015年的2472.3万人），生产生活方式的改变和人们生态保护的意识逐渐增强，上游地区植被覆盖度不断提高，对流域的减沙效益会进一步增强，从而也会引起长江上游的来沙量进一步减少。

2.3.4 河道采砂

1990年以来，长江上游河道采砂活动较为频繁，据1993年和2002年不完全调查统计，长江上游干流河道采砂量分别为1215万t和1251万t，见表2.15和表2.16；2013年仅朱沱至涪陵干流段采砂量就达到了2965万t，见表2.17。另据统计，近年来重庆主城区河道年平均采砂量在200万t/a以上。三峡水库175m试验性蓄水运用后，重庆主城区河段自2008年9月至2017年12月累计冲刷量为1789万m^3，河道采砂影响是重要原因之一。

表2.15　1993年长江上游干流河道采砂量

地区	河流	起止范围	河段长度/km	采砂量/万t			采砂强度/(万t/km)		
				砂	砾卵石	总和	砂	砾卵石	总和
重庆市	长江	长寿—程家溪	202	455	195	650	2.25	0.97	3.22
	嘉陵江	朝天门—盐井	75	245	105	350	3.27	1.40	4.67
泸州市	长江	沙溪口—大渡	135	100	115	215	0.74	0.85	1.59

表2.16　2002年长江上游干流河道采砂量

地区	河流	起止范围	河段长度/km	采砂量/万t				采砂强度/(万t/km)		
				砂	砾卵石	条石	总和	砂	砾卵石	总和
重庆市	长江	铜锣峡—沙溪口	179	416.9	100.4		517.3	2.33	0.56	2.89
	嘉陵江	朝天门—渠河嘴	104	289.7	66.8	0.2	356.7	2.79	0.64	3.43
泸州市	长江	沙溪口—泸州	98	90.9	285.8	0.4	377.1	0.93	2.92	3.85

表2.17　2013年涪陵至朱沱河段分区域采砂量

区域	岸线长度/km	采砂总量/万t	岸线采砂强度/(万t/km)	采砂中沙量/万t	沙量占总采砂量比例	采砂中卵石量/万t	卵石量占总采砂量比例
永川	10.6	17	1.6	2	12%	15	88%
江津	171.2	1040	6.1	228	22%	812	78%
巴南	56.2	110	2.0	28	25%	83	75%
南岸	22.5	207	9.2	70	34%	137	66%

续表

区域	岸线长度/km	采砂总量/万 t	岸线采砂强度/(万 t/km)	采砂中沙量/万 t	沙量占总采砂量比例	采砂中卵石量/万 t	卵石量占总采砂量比例
九龙坡	20.7	292	14.1	66	23%	226	78%
大渡口	35.4	252	7.1	34	14%	218	87%
重庆主城区	71.0	438	6.2	131	30%	307	70%
江北	35.2	58	1.7	20	35%	38	65%
渝北	15.6	252	16.2	32	13%	220	87%
长寿	39.6	28	0.7	18	65%	10	36%
涪陵	80.0	272	3.4	87	32%	185	68%
合计	558	2965	5.3	714	24%	2251	76%

河道采砂主要为粒径较粗的砾、卵石，用作建筑材料，一方面减少了上游推移质输沙量，另一方面采砂坑形成后细颗粒泥沙有一定回淤，对悬移质输沙量也有一定影响。

2.3.5 泥沙变化成因

综合上述研究，人类活动是导致长江上游近期平均输沙量大幅度减小的主要因素。与 1955—1990 年相比，1991—2005 年寸滩＋武隆站年平均减沙 1.585 亿 t/a，人类活动新增减沙量为 1.187 亿 t/a（其中水库新增减沙量为 0.809 亿 t/a，水保措施年平均减沙量为 0.378 亿 t/a），占总减沙量的 75%；降雨变化导致入库沙量平均减少 0.189 亿 t/a，占三峡入库总减沙量的 12%；河道采砂等其他因素引起年平均减沙量为 0.209 亿 t/a，占总减沙量的 13%。

与 1991—2005 年相比，2006—2012 年三峡年平均入库泥沙减少 1.53 亿 t/a，减幅 46.2%，同期年平均径流量减少 303 亿 m^3，减幅 7.8%（其中降雨量减少 4.0%）。减沙量主要集中在金沙江，向家坝（屏山）站年平均减沙量达 1.26 亿 t/a，占三峡入库总减沙量的 82.3%，同期年平均径流量减少了 203 亿 m^3，减幅 13%（其中降雨量减幅为 6.3%），特别是在主汛期（6—9 月）内，径流量减小幅度达 15%，输沙量减少达 1.143 亿 t/a，占三峡入库总减沙量的 74.7%，见表 2.18～表 2.20。从金沙江各站水沙量变化来看，金沙江攀枝花至屏山区间年平均径流量和输沙量分别减少了 166 亿 m^3 和 0.973 亿 t，其主要原因是由于降雨明显偏少和生态环境持续改善；其次则为岷江，高场站年平均输沙量减少了 0.150 亿 t/a，则主要是紫坪铺等新建水库拦沙作用所致，见表 2.21。

表 2.18 三峡上游主要水文站年平均径流量和输沙量变化

项目		金沙江 向家坝	岷江 高场	沱江 富顺	长江 朱沱	嘉陵江 北碚	长江 寸滩	乌江 武隆	寸滩+武隆
年平均径流量/亿 m³	1990 年前	1440	882	129	2659	704	3520	495	4015
	1991—2005 年	1521	825	105	2689	557	3375	515	3890
	变化率 1	5.6%	-6.5%	-18.6%	1.1%	-20.9%	-4.1%	4.0%	-3.1%
	2006—2012 年	1308	755	107	2425	656	3175	411	3587
	变化率 2	-14.0%	-8.5%	1.9%	-9.8%	17.8%	-5.9%	-20.2%	-7.8%
	2013—2017 年	1318	777	121	2542	578	3228	474	3702
	变化率 3	0.8%	2.9%	13.1%	4.8%	-11.9%	1.7%	15.3%	3.2%
年平均输沙量/万 t	1990 年前	24600	5260	1170	31600	13400	46100	3040	49100
	1991—2005 年	25800	3690	316	27400	3580	31300	1830	33100
	变化率 1	4.9%	-29.8%	-73.0%	-13.3%	-73.3%	-32.1%	-39.8%	-32.6%
	2006—2012 年	13200	2190	259	15600	2870	17400	390	17800
	变化率 2	-48.8%	-40.7%	-18.0%	-43.1%	-19.8%	-44.4%	-78.7%	-46.2%
	2013—2017 年	170	1250	839	3790	1770	5660	265	5920
	变化率 3	-98.7%	-42.9%	223.9%	-75.7%	-38.3%	-67.5%	-32.1%	-66.7%

注 变化率 1、2、3 分别为 1991—2005 年与 1990 年前、2006—2012 年与 1991—2005 年、2013—2017 年与 2006—2012 年平均值的相对变化。

表 2.19 长江上游主汛期（6—9 月）平均径流量

项目		长江上游	金沙江	岷沱江	嘉陵江	乌江
按年份/亿 m³	①1950—1990 年	2188	878	650	444	266
	②1991—2005 年	2120	966	590	335	301
	③2006—2012 年	1932	817	513	449	206
	④2013—2017 年	1842	729	520	350	243
径流量变化率/%	(②-①)/①	-3	10	-9	-25	13
	(③-②)/②	-9	-15	-13	34	-32
	(④-③)/③	-5	-11	1	-22	18

表 2.20　　长江上游主汛期（6—9 月）平均输沙量

项　目		长江上游	金沙江	岷沱江	嘉陵江	乌江
按年份/亿 m^3	①1950—1990 年	40237	21494	6094	12844	2242
	②1991—2005 年	28205	22861	3785	3275	1475
	③2006—2012 年	15769	11435	2334	2854	272
	④2013—2017 年	5198	132	2917	1698	228
输沙量变化率/%	(②－①)/①	－30	6	－38	－75	－34
	(③－②)/②	－44	－50	－38	－13	－82
	(④－③)/③	－67	－99	25	－40	－16

表 2.21　金沙江干流水文站年平均径流量和输沙量与多年平均值比较

项　目		石鼓	攀枝花	白鹤滩(华弹)
年平均径流量/亿 m^3	1990 年前	420	543	1258
	1991—2005 年	443	609	1369
	变化率 1	5.5%	12.2%	8.8%
	2006—2012 年	421	562	1179
	变化率 2	－5.0%	－7.7%	－13.9%
	2013—2017 年	399	540	1192
	变化率 3	－5.2%	－3.9%	1.1%
年平均输沙量/万 t	1990 年前	2180	4480	16800
	1991—2005 年	3180	6570	19900
	变化率 1	45.9%	46.7%	18.5%
	2006—2012 年	2810	3700	10300
	变化率 2	－11.6%	－43.7%	－48.2%
	2013—2017 年	2570	487	8050
	变化率 3	－8.5%	－86.8%	－21.8%

与 1991—2005 年相比，2006—2012 年三峡入库泥沙减少主要是金沙江降雨偏少所致，其减沙贡献权重约 80%，紫坪铺等新建水库减沙贡献权重占 10%，河道采砂等其他因素占 10%，如图 2.29 所示。

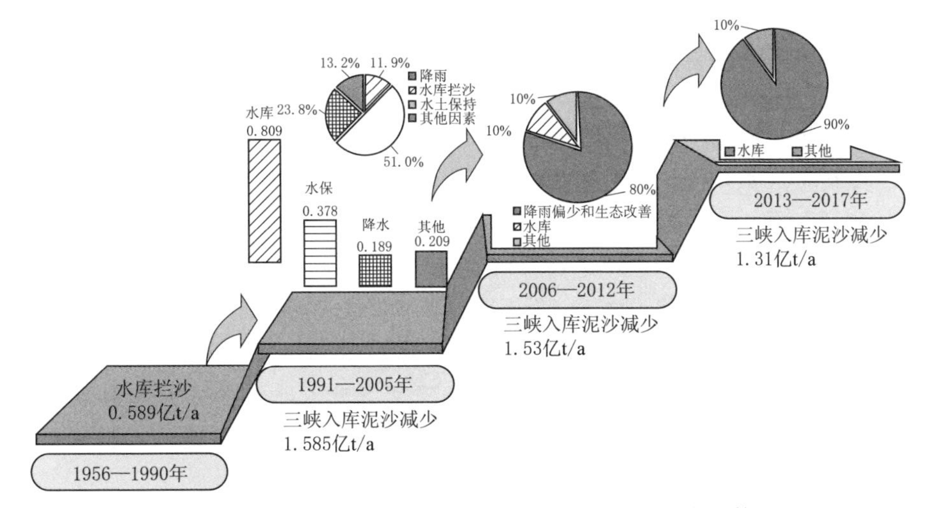

图 2.29 三峡水库不同时段入库泥沙变化及驱动力贡献

与 2006—2012 年相比，2013—2017 年三峡入库泥沙减少 1.31 亿 t/a，主要是由于金沙江中下游梯级水库逐步建成运用所致，其拦沙的减沙贡献权重达 90%以上，如金沙江中、下游水库年平均拦沙达 1.44 亿 t/a，如图 2.29 所示。

2.4 小结

(1) 20 世纪 90 年代以来，长江上游径流量变化不大，受水库拦沙、降雨时空变化、水土保持、河道采砂等因素的综合影响，输沙量明显减少。与 1990 年前均值相比，1991—2002 年长江上游输沙量除金沙江屏山站增大 14% 外，其他各站均明显减小，如嘉陵江和沱江分别减小了 68%和 72%。进入 21 世纪后，长江上游来沙减小趋势仍然持续，与 1991—2002 年平均值相比，长江上游各站 2003—2017 年平均输沙量除富顺站偏多 13%，其余减少幅度大多在 50%以上。同时，泥沙来源发生了显著变化。一方面部分支流出现暴雨洪水时沙量大且集中，短短几天的沙量能占到全年沙量的 50%以上，对三峡入库泥沙产生重要影响。另一方面受溪洛渡、向家坝水库蓄水拦沙影响，金沙江来沙所占寸滩站沙量比例锐减至 3%。

(2) 2003—2017年，三峡水库年平均入库（朱沱站+北碚站+武隆站）径流量和悬移质输沙量分别为3602亿m^3和1.55亿t，分别较1990年前均值减小7%和68%；寸滩站与武隆站年平均径流量和输沙量之和分别为3701亿m^3和1.48亿t，分别较论证值减少了7%和70%。寸滩站年平均入库砾卵石和沙质推移质输沙量分别为3.67万t和1.11万t，较2002年前均值分别减小了83%和97%。

(3) 近年来，人类活动是导致长江上游近期平均沙量大幅度减小的主要因素。其中：①与1955—1990年相比，1991—2005年人类活动新增年平均减沙量为1.187亿t/a，占三峡入库总减沙量的75%；气候变化占入库总减沙量的12%；河道采砂等其他因素占13%。②与1991—2005年相比，2006—2012年三峡入库泥沙减少1.53亿t/a。降雨明显偏少和生态环境持续改善的减沙贡献权重约80%，紫坪铺等新建水库减沙贡献权重占10%，河道采砂等其他因素占10%。③与2006—2012年相比，2013—2017年三峡入库泥沙减少1.31亿t/a，主要是由于上游干支流水库群逐步建成运用所致，其拦沙的减沙贡献权重达90%以上。

(4) 随着三峡水库上游一系列大型水利枢纽工程的建成和生态环境的持续改善，三峡水库在相当长时间内会保持较少的来沙量。今后应继续加强三峡水库上游的泥沙监测和研究工作，进一步深入研究泥沙变化的成因，重视部分支流（区域）暴雨洪水期间集中输沙和低水头水库（航电枢纽）拦沙作用、淤积平衡年限可能带来的影响，对产、输沙变化规律特别是大洪水期间输沙特性进行深入研究；另外，上游重大地质灾害对三峡水库入库泥沙的影响尚不十分清楚，应加强2008年“5·12”汶川大地震等引起的大量滑坡、泥石流对岷江、沱江、嘉陵江泥沙的改变及其对三峡入库泥沙的影响研究。

参 考 文 献

[1] 长江水利委员会．三峡工程水文研究［M］．武汉：湖北科学技术出版社，1997．

[2] 刘毅，张平．长江上游重点产沙区地表侵蚀与河流泥沙特性［J］．水文，1991（3）：6-12．

[3] 长江水利委员会长江科学院．三峡水库进库水沙代表系列分析［M］//国务院三峡工程建设委员会办公室泥沙课题专家组，中国长江三峡工程开发总公司工程泥沙专家组．长江三峡工程泥沙问题研究（2001—2005）：（第一卷）三峡水库上游来水来沙的变化及其影响研究．北京：知识产权出版社，2008．

[4] 国务院三峡工程建设委员会办公室泥沙课题专家组，中国长江三峡工程开发总公司工程泥沙专家组．长江三峡工程泥沙问题研究（1996—2000）：（第八卷）长江三峡工程“九五”泥沙研究综合分析［M］．北京：知识产权出版社，2002．

[5] 许全喜，石国钰，陈泽方．长江上游近期水沙变化特点及其趋势分析［J］．水科学进展，2004，15（4）：420-426.
[6] 许全喜．长江上游河流输沙规律变化及其影响因素研究［D］．武汉：武汉大学，2007.
[7] 全国水土保持规划编制工作领导小组办公室，水利部水利水电规划设计总院．中国水土保持区划［M］．北京：中国水利水电出版社，2016.
[8] 中国工程院三峡工程阶段性评估项目组．三峡工程阶段性评估报告［M］．北京：中国水利水电出版社，2010.
[9] 中国工程院三峡工程试验性蓄水阶段评估项目组．三峡工程试验性蓄水阶段评估报告［M］．北京：中国水利水电出版社，2014.

第3章

三峡水库泥沙淤积与调控

水库泥沙问题涉及水库寿命、库区淹没、泥沙冲淤与航道变化等一系列重要问题，三峡水库泥沙淤积与调控始终是工程关注的重点问题之一。三峡工程初步设计考虑防洪、发电、航运和水库有效库容长期保留的需求，提出了“蓄清排浑”的调度方式。2003年三峡水库蓄水运用后，入库泥沙大幅减少，为满足水利部门和航运部门从提高下游供水、防洪、航运等方面对三峡水库调度提出的更高需求，2009年开始，三峡水库采取了提前蓄水、“中小洪水”调度、汛期水位上浮等优化调度措施，同时开展了消落期库尾减淤调度和汛期沙峰排沙调度等试验。观测资料表明，三峡水库淤积明显小于初步设计预测值，但水库排沙比也小于预测值。鉴于三峡水库淤积是一个长期变化发展的过程，同时三峡入库水沙情势还在不断变化，三峡水库运行方式也将会不断调整和优化。如何在进一步提高三峡工程综合效益的同时，优化三峡水库运用与排沙措施，保证三峡水库长期有效库容，仍是三峡水库运行阶段需要研究的重大问题。

本章梳理总结了三峡水库蓄水运用以来水库泥沙淤积规律、泥沙调控措施及实施效果、泥沙模拟技术的改进完善最新进展等方面的成果，同时提出了三峡水库泥沙问题进一步研究的建议。

3.1 三峡水库运行调度

3.1.1 水库运行调度情况

2003年6月三峡水库蓄水至135m，进入围堰发电期。同年11月，水库蓄水至139m。围堰发电期运行水位为135（汛限水位）～139m（蓄水位）。2006年10月，水库蓄水至156m，较初步设计提前1年进入初期运行期。初期运行期运行水位为 144～156m。2008 年汛后开始实施 175m 试验性蓄水，较初步设计提前了 5 年[1]。

根据三峡工程论证阶段泥沙问题的研究成果与结论，三峡水库采取“蓄清排浑”运用方式作为三峡水库有效库容长期保留的基本措施[2]。按照初步设计，每年的 5 月末至 6 月上旬，为了腾出水库的防洪库容，坝前水位降至汛期防洪限制水位 145m；汛期 6 月至 9 月，水库维持此低水位运行，水库下泄流量与天然情况相同。在遇大洪水时（枝城流量大于 56700m^3/s），根据下游防洪需要，水库拦洪蓄水，库水位抬高，洪峰过后，仍降至防洪限制水位 145m 运行。实际运行过程中，为了进一步发挥工程的综合效益，针对长江上游干支流水库群建设、入库水沙量减少等新情况，为满足水利部门和航运部门在坝下游供水、防洪、航运等方面对三峡水库调度提出的更高需求，在保证防洪安全和泥沙淤积许可的条件下，从 2009 年开始，陆续实施了汛期水位动态变化、汛后蓄水时间提前等优化调度措施[3]，汛期平均水位较 145m 有不同程度提高，见表 1.1。

3.1.2 入库水沙情况

2003 年三峡水库蓄水运用以来，入库水沙变化较大，特别是入库沙量大幅减少，见表 3.1。2003—2017 年，水库年平均径流量（宜昌站）为 4049 亿 m^3，较初步设计阶段的 4510 亿 m^3 减少了 10%，年平均入库沙量为 1.55 亿 t（朱沱站＋北涪站＋武隆站），约为初步设计的约 1/3，变化趋势如图 1.2 所示。其中 2003—2008 年平均为 1.99 亿 t，2009—2013 年平均为 1.72 亿 t，2014—2017 年平均为 0.41 亿 t。近年来三峡入库沙量减少，主要是由于金沙江下游向家坝和溪洛渡水电站分别于 2012 年和 2013 年蓄水运用后的拦沙作用，以及嘉陵江等流域水电站的建设。目前长江上游干流来沙已较少，三峡入库泥沙主要是向家坝至三峡大坝区间来沙和支流来沙。

表 3.1　三峡年平均入库径流量和输沙量变化统计表（朱沱站＋北碚站＋武隆站）

时　段	年平均径流量/(亿 m^3/a)	年平均输沙量/(万 t/a)
1990 年以前	3858	48000
1991—2002 年	3733	35100
2003—2017 年	3602	15500
多年平均	3790	37800

三峡入库推移质输沙量自 1990 年代以来呈减少趋势，三峡水库蓄水运用以来进一步减少，如图 1.3 所示，2017 年朱沱站推移质输沙量为 2.8 万 t，寸滩站为 3.8 万 t。

3.2 三峡水库泥沙淤积

3.2.1 库区泥沙淤积

3.2.1.1 淤积量

三峡水库蓄水运用以来，2003—2017年入库泥沙总量为21.93亿t，出库泥沙量为5.23亿t，水库淤积量为16.691亿t，年平均淤积量为1.15亿t/a。近年来，由于金沙江下游溪洛渡和向家坝水电站的拦沙作用，三峡水库泥沙淤积强度减缓，年淤积量减少，如图3.1所示。

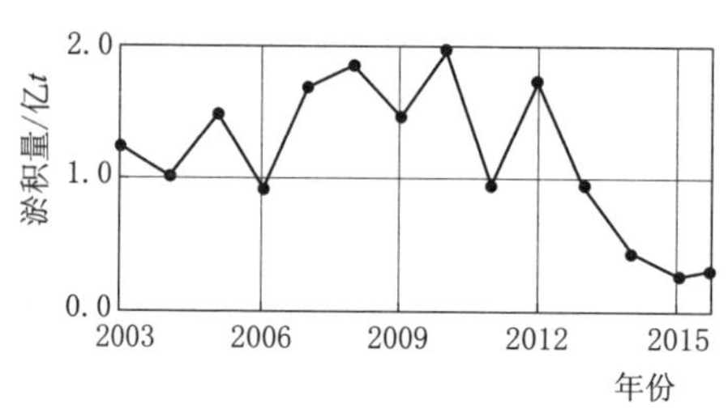

图3.1 三峡水库年淤积量变化过程

实测断面观测资料表明，2003—2017年库区泥沙淤积总量为16.7亿m^3，干流库区淤积泥沙量为14.8亿m^3，占总淤积量的89%，支流淤积量占11%。分时段看，三峡水库围堰发电期，2003年3月至2006年10月库区累计淤积泥沙5.44亿m^3，年平均淤积量为1.81亿m^3，泥沙主要淤积在丰都至奉节段和奉节至大坝段，而丰都至李渡镇库段冲淤基本平衡；初期运行期，2006年10月至2008年10月库区累计淤积泥沙2.50亿m^3，年平均淤积量为1.25亿m^3；进入175m试验性蓄水运用后，2008年10月—2017年11月库区累计淤积泥沙6.90亿m^3，年平均淤积量为0.77亿m^3。

3.2.1.2 淤积分布

2003年三峡工程蓄水运用以来，受上游来水来沙、河道采砂和水库减淤调度等影响，变动回水区（江津至涪陵，长约173.4km）总体冲刷，泥沙淤积主要集中在涪陵以下的常年回水区（涪陵至大坝，长约486.5km）。2003年3月至2017年10月库区干流累计淤积泥沙14.83亿m^3，其中变动回水区累计冲刷泥沙0.74亿m^3，常年回水区淤积量为15.58亿m^3，总体上越往坝前，单位河长淤积量越大。分时段看，随着回水范围向上游延伸，奉节至丰都段泥沙淤积占总淤积量的比例逐渐增加，大坝至奉节段泥沙淤积占总淤积量的比例则逐渐减小，见表3.2。

从库区泥沙淤积沿高程分布来看，2003年3月至2017年10月，145m高程下淤积泥沙15.46亿m^3，占175m高程下库区总淤积量的92.5%，淤积在水库防洪库容内的泥沙为1.25亿m^3，占175m高程下库区总淤积量的7.5%，占水库防洪库容（221.5亿m^3）的0.56%，水库有效库容损失较小，侵占防洪库容的泥沙主要淤积于大坝—庙河和云阳—涪陵河段。

表 3.2 变动回水区及常年回水区泥沙冲淤量统计表 单位：亿 m^3

时间	变动回水区				常年回水区				合计
	江津—大渡口	大渡口—铜锣峡	铜锣峡—涪陵	小计	涪陵—丰都	丰都—奉节	奉节—大坝	小计	
2003 年 3 月至 2006 年 10 月	—	—	−0.017	−0.017	0.020	2.698	2.735	5.453	5.436
2006 年 10 月至 2008 年 10 月	—	0.098	0.008	0.106	−0.003	1.294	1.104	2.395	2.501
2016 年 11 月至 2017 年 10 月	−0.024	−0.014	−0.025	−0.063	−0.032	0.205	0.044	0.217	0.154
2008 年 10 月至 2017 年 11 月	−0.399	−0.253	−0.178	−0.830	0.391	5.453	1.883	7.727	6.897
2003 年 3 月至 2017 年 10 月	−0.399	−0.155	−0.187	−0.741	0.408	9.445	5.722	15.575	14.834

3.2.2 重点河段泥沙淤积

2003 年三峡水库蓄水运用以来，与水库总体淤积情况一致，库区各典型河段淤积强度明显减小。

(1) 重庆主城区河段。重庆主城区河段全长 60km（包括干流大渡口至铜锣峡 40km 河段、嘉陵江井口至朝天门 20km 河段）。三峡水库围堰发电期和初期运行期，重庆主城区河段尚未受三峡水库壅水影响，属自然条件下的冲淤演变。2008 年三峡水库 175m 试验性蓄水以来，重庆主城区河段累计冲刷量为 1789 万 m^3，其中边滩淤积量为 149 万 m^3、主槽冲刷泥沙量为 1938 万 m^3。

(2) 黄花城河段。距坝 355.5km，河段长 5.1km。2003 年 3 月至 2017 年 10 月累计淤积量为 1.12 亿 m^3。2003 年 3 月至 2013 年 10 月年平均淤积量为 1000 万 m^3，2013 年 10 月至 2016 年 11 月年平均淤积量为 193 万 m^3/a，2016 年 11 月至 2017 年 10 月淤积量为 129 万 m^3/a，淤积速度大幅度减小。

(3) 兰竹坝河段。距坝 410km，河段长 6.1km。2003 年 3 月至 2017 年 10 月累计淤积量为 0.5314 亿 m^3，现主槽已经易位。2003 年 3 月至 2013 年 10 月年平均淤积量为 463 万 m^3/a，2013 年 10 月至 2016 年 11 月年平均淤积量为 127 万 m^3/a，2016 年 11 月至 2017 年 10 月年平均淤积量为 70.7 万 m^3/a。

（4）土脑子河段。距坝456km，河段长约3km。2003年3月至2017年10月累计淤积量为0.1926亿m^3，主要是右侧发生较为严重的累积性淤积。2003年3月至2013年10月年平均淤积量为224万m^3/a，2013年10月至2016年11月年平均冲刷量为100万m^3/a，2016年11月至2017年10月年平均冲刷量为122.1万m^3/a。

（5）青岩子河段。距坝505km，河段长15km。2006年10月至2017年10月累计冲刷量为0.105亿m^3/a。2006年10月至2013年10月年平均淤积量为37.1万m^3/a，2013年10月至2016年11月年平均冲刷量为461万m^3/a，2016年11月至2017年10月年平均淤积量为72.8万m^3/a。

（6）洛碛至长寿河段。距坝532km，河段长30km。2006年10月至2017年10月累计冲刷量为0.1468亿m^3/a。2006年10月至2013年10月年平均淤积量为23.6万m^3/a，2013年10月至2016年11月年平均冲刷量为478万m^3/a，2016年11月至2017年10月年平均冲刷量为269万m^3/a。

黄花城、兰竹坝、土脑子河段河道演变趋于单一归顺，与论证预测基本一致。

3.2.3 坝区泥沙淤积

（1）左右电厂前泥沙淤积主要位于高程90m以下，淤积面高程还低于电厂进水口底高程（108m），如图3.2所示。右岸地下电站前沿引水区域，2006年3月至2017年10月累计淤积量为364万m^3，目前底板平均高程为104.6m，高出地下电站排沙洞口底板高程2.1m。

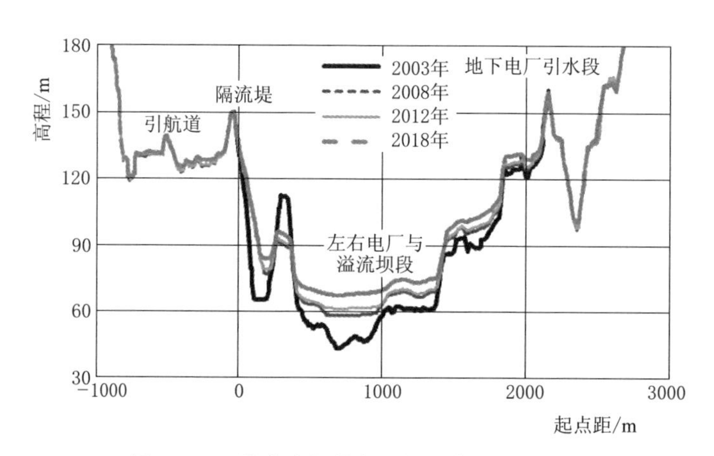

图3.2 三峡水库坝前断面淤积高程变化过程

（2）船闸上引航道淤积量较少，不影响通航。下游引航道有一定泥沙淤积，通过清淤，即能满足通航要求。

3.3 三峡水库排沙比变化

3.3.1 年排沙比变化

1. 变化过程

2003年三峡水库蓄水运用以来，随着汛期坝前平均水位的抬高，水库排沙效果有所减弱。在三峡工程围堰发电期，水库年平均排沙比为37%；初期蓄水期，水库年平均排沙比为18.8%，175m试验性蓄水运用后，水库平均排沙比为17.3%，见表3.3，各年排沙比变化过程如图3.3所示。

表3.3　三峡水库入出库泥沙量与排沙比统计表

时　段	年均值/亿t			排沙比/%
	入库沙量	出库沙量	淤积量	
2003年6月至2006年8月	2.155	0.797	1.358	37.0
2006年9月至2008年9月	2.129	0.399	1.729	18.8
2008年10月至2017年12月	1.134	0.196	0.938	17.3
2003年6月至2017年12月	1.503	0.359	1.145	23.9

2. 主要影响因素

坝前水位和入出库流量是影响三峡水库排沙比的最主要因素[4]，排沙比与流量成正比关系，与水位成反比关系。将三峡水库坝前水位和排沙比的关系按照来流量进行分级统计，结果如图3.4所示。由图可见，在入库流量较小时，坝前水位的变化对排沙比的影响较小；随着入库流量的增加，坝前水位对排沙比的影响也逐渐增大，且坝前水位越高，其相应的排沙比越低，表明小流量时排沙比对库水位的变化不敏感，大流量时排沙比对库水位的变化非常敏感。除水位和流量外，影响三峡水库排沙比的次要因素还有入库含沙量、入库悬移质级配及入库洪峰峰型等。

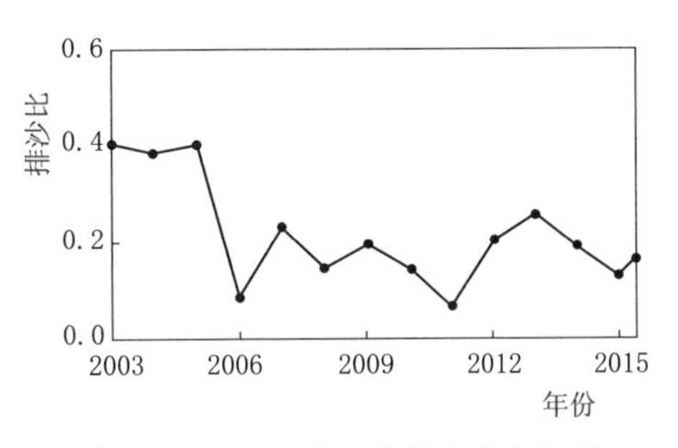

图3.3　三峡水库年排沙比变化过程

3.3.2 场次洪水排沙比

由于影响排沙比的主要因素是流量和坝前水位，可针对每一场次的洪水，进一步分析排沙比变化规律[5]。洪水入库后，洪峰传播快，传播至坝前的时

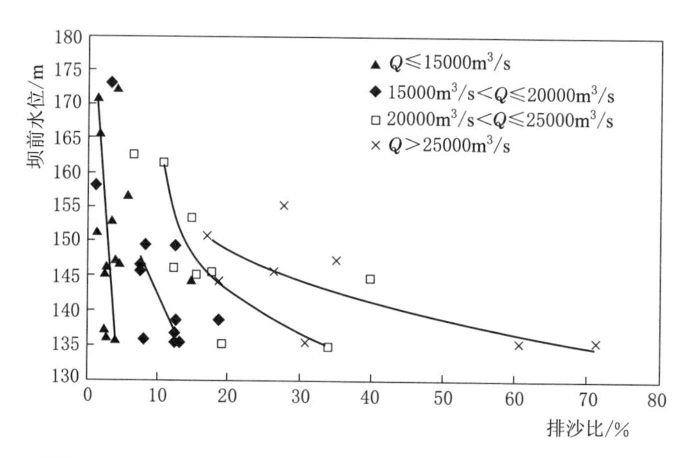

图 3.4 三峡水库汛期流量及坝前水位与水库排沙比的关系

间一般在 1 天左右，而沙峰传播较慢，都在 3 天以上。沙峰在库区的输移过程中，不但受到与沙峰同时入库洪水的推动，也受到后入库洪水的推动。因此，入库流量对场次洪水排沙比的影响可以用沙峰入库开始至沙峰出库前 1 天的寸滩站加上武隆站平均流量来反映。沙峰在库区的输移，也受到出库流量的影响，出库流量大沙峰输移就快，出库流量小沙峰输移就慢。出库流量对场次洪水排沙比的影响可以用沙峰入库第 2 天开始至沙峰出库时的庙河站平均流量来反映。入库和出库流量是共同影响库区沙峰输移的，它们的共同作用可以用两者的平均值来反映。

针对 2003—2013 年三峡水库入库场次沙峰过程，统计上述影响场次洪水排沙比的主要因素，点绘水库不同运行时期沙峰输移期库区平均流量与出入库含沙量比之间的关系，如图 3.5 所示，由图可见，各水位级的点据大体成直

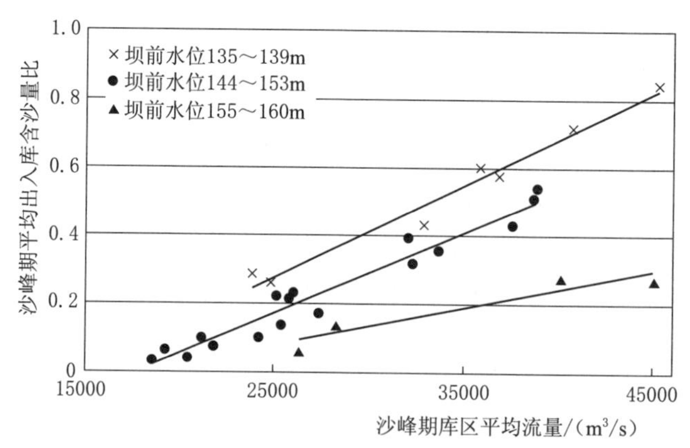

图 3.5 三峡水库不同坝前水位时场次洪水库区平均流量与出入库含沙量比关系

线，相关关系都很好。采用传统的洪水滞留时间拟合排沙比的关系，如图 3.6 所示。

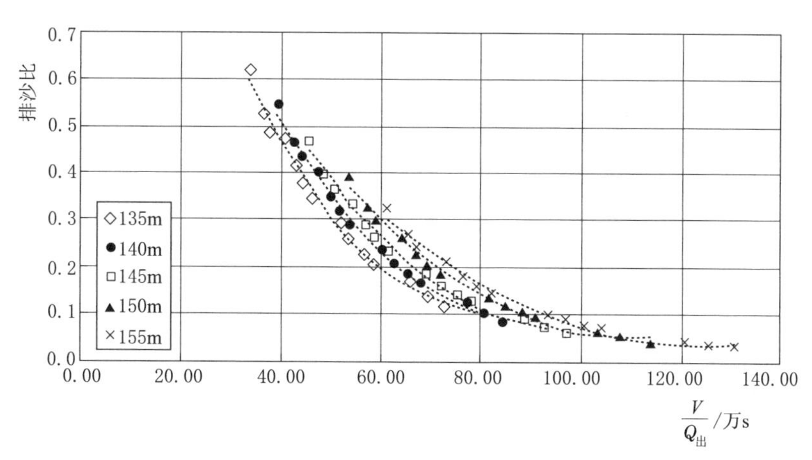

图 3.6 洪水滞留时间与排沙比的关系

3.4 三峡水库泥沙调控措施

3.4.1 消落期库尾减淤调度

1. 重庆河段走沙规律变化

关于蓄水运用前重庆主城区河段走沙规律，有关部门开展了大量的观测和研究。三峡水库初期蓄水对重庆主城区河段冲淤特性没有明显影响，2008 年三峡水库 175m 试验性蓄水运用后，洪水期仍与天然状态下冲淤特性基本一致，河段有冲有淤，总体处于淤积状态。在汛后水库蓄水期，9 月中旬至 10 月中旬对重庆主城区河段的影响较小，河段仍处于走沙状态，随着库水位的抬高，蓄水对主城区河段的影响逐渐显现，河段逐渐转为淤积状态，使得蓄水期总体处于淤积状态。重庆主城区河段在消落期（12 月至次年 6 月）的初、中期一般处于淤沙状态，后期河段处于冲刷走沙状态，总体处于冲刷走沙状态。年内总体来看，三峡水库 175m 试验性蓄水运用后，重庆主城区河段走沙期明显缩短，走沙规律发生变化。但由于来沙量大幅度减少、河段采砂和泥沙调控的作用等，重庆主城区河段未出现累积性淤积现象。

2. 水库消落期库尾减淤调度研究

影响三峡水库消落期库尾铜锣峡至涪陵河段冲刷的因素较多，如入库流量大、前期淤积量大，则消落时冲刷量大，冲刷效果越好；当河段内来水来沙条件相差不大的情况下，坝前水位消落快则冲淤也较大。相关研究表明[6]，当入库流量大于6000m³/s时有利于库尾消落冲刷泥沙进入常年回水区，库水位162m左右时开始实施库尾减淤调度较为有利，水位消落速度可按坝前水位最大日降幅0.6m控制。

3.4.2 汛期沙峰排沙调度

如何针对汛期入库洪水过程开展三峡水库沙峰排沙调度，已有一些研究成果[7]，长江水利委员会水文局还开展了沙峰实时观测预报等研究。下面总结的主要是"十二五"期间有关汛期沙峰排沙调度措施的研究成果[4]。

1. 水库洪峰与沙峰传播规律

观测资料和水流泥沙数学模型模拟结果表明，当汛期坝前水位在145m左右时，洪峰从寸滩站至庙河站传播时间一般在1.2～1.4d，如图3.7所示。当坝前水位相同时，不同洪水传播时间的差异主要与洪水峰形有关，急涨的洪水传播略快，慢涨的洪水传播略慢。当汛期坝前水位在145m左右时，沙峰从寸滩站至庙河站传播时间差别较大，一般在4.5～12d。不同沙峰传播时间的差异主要与对应的洪峰流量有关，洪峰流量大则沙峰传播快，洪峰流量小则沙峰传播慢，如图3.7所示。同时与洪峰后流量、峰形等也有关，洪峰后流量大则沙峰传播快，洪峰后流量小则沙峰传播慢。对相同的入库洪水过程，如果三峡水库进行调洪运用，对洪峰传播时间影响不大，而对沙峰传播时间影响明显，加大泄流则沙峰传播快，减小泄流则沙峰传播慢。

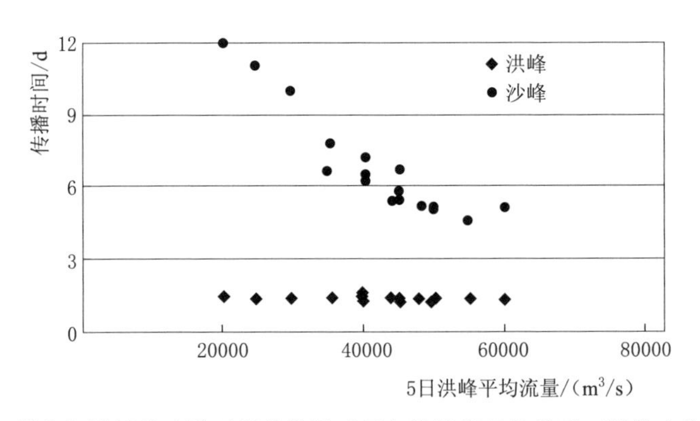

图3.7 洪峰与沙峰从寸滩至坝前传播时间与洪峰流量的关系（坝前水位145m）

当入库洪水过程相同时，坝前水位高洪水传播时间略有减少，而沙峰传播时间明显增加。数学模型模拟结果表明，坝前水位从145m每升高5m，则洪水传播时间减少约2h，而沙峰传播时间增加约20h。

2. 沙峰排沙调度研究

观测资料分析表明，对于5d入库平均流量小于25000m³/s的较大含沙量过程，水库排沙比基本都小于10%，流量大于25000m³/s时，水库排沙比才可能较大，且变化范围也较大，通过水库调度增加排沙比才有可能具有一定效果。为了使沙峰调度具有一定的减沙效果，对入库洪水的含沙量过程也有一定要求。通过对观测资料的分析认为，当预测将入库的洪水满足沙峰期5d平均流量大于25000m³/s，对应含沙量大于1.0kg/m³，且峰期含沙量比峰前5d平均含沙量增加50%以上，则水库进行沙峰减淤调度具有一定减淤效果。针对理想沙峰过程（沙峰与洪峰同步），研究提出了沙峰调度不同的调度方案和调控时机与幅度，实际应用时可结合防洪需要选择合适的排沙调度方案。

第一种方案：调控期间先加大下泄流量，使坝前水位每天下降一定的幅度，后减小下泄流量，使坝前水位每天上升一定的幅度，调度过程完成后水位恢复洪水前水位。结果表明，沙峰出库前调控都有增加排沙比的效果，基本以沙峰到达寸滩站后第3d开始调控效果最好。不同的沙峰和不同调控幅度增加排沙比效果有所不同，如水位日变幅1m，一个调节周期为10d时，不同含沙量条件下的调控效果见表3.4，由表可见，调控使排沙量增加了17%～24%。

表3.4　先增加下泄流量后减小下泄流量沙峰排沙调度方案一的排沙效果

方案	洪水前后流量/(m³/s)	洪水前后含沙量/(kg/m³)	洪水期5d平均		排沙量增加比例/%
			流量/(m³/s)	含沙量/(kg/m³)	
1	25000	0.5	43000	1.1	17
2		0.6		2.1	24
3		1.1		2.0	17

第二种方案：调控期间先减小下泄流量，后增加下泄流量，再减小下泄流量。结果表明，调控都有增加排沙比的效果，基本以沙峰入库后第2d开始调控效果最好。不同的沙峰和不同调控幅度增加排沙比效果有所不同，如水位日变幅1m，一个调节周期为10d时，前3d控制泄流，使坝前水位上升，后5d加大泄流，使坝前水位下降，再后面2d又控制泄流使坝前水位上升，调度过程完成后水位恢复洪水前水位，不同含沙量条件下的调控效果见表3.5。

表3.5　先减小下泄流量后增加下泄流量再减小下泄流量排沙调度方案二的排沙效果

方案	洪水前后流量/(m³/s)	洪水前后含沙量/(kg/m³)	洪水期5d平均		排沙量增加/%
			流量/(m³/s)	含沙量/(kg/m³)	
1	25000	0.6	45000	1.0	16
2		0.6		2.0	17
3		1.1		2.0	15

3.4.3 泥沙调控措施的效果

2012—2017 年，根据来水来沙条件，三峡水库进行了库尾减淤调度和汛期沙峰排沙调度试验，以减少库尾淤积和增加水库排沙比[8]。

1. 库尾减淤调度

2012 年、2013 年和 2015 年三峡水库进行了库尾减淤调度试验，如 2013 年 5 月 13—20 日，库尾减淤调度总计历时 7.5 天，寸滩平均流量 $6209m^3/s$，三峡水库水位累计降幅达 4.43m，日均降幅 0.59m。观测结果表明，各年减淤调度期间库尾均整体呈现冲刷状态，起到了一定的减淤作用，见表 3.6。鉴于三峡水库消落期库尾冲淤变化与入库水沙条件、消落过程、河段前期淤积量、河道采砂等诸多因素相关，库尾减淤调度试验定量指标与效果有待进一步分析。

表 3.6　　三峡水库库尾减淤调度试验期的库尾泥沙冲刷量

年份	调度时间	水位变化/m	日降幅/m	寸滩平均流量/(m^3/s)	冲刷量/万 m^3	
					重庆主城区	铜锣峡—涪陵
2012	5 月 7—18 日	161.97～156.76	0.43	6850	101.1	140
2013	5 月 13—20 日	160.17～155.74	0.59	6210	33.3	408
2015	5 月 4—13 日	160.4～155.65	0.48	6320	70.1	129

2. 汛期沙峰排沙调度

2012 年和 2013 年 7 月，根据入库水沙情况，三峡水库开展了汛期沙峰排沙调度试验，出流流量和含沙量过程如图 3.8 和图 3.9 所示。如 2012 年 7 月上旬，嘉陵江和岷沱江流域普降暴雨，朱沱、寸滩站分别于 7 月 12 日和 13 日出现 $7.95kg/m^3$ 和 $6.29kg/m^3$ 的沙峰，为及时实施沙峰排沙调度，7 月 19 日

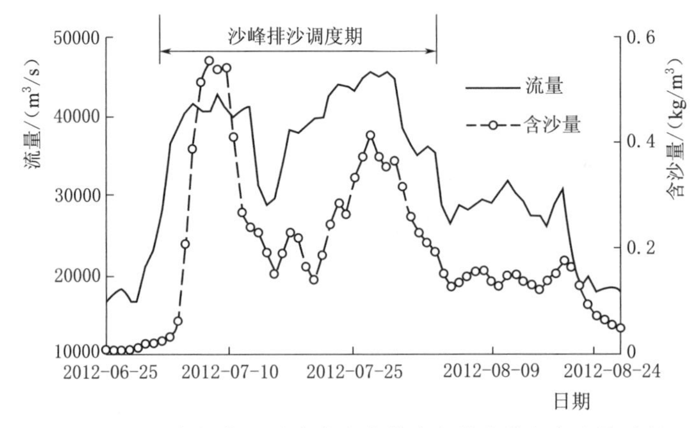

图 3.8　2012 年汛期三峡水库出库黄陵庙站流量和含沙量过程

调度三峡水库出库流量增加至 35000m³/s，开启 6 个排沙孔排沙、泄洪，直至 7 月 21 日超出其运行水位条件后关闭排沙孔，开启 2 个泄洪深孔。2012 年 7 月和 2013 年 7 月水库排沙比分别达到 28%和 27%，较 2009 年、2010 年和 2011 年同期的 13%、17%和 7%有较大提高，汛期沙峰排沙调度取得了一定的减淤效果。

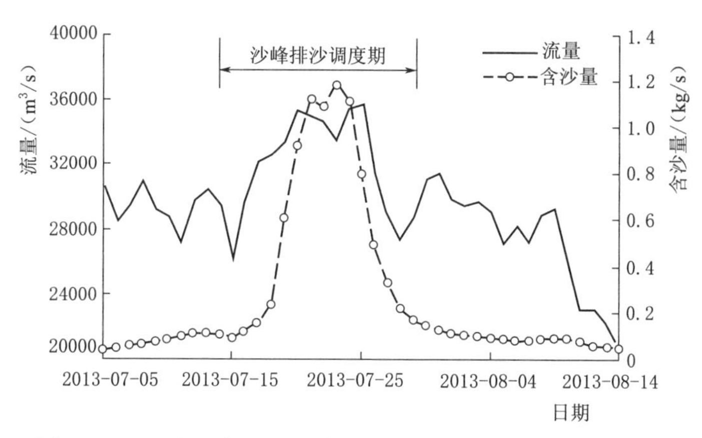

图 3.9　2013 年汛期三峡水库出库黄陵庙站流量和含沙量过程

3.5　三峡水库泥沙淤积与论证预测比较

3.5.1　水库淤积减轻

与论证预测值比，三峡库区泥沙淤积大幅减轻，2003 年 6 月至 2017 年 12 月年平均淤积泥沙 1.145 亿 t/a，仅为论证阶段[9]（数学模型采用 1961—1970 水沙系列年）预测值的 35%，水库排沙比为 23.9%，小于预测值 33.3%。175m 试验性蓄水运用以来，由于入库沙量进一步减少和汛期平均水位抬高等影响，2009—2017 年年平均泥沙淤积量为 0.94 亿 t/a，平均排沙比为 17.7%。据研究预测，按目前的入库水沙量，水库淤积平衡年限可由论证预测的 100 年延长到 300 年以上，如图 3.10 所示。

3.5.2　水库淤积形态改善

1. 淤积重心下移

2003 年水库蓄水运用至 2017 年与论证预测运用 20 年比，变动回水区和常年回水区上段、大渡口至丰都库段泥沙淤积量占总淤积量比率，由论证预测的 12.9%减少至 0.5%，丰都至大坝段淤积量占总淤积量比率由论证预测的 87.1%增加至 99.5%，水库淤积部位下移，淤积形态有利，如图 3.11 所示。

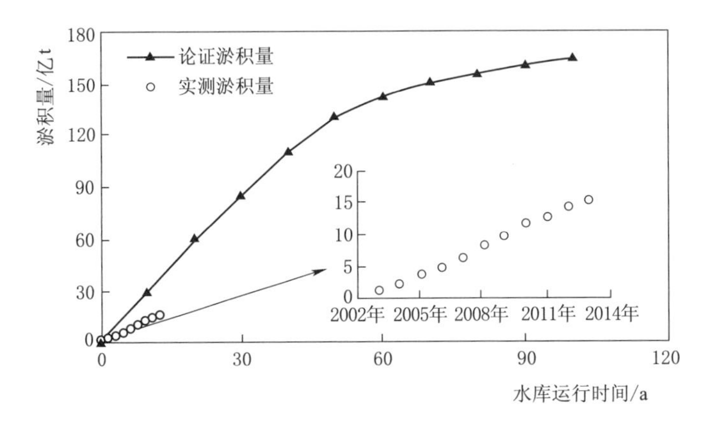

图 3.10 三峡水库淤积过程与论证预测的对比

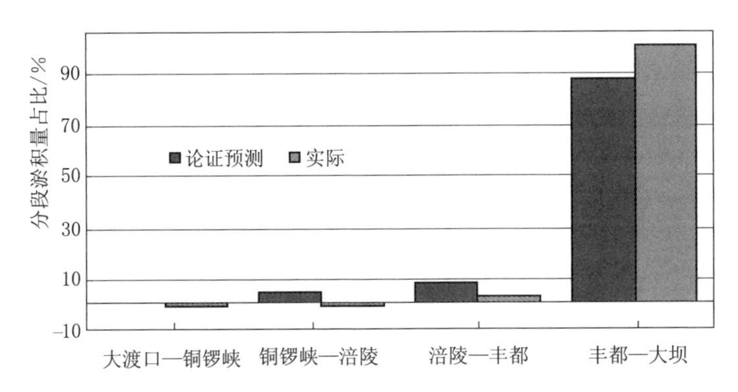

图 3.11 三峡水库库区分段泥沙淤积量占比与论证预测值的比较

2. 重庆主城区河段未出现累积性淤积

三峡水库 175m 试验性蓄水运用以来，2008—2017 年，重庆主城区 60km 河段累计冲刷泥沙量为 1789 万 m^3、没有出现累积性淤积，洪水位没有明显变化，如图 3.12 所示。而按论证预测[10]，重庆河段将淤积泥沙 4500 万 m^3，20 年一遇洪水位抬高约 0.8m。

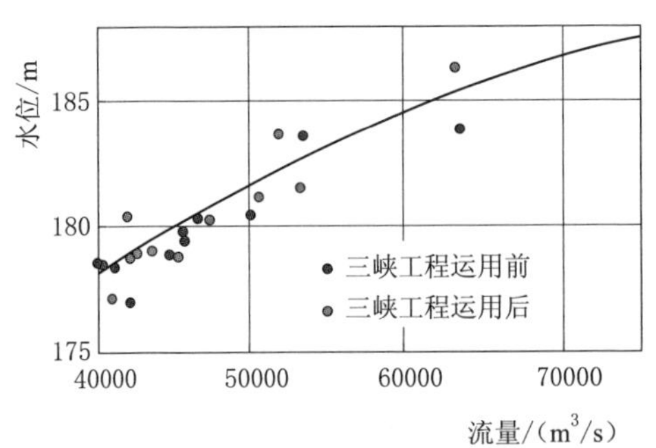

图 3.12 寸滩站水位流量关系变化

因此，从水库泥沙淤积实际情况看，由于三峡水库运用方式优化调整后仍基本遵循了“蓄清排浑”运用方式，在入库泥沙减少的有利条件下及泥沙调控的影响，水库泥沙淤积量比初步设计预测大幅减少，重庆主城区出现了冲刷，水库淤积形态总体有利。

3.5.3 调度方式调整对水库淤积的

1. 水库汛期水位动态变化与中小洪水调度的影响

三峡水库实施汛期水位动态变化后，汛期实际控制下泄流量基本未超过 45000m³/s，汛期坝前平均水位提高，如 2010 年汛期平均水位为 151.69m，2012 年为 152.78m，最高达 163.11m，对提高汛期水资源利用率和减轻下游防洪负担有利。据有关单位研究[11]，由于汛期水位动态变化，2010 年水库多淤积泥沙 2000 万 t 左右，约占同期库区泥沙淤积量的 10%，2012 年水库多淤积泥沙约 2300 万 t，增幅为 15%，同时淤积分布有所上移。

2. 汛后蓄水时间提前的影响

按初步设计，三峡水库在汛后 10 月 1 日开始蓄水，优化调度后提前至 9 月 15 日，2010 年以后，进一步提前至 9 月 10 日。提前蓄水对提高水库蓄满率作用较大，按初步设计方案，2003—2017 年径流过程，水库有 4 年不能蓄满，按优化调度方案只有 1 年不能蓄满。有关研究表明[1]，汛后蓄水时间提前对水库的总淤积量影响不大，水库运行到 10 年末，提前蓄水方案比初步设计方案增加 0.24%～0.86%，变动回水区的淤积量增加 12.7%～31.4%。

由于入库沙量的大幅减少，水库淤积减缓，调度方式调整与优化等对水库淤积的影响都处在可以接受的范围。

3.6 三峡水库泥沙数学模型改进

2003 年三峡水库蓄水运用后，库区系统的水流泥沙观测资料为三峡水库泥沙输移规律研究和泥沙数学模型改进完善提供了良好条件，众多学者开展了相关研究，取得了一些重要成果。

3.6.1 水库泥沙絮凝规律

过去国内外研究认为河口含盐水流和高含沙水流存在絮凝现象，三峡水库属低含沙淡水水库，三峡论证阶段的泥沙数学模型和实体模型都未考虑絮凝作用，三峡水库泥沙絮凝规律研究成果对三峡水库泥沙数学模型改进有重要作用。三峡水库蓄水运用后，通过采取实测资料对泥沙数学模型进行详细验证，首次明确提出了三峡水库存在泥沙絮凝作用[11]。随后有关实际观测研究证明长江干流泥沙絮凝现象普遍存在[12]，三峡水库蓄水有利于絮团成长。

国家“十二五”科技支撑项目开展了现场观测和室内试验[13]，揭示了三峡水库泥沙絮凝规律。通过现场观测泥沙粒径分布与取样离散后观测的粒径分

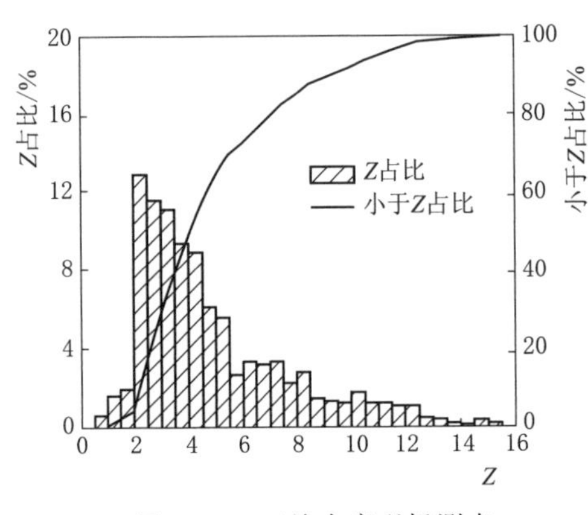

图 3.13 三峡水库现场测点絮凝度分布图

布比较，说明三峡水库 99.4%的现场测点存在不同程度的絮凝，中粒径的增大倍数集中在 2～8 之间，如图 3.13 所示。

采集或配置与三峡水库水体环境，包括泥沙含量、级配、有机物含量、pH 值、温度以及离子种类和含量基本相同的水体，在实验室的静水沉降筒中观测泥沙絮凝沉降过程。图 3.14 为试验得到的打散后单颗粒级配与打散前絮凝当量粒径级配的对比，综合分析表明，三峡水库发生泥沙絮凝的临界条件为：粒径小于 0.022mm，含沙量大于 0.3kg/m^3，水流流速小于 0.7m/s。

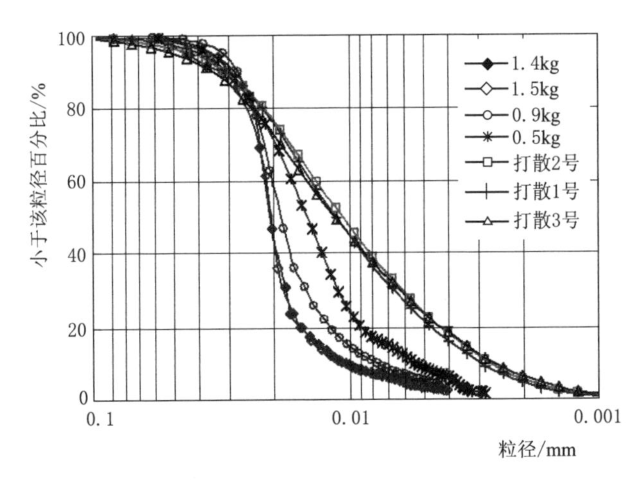

图 3.14 室内试验打散后单颗粒级配与打散前絮凝当量粒径级配的对比

3.6.2 水库泥沙数学模型改进因素与效果

三峡水库泥沙淤积问题泥沙数学模型研究成果较多[14]，特别是“十二五”科技支撑“三峡水库及下游河道泥沙模拟关键技术研究”课题对三峡水库泥沙数学模型进行了详细验证，分析了影响模型精度的因素，并根据三峡水库泥沙输沙规律及泥沙絮凝机理等研究成果，对模型进行改进完善，提高了模拟精度[3]。

1. 主要改进因素与方法

（1）完善了模型库容曲线。采用非恒定流泥沙数学模型进行三峡水库泥沙计算时，库区小支流需要考虑，因为它的总库容相对较大，约25亿m^3，对洪峰有明显的削减作用，同时影响泥沙输移。对三峡水库水流泥沙数学模型的改进和完善考虑了库区共10条较大支流，并完善了模型的库容曲线。

（2）考虑了朱沱至三峡大坝库区小支流的来水来沙。其中，朱沱至寸滩河段区间平均流量占朱沱流量的约5%，寸滩至大坝区间流量占寸滩流量的约10%。朱沱至寸滩河段区间来沙量不大，寸滩至大坝区间来沙量较大，20世纪60年代年平均达0.76亿t，1991—2000年，减少至0.40亿t，目前年平均沙量在0.1亿t左右。

（3）考虑水库泥沙絮凝作用。根据前面介绍的三峡水库泥沙絮凝研究成果，絮凝对粒径小于0.004mm，0.004～0.008mm和0.008～0.016mm三组细颗粒泥沙沉速影响较大，最细一组泥沙沉速增大了约8倍。

此外，还改进了恢复饱和系数取值方法，采用并行计算等方法提高了计算速度等。

2. 改进效果

经过改进和完善后的一维非恒定流不平衡输沙水流泥沙数学模型，采用三峡水库蓄水运用后的观测资料进行了详细的验证，水位和流量计算结果与观测结果总体都符合良好。完善前，寸滩站、清溪场站、万县站和庙河站流量年平均误差分别为2.9%、3.0%、3.3%和7.5%；完善后分别为0.9%、1.3%、1.1%和1.5%。

含沙量结果总体也都符合良好，模型改进前水库上段计算含沙量精度已经较高，改进后提高不多，如寸滩站年平均含沙量计算精度提高不到4%；水库下段计算含沙量精度提高较多，多在20%～50%。改进后，各站年平均含沙量计算误差都小于14%。

从各年逐日水流泥沙过程验证误差范围分布来看，各站水位误差在±0.4m区间的置信度为80%左右，流量误差在±10%区间的置信度为90%。寸滩站、清溪场站、万县站、庙河站汛期含沙量误差在±30%区间的置信度分别为92%、79%、71%、69%。

模型改进后三峡水库淤积量计算精度提高了10%～28.9%，分寸滩—清溪场、清溪场—万县、万县—庙河3个河段统计计算淤积量误差分布，淤积量误差在±10%区间的置信度为30%，误差在±20%区间的置信度为51%，误差在±30%区间的置信度为77%。

3. 误差原因分析

造成数学模型计算误差的原因较多，通过对库区各水文站水流泥沙日变化过程验证结果中少量明显偏离点据逐个仔细分析，除模型本身产生误差外，入库水沙观测资料不够详细和观测资料本身的误差等都是引起误差的重要因素。

(1) 区间来流来沙的影响。由于计算区间的平均来流量占水库总径流量的比例略多于10%，且缺少逐日水沙观测资料，在汛期区间发生大水时，造成模拟水沙的偏离。如图3.15所示，2004年7月17日万县观测日平均流量与前一日变化不大，但日平均水位急涨了0.91m，而其间坝前水位基本控制在135.5m，未发生变化。说明7月17日万县水位急涨0.91m是由于万县至大坝间入流流量急涨的结果。

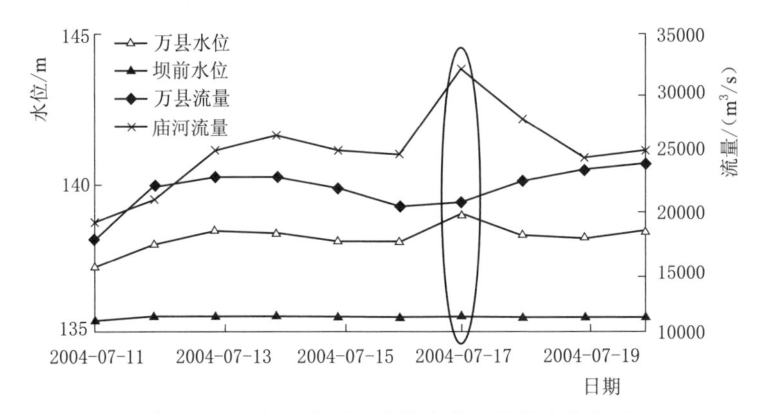

图3.15 区间入流引起计算水位流量偏离的情况

区间来沙的影响主要是清溪场以上区间，清溪场以下区间来沙基本都淤积在支流库区，难以进入干流库区。图3.16为2004年5月11日和5月31日朱

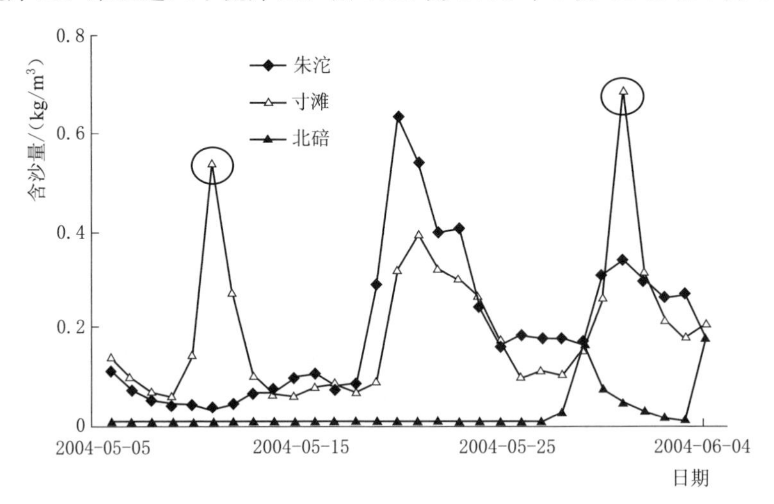

图3.16 区间来沙引起计算含沙量偏离的情况

沱、寸滩和北碚三站观测含沙量过程比较，图中寸滩站都出现含沙量急增，而同期朱沱和北碚站含沙量并没有增加。其中5月11日寸滩流量增加不大，河道冲刷应不大，说明寸滩站含沙量急增主要是朱沱至寸滩区间来沙的结果。由于模型未能考虑朱沱至寸滩区间来沙，因此造成5月11日和5月31日寸滩计算含沙量明显偏离观测值。

(2) 日平均水沙资料转换成过程线的影响。模型计算时采用的出入库水位、流量和含沙量都是日平均资料，而非恒定计算时要根据计算时间步长转换成过程线值，一般情况下，这一差别对计算结果影响不大，但当水沙过程急涨急落时，这一差别对计算结果的影响有可能比较大。如图3.17所示，2012年9月5—6日，朱沱站观测到一个明显沙峰过程，且9月5日与6日平均含沙量差别不大，而寸滩站观测沙峰出现在9月6日，明显比9月5日和9月7日大。也就是说，朱沱站最大沙峰可能是在9月5日晚和6日白天，输移至寸滩后正好是9月6日白天和晚上，这样寸滩表现为单日大沙峰。而数学模型对朱沱日平均含沙量转换成过程线后，与真实过程可能不一致，丢失了大沙峰，造成寸滩站计算9月6日沙峰明显偏小。

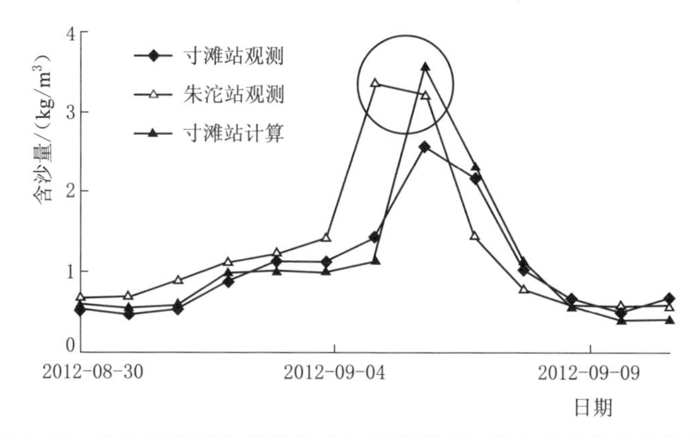

图3.17　含沙量日平均值转换成过程线引起计算含沙量偏离的情况

(3) 悬沙级配的影响。每次洪水的入库泥沙级配都是不一样的，有时变化还很大。而泥沙级配观测次数相对较少，数学模型采用的是按月平均的泥沙级配，也是造成模型计算误差的原因之一。

(4) 观测资料误差的影响。水沙观测资料本身也是有误差的，也是造成模型误差的原因之一。如图3.18所示，2010年8月底，计算庙河站出现了一个含沙量过程，而观测却没有出现这一过程，但黄陵庙站观测出现了这一过程，且与计算出库含沙量过程基本一致，可见这里庙河站计算含沙量误差应是由于观测资料本身的误差造成的。

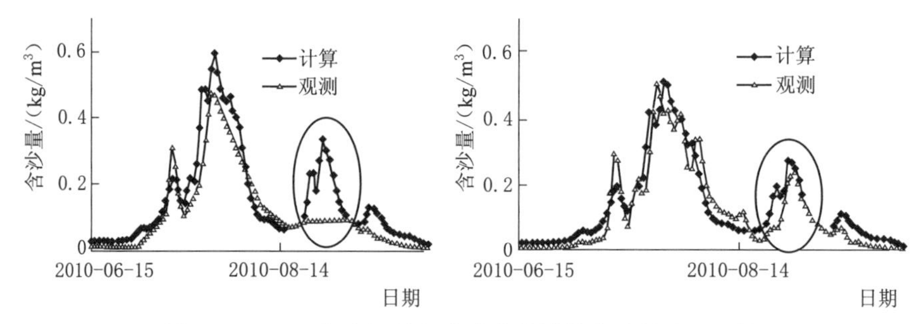

图 3.18　2010 年庙河站与黄陵庙站计算含沙量过程比较

3.7　小结

(1) 2003 年三峡水库蓄水运用以来，入库水量变化较小，但入库沙量大幅减小，水库泥沙淤积量约为初步设计预测的 35%，同时淤积主要集中在常年回水区，水库淤积分布有利，有效库容损失较小。

(2) 三峡水库 175m 试验性蓄水运用后，对水库运用方式进行了优化调整，仍基本遵循了“蓄清排浑”运用方式，随着水库运用水位的抬高，泥沙淤积部位存在逐渐上移现象，平均排沙比为 17.3%，小于初步设计预测值 33.3%，对水库淤积量的影响在可接受的范围内。

(3) 三峡水库 175m 试验性蓄水运用后，重庆主城区河道走沙时间缩短，走沙期推后。由于来沙减少、采砂作用和库尾减淤调度等影响，重庆主城区河段尚未出现累积性淤积，总体呈略有冲刷状态，对洪水位未产生明显影响。

(4) 2012 年以来，三峡水库根据来水来沙条件，进行了库尾减淤调度和汛期沙峰排沙调度试验，以减少库尾淤积和增加水库排沙比，取得了一定的效果。向家坝与溪洛渡水电站蓄水运用后，三峡入库泥沙以区间支流来沙为主，下一步应重点研究支流突发洪水泥沙入库及洪峰与沙峰不同步情况下的三峡水库排沙调度措施等。

(5) 2003 年三峡水库蓄水运用以来的实践表明，三峡水库泥沙问题及其影响未超出原先的预测，水库泥沙问题的解决已得到初步检验。今后，随着三峡水库上游干支流新建水库群的联合调度和蓄水拦沙，三峡入库沙量在相当长时段内将处于较低的水平，有利于有效库容的长期保持。

(6) 鉴于泥沙冲淤变化及其影响总体上是一个逐步累积的长期过程，同时有些泥沙问题具有偶发性和随机性，必须随时应对。建议今后加强观测和资料分析工作，进一步总结规律，如变动回水区河段卵石动态淤积规律、常年回水区重点河段演变与水流流态变化等。进一步优化水库调度方式，拓展工程综合效益，如优化汛后蓄水时间与方式、水库水位消落至145m时间推迟至6月20日对缓解变动回水区碍航情况的可行性等。

参 考 文 献

[1] 三峡工程泥沙评估课题专家组．三峡工程建设第三方独立评估项目泥沙评估课题：三峡工程泥沙问题评估报告 [R]，2015.10.

[2] 胡春宏，方春明．三峡工程泥沙问题解决途径与运行效果研究 [J]．中国科学：技术科学，2017，47 (8)：832-844.

[3] 张曙光，周曼．三峡枢纽水库运行调度 [J]．中国工程科学，2011 (7)：61-65.

[4] 胡春宏，方春明，陈绪坚，等．三峡工程泥沙运动规律与模拟技术 [M]．北京：科学出版社，2017.

[5] 胡春宏，李丹勋，方春明，等．三峡工程泥沙模拟与调控 [M]．北京：中国水利水电出版社，2017.

[6] 长江勘测规划设计研究有限责任公司．三峡水库科学调度关键技术研究2011年课题五：三峡水库减淤调度方案研究，2013.

[7] 中国水利水电科学研究院．三峡水库沙峰调度方式研究 [R]，2014.

[8] 周曼，黄仁勇，徐涛．三峡水库库尾泥沙减淤调度研究与实践 [J]．水力发电学报，2015，34 (4)：98-104.

[9] 水利电力部科学技术司．三峡工程泥沙问题研究成果汇编（160～180米蓄水位方案）[G]，1988.5.

[10] 水利部长江水利委员会．三峡水利枢纽初步设计报告，第九篇工程泥沙问题研究 [R]，1992.12.

[11] 董年虎，方春明，曹文洪．三峡水库不平衡泥沙输移规律 [J]．水利学报，2010，41 (6)：653-658.

[12] 陈锦山，何青，郭磊城．长江悬浮物絮凝特征 [J]．泥沙研究，2011 (5)：11-18.

[13] 王党伟，吉祖稳，邓安军，等．絮凝对三峡水库泥沙沉降的影响 [J]．水利学报，2016.47 (11)：1389-1396.

[14] 潘庆燊，陈济生，黄悦，等．三峡工程泥沙问题研究进展 [M]．北京：中国水利水电出版社，2014.

第4章

三峡水库运行方式优化与综合效益拓展

三峡水利枢纽工程是治理和开发长江的关键性骨干工程，其主要任务是调蓄长江上游洪水，防止长江中下游地区，特别是荆江两岸发生毁灭性洪水灾害；开发长江三峡河段水能资源，向华中、华东及其他地区提供强大的电力；改善长江干流上游宜昌至重庆河段以及中游河段的通航条件。三峡工程按“一级开发，一次建成，分期蓄水，连续移民”方案实施，水库正常蓄水位分期逐步抬高，初期为156m，最终为175m，以缓解水库移民难度，并验证水库泥沙试验研究成果；移民按照统一规划并根据工程建设和水库蓄水进程的需要连续进行。

在三峡工程论证阶段与初步设计阶段，相关专家围绕三峡工程的防洪、发电、航运等问题进行了严谨的分析研究与科学论证。其中，泥沙问题是各方面研究的重点，涉及水库寿命，库区淹没，库尾段航道、港区的演变，坝区船闸、电站的正常运行，以及枢纽下游河床冲刷、水位降低、河道演变对防洪和航运的影响等。泥沙问题是否妥善处置直接关系三峡工程的成败。

本章分析了三峡水库运行环境的变化，系统阐述了三峡水库运行方式优化调整的发展过程、技术支撑及影响等，并介绍了三峡工程综合效益的发挥与拓展。

4.1 三峡水库运行环境变化

4.1.1 入库水沙减少

近几十年来由于全球气候变化、人类活动加剧等原因，长江流域降水减少，河道外用水不断增加（据调查，三峡上游耗水量由1956年的114亿m^3增加到2015年的230亿m^3），水库来水较设计阶段有所减少，三峡水库2003—2017年多年平均来水较初步设计减少了500多亿m^3，减少约12%。

入库泥沙方面，受上游水库拦沙、水土保持、气候变化及河道采砂等影响，20世纪90年代以来，三峡水库来沙量已呈明显减小趋势。自2003年蓄水运用以来，三峡水库入库泥沙继续大幅减少，年平均入库泥沙为1.55亿t，较论证阶段减少70%；年平均淤积泥沙1.15亿t/a，仅为论证阶段预测值的34%[1]。今后一段时间，随着金沙江、嘉陵江等干支流上一批水库的陆续建成，三峡来沙将进一步减少，初步估算年平均入库沙量为1.0亿t左右[2-3]，这为三峡水库优化调度提供有利条件，也为保持水库有效库容、延长水库使用寿命奠定了坚实基础。

4.1.2 上游水库群逐步建成运行

根据长江流域梯级开发规划，三峡以上干支流一大批库容大、调节性能好的控制性水库正陆续建成投入运行，上游地区超大型水电站水库群格局逐步形成。据统计，2020年左右三峡及上游控制性水库总调节库容近1000亿m^3，总防洪库容达500亿m^3。对长江流域整体而言，水库群形成的巨大的水量时空调配格局，将极大地增强流域整体汛期防洪及枯水期补水能力。

随着上游水库群联合调度的逐步开展，水库群之间的蓄泄矛盾也逐步凸显。一是对下游水库入库泥沙会产生明显削减作用；二是上游控制性水库调节性能大部分属年调节及以下，对下游水库年水量影响较小，但对水量年内分配影响较大，“坦化”作用愈来愈明显，有助于分担洪水、枯期增加来水，增强下游水库调度灵活性；三是长江上游水文规律具有一定同步性，各水库蓄水时间接近，届时8—9月蓄水量进一步加大，库群集中蓄水对下游用水将造成一定影响，也会使处在下游的水库蓄水紧张[4-6]。

4.1.3 水库综合需求不断提高

随着经济的不断发展，社会对三峡工程各方面效益的需求更高，主要体现在以下几个方面：

（1）防洪方面。初步设计主要考虑对荆江河段的补偿调度，一般对入库大于55000m^3/s的洪水进行拦蓄。随着下游沿江经济社会的发展，一些干支流地区对三峡水库提出了更高要求。一是当上游来水不大，而城陵矶防洪压力较大时，需三峡水库对其进行一定的削峰拦蓄，兼顾城陵矶地区的防洪调度；二是为降低荆江河段和荆南地区支流的防洪抢险紧张态势、减少防汛成本，地方防汛部门建议三峡水库在有条件时，能对40000～55000m^3/s的中小洪水也进行拦蓄。

(2) 发电方面。根据初步设计运行方式，三峡水库汛期在不需要拦蓄洪水时按防洪限制水位145m运用，三峡电站出力将不同程度地受阻。当库水位提高至147m时，左岸电站14台机组出力基本不受阻；当库水位提高至152m时，三峡左右岸电站和地下电站出力均可不受阻。因此，在确保防洪安全的前提下，电网部门希望汛期适当抬高运行水位，尽量减少机组出力受阻程度，提高三峡电站的发电效益和调峰能力，促进电网安全稳定运行。

(3) 下游供水等诸多方面。初设阶段综合考虑生活生产、航道水深及保证出力等要求，三峡最小出库流量约5000m^3/s即可。随着沿江经济区的快速发展及一些新情况的出现，下游需水量越来越大，洞庭湖与鄱阳湖地区希望三峡在非汛期加大下泄流量，提高湖区水位，减少对取水及生态环境的影响，特别是遇特枯时段要启动应急抗旱调度；受长江上游输沙量持续减少、河道采砂等因素影响，葛洲坝下游河床下切，葛洲坝下泄流量需增加至5800m^3/s左右，以保证葛洲坝三江船闸的最低通航水位不小于39m。此外，为减轻咸潮入侵给长江口水域及两岸的生产生活带来影响，也要求长江下游干流保持一定流量。

(4) 船舶疏散、库尾减淤及生态调度方面。汛期为疏散滞留等待过闸的中小船舶，航运部门希望三峡水库间接性地合理降低泄洪流量至25000～30000m^3/s，保障区域通航安全和社会稳定。三峡水库提前蓄水后，库尾主要走沙期从当年9—10月逐步过渡到次年4—6月，当上游来水条件具备时，要求适时加大三峡水库下泄流量，增加库尾河段水流速度，提高走沙能力；5—6月，当防洪形势及水温条件许可时，要求水库通过蓄泄调度，为下游四大家鱼（青鱼、草鱼、鲢鱼、鳙鱼）的自然繁殖创造适宜的水流条件。

4.1.4 水沙预测预报水平不断增强

在初步设计阶段，三峡水库上下游水文测站少，且主要依靠人工观测及利用有线传输数据，遇雷雨天气常造成通信中断，时效性差，基本不能进行水雨情预报。经过几十年的建设发展，国家气象、水文部门在长江流域布设了大量水雨情站网，基本上建成了覆盖全流域的水雨情采集分析系统，可在半小时内基本收齐全流域的水雨情信息，预报时效性、可靠性大大增强，同时随着水文气象预报理论及技术的日益成熟，水库的来水预见期和精度得到了很大提高。

目前三峡水库1～3d短期来水预报精度可达93%以上，4～5d中期预报精度达到85%以上，并能对6～7d洪水预估，8～10d洪水定性分析，长期预报可以做出较为准确的总体趋势预报[7-8]，可为水库调度提供可靠的决策支持。此外，在泥沙实时监测技术的基础上，结合三峡入库泥沙实时监测和水情预报结果，提出了一个类似水情预报的泥沙作业预报方法[9-10]，进行短期水库入、出泥沙预报。从入库来沙总量预测误差统计来看，1d 预见期预报精度总体可在 5%以内，2d 预见期误差在 15%以内，3d 预见期误差为 25%以内；坝前沙峰出现时间预测精度误差在 1d 以内；坝前含沙量误差精度在 10%以内；水库排沙比预测精度误差 5%以内[11]。

4.2 三峡水库运行方式与优化

考虑下游防洪、发电、航运和水库有效库容长期保留的需求，在三峡工程论证和初步设计阶段确定了蓄水位 175m 的水库规模和“蓄清排浑”的运用方式，拟定的水库综合利用调度原则为：汛期以防洪和排沙为主，发电服从于防洪和排沙，水库一般维持在防洪限制水位运行，遇大洪水按防洪调度方式调度，水库汛后蓄水至正常蓄水位 175m，枯水期发电与航运统筹兼顾，水库逐步消落至枯期消落低水位 155m，汛前降至防洪限制水位 145m[12]。

三峡水库蓄水运用以来，随着长江上游干支流水库陆续建成运行，水库来水来沙条件发生明显变化，而且下游抗旱补水需求越来越高，水库运行环境与初步设计相比发生了较大变化，若仍按初步设计的方式调度，三峡水库将难以达到初步设计的综合效益，更难满足水利部门和航运部门从提高下游供水标准、防洪、航运、生态等各方面对三峡水库调度提出的更高需求[13-14]。为此，各方积极组织开展了三峡水库优化调度研究。2009 年 10 月，国务院批准了《三峡水库优化调度方案》（以下简称《方案》）。与初步设计相比，《方案》主要在以下几个方面对调度方式进行了优化[14]：①在保证防洪安全的前提下，允许汛限水位在 144.9～146.5m 之间浮动；②防洪调度方式上主要对荆江河段进行补偿，明确了运用 155m 水位以下 56.5 亿 m^3 库容兼顾对城陵矶河段进行补偿的具体调度方式；③蓄水期，三峡水库采取在保证防洪安全的前提下，合理利用汛末洪水资源，蓄水时间可提前至 9 月 15 日，并加大蓄水期间下泄流量；④消落期加大 1—2 月水库下泄流量。2009 年的运行实践表明，《方案》确定的优化调度方式仍难以满足各方面对三峡工程综合效益的需求。此后，进一步深入开展了三峡水库汛期水位浮动、“中小洪水”调度、汛末提前蓄水、汛期沙峰调度、消落期减淤调度、生态调度等一系列优化调度研究与实践工作，部分成果也纳入了三峡（正常运行期）—葛洲坝梯级调度规程，指导了水库的长期优化运行。

4.2.1 三峡水库分期蓄水进程

三峡工程采取的是“一级开发、一次建成、分期蓄水、连续移民”的建设方案。根据初步设计安排，2003年蓄水至135m，进入围堰发电期；2007年蓄水至156m，进入初期运行期；蓄水位从156m升至175m正常蓄水位的时间，根据移民安置情况、库尾泥沙淤积实际观测成果以及重庆港泥沙淤积影响处理方面等相机确定，初步定为6年。

4.2.2 初步设计的调度方式

初步设计考虑下游防洪、发电、航运和水库有效库容长期保留的需求，提出了“蓄清排浑”的调度方式，拟定的三峡水库调度运行方式如下：

(1) 汛期。6月中旬至9月底水库按防洪限制水位145m运用，在发生较大洪水需要对下游防洪调度运用期间，因拦蓄洪水允许库水位超过145m，洪水过后须复降至145m水位。

(2) 蓄水期。水库采取“蓄清排浑”的调度原则，为有利于走沙，汛末10月初开始蓄水。蓄水期间，考虑下游航运和发电要求，下泄流量不低于葛洲坝庙嘴水位（39m）及电站保证出力（499万kW）相应的流量（约$5500m^3/s$），库水位逐步上升至175m，少数年份的蓄水过程可延续到11月份。

(3) 枯水期。11—12月，一般维持高水位运行。之后，根据来水按发电、航运需求逐步降低库水位，5月底降至枯期消落低水位155m，6月10日降至防洪限制水位145m。消落期间，三峡水库下泄流量满足葛洲坝下游39m最低通航水位及电站保证出力499万kW对应的流量（约$5500m^3/s$）要求。

初步设计阶段主要考虑不利的水沙条件和上游未建库的情况，确定的水库调度方式是安全的，符合当时的实际情况，为三峡水库初期运行调度提供了可靠的技术依据，并预留了一定的安全余度。

4.2.3 分期蓄水进程优化

2003年三峡水库蓄水运用以来，入库泥沙大幅度减少，水库淤积问题大为减轻，为水库提前蓄水至175m创造了有利条件。同时，工程建设、移民安置，地质灾害治理等工作进展顺利，也为水库提前发挥综合效益提供了基础。实际运行调度中，三峡水库在围堰发电期实施了139m蓄水，并提前1年蓄水至156m，提前5年开始175m试验性蓄水，有利于水库全面发挥防洪、发电、航运、补水等综合效益。水库蓄水运用以来的坝前水位如图4.1所示。

2003年6月三峡水库蓄水至135m以后，围堰发电期水库运行水位为135m，水库无调节能力。考虑葛洲坝下游宜昌河道冲刷下切实际情况，结合围堰发电期葛洲坝下游河床可能出现的下切预估值，经水库补偿流量调节计算，需汛后水库蓄水8.1亿～21.7亿m^3，对应最高水位为138.7m。为此，

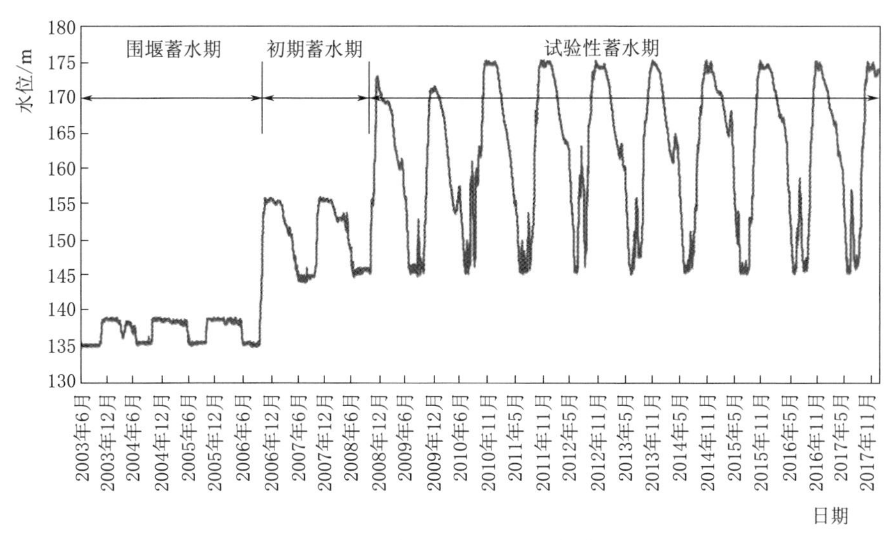

图 4.1 三峡水库蓄水运用以来坝前水位的变化过程

进一步对围堰发电期蓄水至 139m 涉及的枢纽建筑物施工、库区移民搬迁以及基础设施建设等方面进行了全面分析和研究。基于这些研究成果，在对 139m 蓄水涉及的库区淹没问题和枢纽工程安全复核等逐一采取措施之后，经报主管部门批准，三峡水库于当年 11 月份成功蓄水至 139m，使三峡水库在围堰发电期运行水位为 135（汛限水位）～139m（水库蓄水位）。2003—2004 年枯水期通过实施航运补偿调度，三峡水库日均最小下泄流量由天然情况下的 $2800m^3/s$ 提高至 $3590m^3/s$ 左右，较好地改善了葛洲坝下游的通航条件。2004 年汛期，三峡水库最大入库流量达 $60500m^3/s$，由于水库具备了调节能力，控制最大下泄流量为 $56800m^3/s$，避免了洪峰过坝时发电机组运行水头低于最低要求，从而导致全部机组停机的情况。同时，拦蓄洪水也减轻了下游的防洪压力。正是基于优化调度研究和成果的应用，与初步设计安排相比，三峡水库在围堰发电期就已经开始发挥防洪、发电、航运、补水等综合效益。

2004 年，在综合分析研究工程建设、移民和泥沙等情况的基础上，提出了在确保工程质量的前提下，通过增加投入，加快工程建设和移民进度，可使三峡水库具备 2006 年汛后蓄水至 156m 的条件。相关方对研究提出的 156m 蓄水各方面条件进行了充分准备，经三峡建委批准，三峡水库于 2006 年蓄水至 156m，提前 1 年进入初期运行期。水库防洪库容提高至 68 亿 m^3，枯水期葛洲坝下游庙嘴最低通航水位标准由 38m 提高至 38.5m，进一步改善了枯水期下游的通航条件。

在研究蓄水至 156m 时，对 156m 以后逐步蓄水至 175m 的有关工作也进行了相关研究。其中，最重要是泥沙方面的研究和监测结论。三峡水库从蓄水开始一直实施水文泥沙原型监测，三峡工程泥沙专家组持续组织开展了“九五”“十五”“十一五”“十二五”等泥沙系列研究工作，为水库提前蓄水提供了强有力的数据支持和技术支撑。三峡工程泥沙专家组对泥沙方面的研究认为：只有将蓄水位抬高至172m以上，才能实际观测到工程蓄水对重庆河段泥沙冲淤的影响，以及验证初步设计对泥沙问题的结论。水文泥沙原型监测结果也显示，三峡入库沙量大幅度减少，为水库蓄水位提前抬升提供了有利条件。经充分研究并报主管部门批准，2008年采取试验性蓄水的方式进行175m蓄水，水库开始提前发挥最终规模的综合效益。

4.2.4 汛期优化调度

4.2.4.1 汛期水位变幅

按照初步设计的防洪调度方式，三峡水库汛期在不需要拦洪蓄水时，库水位维持145m运行。在实际调度中，由于泄水设施的启闭时效、水情预报误差及电站日调节需要，使库水位难以稳定控制在汛限水位。运行期规程中考虑这些现实情况，允许防洪限制水位在以下0.1m至以上1.5m范围内变动，即144.9～146.5m。

随着预报水平的提高和上游大型水库群联合调度，在保证下游防洪安全的前提下，提高汛期水位浮动上限将更有利于洪水资源化利用，同时提高了调度的灵活性。

4.2.4.2 中小洪水调度

按照初步设计的防洪调度方式，三峡水库一般情况下对55000m^3/s以下的洪水不拦蓄。实际调度过程中，防洪、航运、水资源利用等方面对三峡水库防洪调度提出了更高的需求：一是若对55000m^3/s以下的中小洪水一概不拦蓄，可能会出现长江中下游干、支流地区防洪压力和防汛成本过大，而上游水库群防洪库容得不到充分利用的尴尬情况；二是汛期大洪水期间，三峡—葛洲坝两坝间船舶实行分级流量通行，长时间大流量会出现船舶尤其是中小船舶滞留的情况，造成社会问题；三是当汛期三峡水库下游突发公共事件，三峡水库也有必要及时控制水库的蓄泄进行应急调度；四是根据1882—2015年宜昌站汛期日流量资料统计，55000m^3/s以上洪水平均每年出现天数仅1天，而30000～55000m^3/s区间的洪水平均每年出现天数多达30天以上，适时拦蓄中小洪水有利于践行洪水资源化理念。因此，三峡水库实施中小洪水滞洪调度是一个现实需求，尤其对发挥社会效益有益。

在大量研究和实践的基础上，国家防总和长江防总提出了中小洪水调度的原则：当长江上游发生中小洪水，根据实时雨水情和预测预报，三峡水库尚不需要对荆江或城陵矶河段实施防洪补偿调度，且有充分把握保障防洪安全时，三峡水库可相机实施中小洪水调度。

4.2.4.3 城陵矶补偿调度

在初步设计审查结论意见中，三峡工程主要采用对荆江河段的补偿调度方式作为三峡水库的设计调度方式计算防洪效益，并指出要继续研究城陵矶补偿调度方式。

三峡水库蓄水运用以来，围绕三峡工程的防洪任务，充分考虑长江中下游江湖关系的变化，并结合水库泥沙淤积和水库回水等的分析，对三峡工程在上游溪洛渡、向家坝等枢纽建成发挥防洪作用前的防洪调度方式作了进一步的优化研究。其中，对城陵矶防洪补偿调度方式，将三峡水库防洪库容进行了重新划分，自下而上划分的三部分库容及运用方式分别为：第一部分库容56.5亿m^3用于对荆江和城陵矶地区同时防洪补偿，相应库容蓄满的库水位即“对城陵矶防洪补偿控制水位”为155.0m；第二部分库容125.8亿m^3用于对荆江地区防洪补偿，相应库容蓄满的库水位即“对荆江防洪补偿控制水位”为171.0m；第三部分库容39.2亿m^3用于防御上游特大洪水。在此基础上拟定了对城陵矶防洪补偿调度方式，溪洛渡、向家坝配合三峡水库联合防洪调度，三峡水库对城陵矶补偿水位在155.0m的基础上可进一步提高。

4.2.4.4 沙峰调度

为尽量减少水库淤积、延长水库使用寿命，三峡水库实施了沙峰排沙调度试验。主要调度思路：汛期大流量期间，利用洪峰、沙峰传播时间的差异，结合洪峰和沙峰预报，在预报洪峰到达坝前时拦蓄洪水储备水量，预报沙峰抵达坝前时，加大下泄流量，使泥沙随下泄水流排放出库，减少水库泥沙淤积，加大排沙比。

2012年和2013年汛期，在水库拦洪削峰的基础上，结合三峡水库泥沙实时监测与预报技术，利用三峡入库洪峰、沙峰在水库内传播时间的差异，提出了“涨水面水库削峰，落水面则加大泄量排沙”的沙峰排沙调度模式，当洪峰过后沙峰到达坝前时，加大水库泄量，进行减淤调度试验，取得了较好的成效，如图4.2和图4.3所示。

从汛期水库排沙情况（表4.1）来看，2012年汛期7月坝前平均水位高于2009—2011年同期9.4m、4.23m、9.01m，但水库排沙比却远超过2010年和2011年同期水平，2012年7月和2013年7月水库排沙比分别达到28%和27%，远超出2009年、2010年和2011年同期的13%、17%和7%。沙峰排沙调度的成功应用，减少了水库泥沙淤积，合理利用了水资源，促进了三峡工程综合效益的充分发挥，取得了显著的社会及经济效益。同时也为探索三峡水库“蓄清排浑”新模式提供了技术支撑。

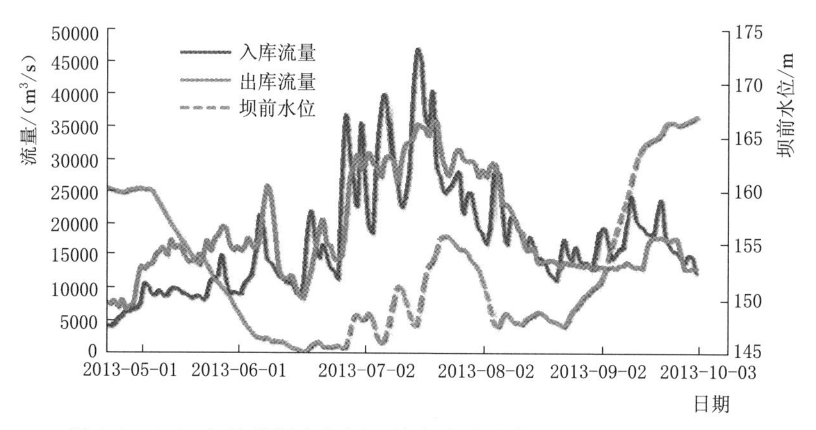

图 4.2 2013 年沙峰调度期间三峡水库进出库流量及坝前水位过程

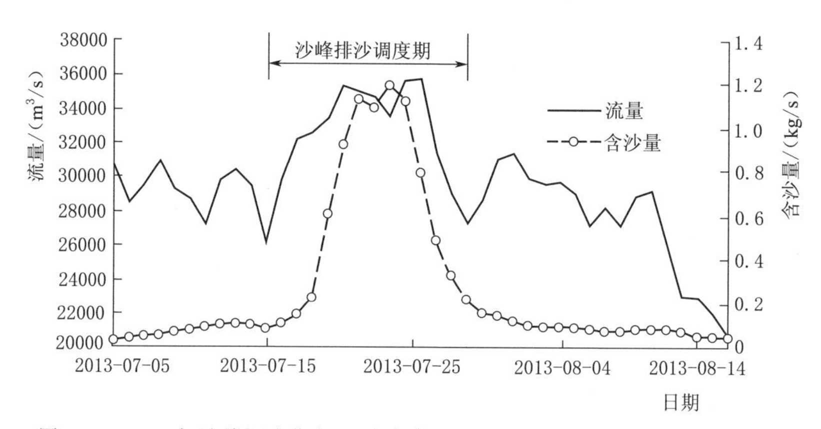

图 4.3 2013 年沙峰调度期间三峡水库出库（黄陵庙）流量及含沙量过程

表 4.1　2009—2013 年 7 月三峡入、出库沙量及排沙比统计表

时　间	入库沙量/万 t	出库沙量/万 t	水库淤积量/万 t	坝前平均水位/m	水库排沙比/%
2009 年 7 月	5540	720	4820	145.86	13
2010 年 7 月	11370	1930	9440	151.03	17
2011 年 7 月	3500	260	3240	146.25	7
2012 年 7 月	10833	3024	7809	155.26	28
2013 年 7 月	10313	2812	7501	150.08	27

4.2.5 蓄水期优化调度

随着水情形势变化，若仍按初步设计的蓄水方式，一方面水库在枯水年份难以蓄满，来年枯水期长江中下游水资源安全将难以保障；另一方面也难以满足蓄水期间中下游的供水需求。

2010 年以来，三峡水库实施汛期防洪运用与汛末蓄水相结合，提前蓄水，抬高 9 月底蓄水位的优化调度方式，连续 8 年实现了蓄水目标。近几年国家防总批复的三峡试验性蓄水实施计划中，三峡水库蓄水方式为：三峡水库 9 月上旬可在承接 8 月下旬防洪调度运用水位基础上逐渐上浮水位，上浮期间控制下泄流量满足中下游各方用水需求。9 月 10 日起蓄水位按 150.0～155.0m 控制，9 月 30 日蓄水位按 162.0～165.0m 控制，10 月底或 11 月争取蓄至 175.0m。

4.2.6 消落期优化调度

三峡水库蓄水调度中高度重视下游用水需求。一般情况下，9 月 10 日至 9 月底，三峡水库下泄流量不小于 10000m³/s；10 月下泄流量不小于 8000m³/s；11—12 月下泄流量按葛洲坝下游（庙嘴）水位不低于 39.0m 和三峡电站保证出力对应的流量控制；次年 1—4 月下泄流量不小于 6000m³/s（同时要满足葛洲坝下游水位不低于 39.0m 的要求），至 5 月 25 日水库水位逐步降至 155.0m，6 月 10 日消落到防洪限制水位。

4.2.6.1 库尾减淤调度

三峡水库蓄水运用以来，随着坝前水位的逐步抬高，重庆主城区河段 9 月中旬至 12 月中旬天然情况下的冲刷逐步被淤积所代替，汛后的河床冲刷期相应后移至次年汛前库水位的消落期。为了减少库尾泥沙淤积，三峡水库于 2012—2013 年、2015 年开展了消落期库尾减淤调度试验。

重庆主城区河段的走沙能力主要受到寸滩流量、含沙量、坝前水位等方面因素共同影响，当消落期水库水位较高、库尾尚处于回水影响范围，在入库水沙量增大时，适时增加三峡水库下泄流量、加大库尾河段水流速度，是增大消落期库尾走沙能力的有效措施。

2011 年起，研究采用调度方式将库尾泥沙拉到变动回水区以下，解决泥沙局部淤积问题。2011 年，以重庆主城区减淤为研究目标，采用 90 水沙系列开展了库尾减淤调度方案研究。研究提出的减淤调度方案为：起调水位 160～162m，寸滩流量 7000m³/s 进行起调，消落日降幅可按 0.4～0.6m 控制，连续调度 10 天。以该研究成果为基础，2012 年开展了针对重庆主城区的库尾减淤调度试验。同年，为进一步加大库尾减淤强度、扩大减淤调度范围，研究提出了针对变动回水区中上段的减淤调度方案，并于 2013 年实施了减淤调度试验。2015 年，针对三峡水库入库泥沙进一步减少的情况，采用新水沙系列研究了库尾减淤调度方案，并针对整个变动回水区实施了库尾减淤调度试验。

2012 年、2013 年和 2015 年三次减淤调度取得了初步成功，三峡水库库尾均整体呈现冲刷状态（表4.2），有效保障了三峡水库长期使用，同时，为今后减少库尾泥沙淤积提供了有效的调度手段。

表4.2 近几年库尾减淤调度过程及其效果统计表

年份	调度时间	水位变化/m	日降幅/m	寸滩平均流量/(m^3/s)	冲刷量/万m^3	
					重庆主城区	铜锣峡—涪陵
2012	5月7—18日	161.97～156.76	0.43	6850	101.1	140
2013	5月13—20日	160.17～155.74	0.59	6210	33.3	408
2015	5月4—13日	160.4～155.65	0.48	6320	70.1	129

4.2.6.2 生态调度

截至2017年年底，三峡水库已连续7年开展了10次生态调度。根据调度情况，三峡水库生态调度时间集中在5月下旬至6月下旬，调度期间宜都断面平均水温为20～24℃（2013年因水温未达到18℃，宜都断面未监测到四大家鱼产卵，未作统计）。生态调度起始下泄流量区间为6530～18300m^3/s，均值为12200m^3/s；调度期间日均流量涨幅区间为590～3140m^3/s，均值为1560m^3/s；调度持续时间为3～8天。2011—2017年三峡水库生态调度情况见表4.3。

表4.3 2011—2017年生态调度及监测成果统计表

年份	调度期间	起涨流量/(m^3/s)	流量日均涨幅/(m^3/s)	宜都断面平均水温/℃	宜都监测断面产卵量/亿粒
2011	6月16—19日	12000	1650	23.6	0.25
2012	5月25—31日	18300	590	20.5	0.11
	6月20—27日	12600	750	22.3	
2013	5月7—14日	6230	1130	17.5	0
2014	6月4—6日	14600	1370	20.3	0.47
2015	6月7—10日	6530	3140	21.6	5.7
	6月25—2日	14800	1930	22.5	
2016	6月9—11日	14600	2070	21.8	1.1
2017	5月20—25日	11300	1350	19.5	10.8

4.2.7 优化调度实践经验

在三峡水库优化调度的研究与实施过程中，三峡工程泥沙专家组组织协调中国水科院、清华大学、武汉大学及长江委设计院、水文局、长江科学院等多家科研院所和高校围绕相关问题开展了系统和持续研究，提供的相应的解决方案，为水库泥沙问题的解决和水库优化调度的实施提供了坚强的科技支撑，主要表现在以下几方面。

1. 系统泥沙研究促进三峡水库蓄水进程和调度方式优化

水库泥沙问题的妥善处理是开展水库优化调度的基础，是实现三峡水库综合效益的保障。通过“十五”“十一五”期间开展的水库蓄水方案研究，促进了三峡水库提前一年进行156m蓄水，提前五年进行175m试验性蓄水。试验性蓄水期，随着上游水库的建成拦沙，入库泥沙大幅减少，为三峡水库优化调度创造了良好条件。水库运行方式优化对泥沙淤积的影响等成果科学指导了汛末提前蓄水调度、汛期沙峰调度、消落期库尾减淤调度等优化调度措施的有效实施[15-17]，尤其是探索了三峡水库“蓄清排浑”新模式，减轻了水库淤积，合理利用了洪水资源，实现了三峡工程综合效益全面提升。

2. 水文泥沙特性及预报研究为水库优化调度提供技术基础

通过对长江流域众多测站长系列的降雨、水位、流量、含沙量等统计分析，摸清了流域暴雨、洪水及洪水遭遇、入库沙量及组成等规律特性[7-9]，尤其对三峡入库沙量的趋势性研究和长江流域分期洪水研究[10-11]，为三峡水库优化调度提供技术基础。此外，在泥沙实时监测技术的基础上，结合三峡入库泥沙实时监测和水情预报结果，提出了泥沙作业预报方法[18-20]，进行短期水库入、出泥沙预报，为成功实施汛期泥沙优化调度提供了有力的技术支撑。

3. 三峡水库优化调度研究促进三峡工程综合效益全面提升

随着外界运行环境的变化以及各方需求的提高，多年来先后进行了三峡水库全年各时期的调度方式优化研究[14]，包括汛期三峡水库汛限水位变幅、中小洪水利用、城陵矶及荆南四河地区防洪补偿、船舶疏散优化调度等研究，蓄水期三峡起蓄时间、起蓄水位、关键节点水位控制等提前蓄水研究，消落期三峡补水调度、推迟消落等研究。汛期优化调度研究促进了三峡工程防洪效益不断拓展；提前蓄水研究促进了三峡水库连续8年成功蓄水至175m，保证了水库综合效益的发挥；消落期优化调度研究促进了三峡工程补水效益、航运效益和生态效益不断提升。此外，生态调度研究、抑制水华的环境调度方式研究等[21-23]积极推进了水库优化调度在探索长江大保护中的实践意义。

4. 以三峡为核心的联合调度研究不断拓展梯级水库综合效益

2013年和2014年，金沙江下游向家坝、溪洛渡水库相继实现正常蓄水位目标，标志着两水库具备正常运行条件。面对新的水库群格局，以及多方面对水库群联合调度的需求，通过金沙江溪洛渡、向家坝水库与三峡水库的联合调度研究与实践，梯级水库联合防洪、联合蓄水、联合消落等方面效益显著。如2016年和2017年汛期，受超强“厄尔尼诺”影响，长江中下游持续出现强降雨，城市内涝频发，部分河流水位超保证，防汛形势严峻。溪洛渡—向家坝—三峡梯级及时启动针对城陵矶地区的联合防洪补偿调度，两年分别拦洪112亿m^3和129亿m^3，占流域总拦洪量的一半以上，成功避免了荆江水位超警戒、城陵矶水位超保证的风险，减轻了中下游的防洪压力。

三峡水库蓄水运用十多年来，工程的防洪、发电、航运、水资源利用等功能均在设计目标的基础上进行了拓展，取得了巨大的社会效益和经济效益。三峡水库优化调度工作也不断在实践中探索、在探索中实践，与时俱进，开拓创新，取得了长足的发展。

4.3 三峡水库运行方式优化对泥沙冲淤的影响

4.3.1 洪水资源化利用对泥沙冲淤的影响

在三峡工程论证和初设计中，经过多方面论证，确定了三峡水库拦洪标准，即控泄流量为56700m^3/s。这个流量在当时是考虑较全面的，是完全正确的。但是，由于入库水沙条件变化和洪水预测预报技术的提高，控泄流量可以在一定程度上调整[24]。其中最主要的变化如下：一是近十多年流域来水有所减少，尤其是9月、10月来水减少幅度较大，这会影响水库蓄满率和发电量，影响综合效益发挥；二是随着上游梯级水库兴建，水库群联合防洪效益逐步凸显，导致三峡水库洪峰有所削减，超过56700m^3/s流量很少，如继续按此标准拦蓄洪水，则三峡水库发挥防洪作用减少；三是由于上游水库群拦截了大量泥沙，三峡水库入库泥沙大幅减少，从而使由减小拦蓄流量引起的泥沙淤积数量不大。

一维水沙数学模型计算表明[25]，2010—2012年由于三峡拦蓄中小洪水，进行洪水资源化利用调度，库区泥沙淤积量分别增加了882万t、127万t、2289万t，分别占论证期间总淤积量的2.6%、0.4%和6.7%。然而，各年度实测库区总淤积量分别为1.96亿t、0.95亿t和1.75亿t，仅为论证阶段采用“60水沙系列”计算库区运行10年平均年淤积预测值的57%、27%和51%左右，见表4.4。上游溪洛渡、向家坝蓄水运行后，由金沙江下游进入三峡水库的泥沙大幅减少，2014—2017年，三峡水库入库泥沙进一步减少，年平均输沙量仅为0.41亿t，仅相当于论证阶段的8%，由拦蓄中小洪水引起的泥沙淤积量进一步减少。

表4.4　2010—2012年中小洪水调度对泥沙淤积的影响　单位：亿t

方　式	2010年	2011年	2012年	论证阶段预测值
实际调度方式	1.96 (57%)	0.95 (27%)	1.75 (51%)	—
按初步设计调度方式计算	1.87 (55%)	0.94 (27%)	1.52 (44%)	3.42

注　括号内百分数为淤积量占论证阶段预测淤积量的比例。

4.3.2 提前蓄水对泥沙冲淤的影响

4.3.2.1 提前175m试验性蓄水

初步设计阶段对三峡水库蓄水达到正常蓄水位175m暂定为2013年。“十五”期间，研究得出了“在目前入库泥沙明显减少的条件下，泥沙淤积在可预见的若干年内不是抬高蓄水位的制约因素”的结论，并提出2007年汛后蓄水位至172m是可行的，但是，由于水库的地质灾害治理和移民安置工作在进度上的制约，未能按时实现。“十一五”期间，2007年年末，通过对近年来三峡水库入库沙量分析和重庆主城区河段泥沙模型试验结果，再次提出只有尽早蓄水至175m以后，才能完全掌握重庆主城区及变动回水区相关情况。经上述充分研究并报主管部门批准，2008年采取试验性蓄水的方式进行175m试验性蓄水，水库开始提前发挥最终规模的综合效益。

根据原型观测成果，2003年6月至2017年12月，三峡入库悬移质泥沙21.925亿t，出库悬移质泥沙5.234亿t，不考虑三峡库区区间来沙，水库淤积泥沙16.691亿t，年平均淤积泥沙1.145亿t，仅为论证阶段的35%左右，水库排沙比为23.9%[18]。三峡水库蓄水运用后，由于入库泥沙的减少，三峡水库泥沙淤积速率较预测大幅减缓。在三峡水库提前进行175m蓄水运用后，也并未出现泥沙大幅度淤积现象，如图4.4所示。

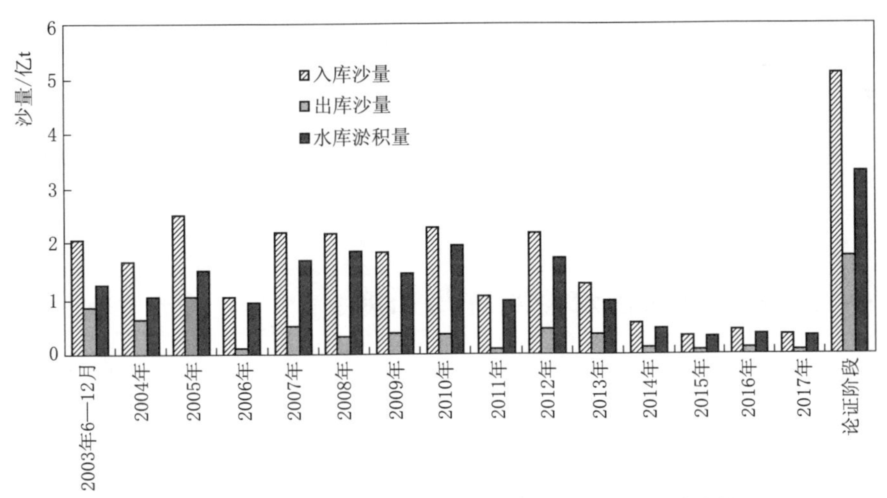

图4.4 三峡水库入库沙量、出库沙量与水库淤积量过程

4.3.2.2 汛末提前蓄水

在初步设计中规定，三峡水库每年从10月1日起开始蓄水，10月底蓄至175m，只有在枯水年份，这一蓄水过程延续到11月，需要蓄水221亿m^3。

由于近年来三峡入库径流年内分配的变化，10月来水量有减少趋势，而长江下游地区的需水量却有所增加。因此，为保证汛后能蓄满水库和兼顾长江上下游的用水，要求水库提前到9月份开始蓄水。

采用一维数学模型对不同蓄水方式进行泥沙冲淤计算，计算结果显示：9月11日开始蓄水，9月底水位按170m控制的蓄水方式，20年末全库区累计淤积量为24.496亿m^3，相当于论证期间8年的值，变动回水区累计淤积量1.147亿m^3，相当于论证期间4～5年的值[25]，具体数据见表4.5。研究结果表明，汛后提前蓄水对水库的总淤积量影响不大，水库运行到十年末，提前蓄水方案比原方案的库区总淤积量增加0.24%～0.86%，变动回水区的淤积量增加12.7%～31.4%。

表4.5　不同蓄水方案三峡库区及变动回水区20年末淤积量计算表 单位：亿m^3

不同蓄水方案	变动回水区		全库区	
	计算值	减淤量	计算值	减淤量
初步设计阶段计算值（60系列）	4.842	—	60.91	—
1001-145	0.831	-4.011	24.277	-36.633
0911-170	1.147	-3.695	24.496	-36.414
0821-170	1.615	-3.227	26.098	-34.812

注　除初步设计计算值外，其他工况均采用90系列并在运行第4年考虑上游向家坝和溪洛渡运行；表格中数值为水科院计算成果；方案符号中的第一项代表水库开始蓄水时间，第二项表示水库汛后10月1日坝前控制水位。

4.4　三峡水库综合效益发挥与拓展

4.4.1　防洪效益

截至2017年年底，三峡水库历年累计拦洪运用44次，总蓄洪量达1322亿m^3，见表4.6，干流堤防未发生一起重大险情，保证了中下游的社会稳定。其中，成功应对2010年、2012年两次洪峰超70000m^2/s的洪水过程，以及面对2016年和2017年长江中下游区域性大洪水，有效控制下游沙市站水位未超过警戒水位、城陵矶站水位未超过保证水位，保证了长江中下游的防洪安全，减轻了下游干支流地区的防洪压力，降低了防汛成本。

表 4.6　　2003—2017 年三峡水库防洪调度数据统计表

年份	最大洪峰 /(m^3/s)	出现时间	最大下泄 /(m^3/s)	最大削峰量 /(m^3/s)	蓄洪次数	总蓄洪量 /亿 m^3	蓄水前最高调洪水位/m
2004	60500	9月8日	56800	3700	1	4.95	137.77
2007	52500	7月30日	47400	5100	1	10.43	146.10
2009	55000	8月6日	39600	16300	2	56.50	152.89
2010	70000	7月20日	40900	30000	7	264.40	161.02
2011	46500	9月21日	29100	25500	5	187.60	153.84
2012	71200	7月24日	45800	28200	4	228.40	163.11
2013	49000	7月21日	35300	14000	5	118.37	156.04
2014	55000	9月20日	45000	22900	10	175.12	164.63
2015	39000	7月1日	31000	8000	3	75.42	156.11
2016	50000	7月1日	31000	19000	3	97.76	158.50
2017	38000	9月10日	—	—	3	103.57	157.10
合计	—				44	1322.00	—

4.4.1.1　设计防洪效益稳步实现

三峡水库防洪运用至今，洪峰流量超过 55000m^3/s 的洪水过程共出现 7 次，其中，达到 70000m^3/s 的洪水出现 2 次，分别为 2010 年最大洪峰流量 70000m^3/s 和 2012 年最大洪峰流量 71200m^{3}//s。

2010 年 7 月 20 日，三峡水库入库洪峰流量 70000m^3/s，最大控泄流量 40000m^3/s，最大削减洪峰流量 30000m^3/s，削减洪峰超过 40%，拦蓄洪水水量 76 亿 m^3，约占本次入库洪水总量的 24.5%，最大日拦蓄洪水水量 24.68 亿 m^3，三峡坝前最高蓄洪水位 158.86m。三峡水库此次洪水拦蓄过程中，降低荆江河段沙市站洪水位约 2.5m，洪湖江段 1m，使得长江中下游河段特别是沙市水位站和武汉汉口水位站没有超过警戒水位，为下游防洪节约了大量的人力和物力。据估算，2010 年汛期三峡工程产生的防洪经济效益为 266.3 亿元。

2012 年 7 月 24 日，三峡水库遭遇成库以来的最大洪峰流量 71200m^3/s。本次洪水调度过程，三峡最大控泄流量 45000m^3/s，最大削减洪峰 26200m^3/s，削峰率 37%。三峡坝前水位最高蓄至 163.11m，拦蓄洪水 58.4 亿 m^3，避免了荆南四河超过保证水位，控制下游沙市站水位未超过警戒水位，城陵矶站水位未超过保证水位，保证了长江中下游的防洪安全，同时也大大减少了下游江段上堤查险的时间和频次，节约了中下游防洪成本。

4.4.1.2　防洪效益不断拓展

1. 实时洪水调度

2009 年 8 月 6 日 8 时，三峡水库遭遇洪峰流量为 55000m^3/s 的入库洪水过程，若不进行拦洪调度，荆江干流河段将超过警戒水位。应湖北省防办要求，三峡水库首次对“中小洪水”进行了滞洪调度尝试。本次拦洪调度，三峡水库最大出库流量40000m^3/s，取得了显著的防洪效益：一是避免了荆江河段高洪水位，如三峡水库不拦蓄，湖北长江宜昌至监利段和荆南四河水位将全线超警戒，共有1500多公里堤段要按照警戒水位布防巡查，三峡水库控泄后，仅长江干流监利段20.7km和荆南四河649.8km水位超设防；二是降低了响应级别，按照防汛抗旱应急预案要求，如三峡水库不拦蓄，湖北长江和荆南四河出现超警戒水位的洪水，应启动防汛三级应急响应，经三峡水库控泄后，长江监利段和荆南四河实际仅超出现设防水位洪水，只需启动防汛四级应急响应；三是避免了紧张态势，如果出现超警戒水位的洪水，尚未达标的荆江大堤难免出险，尤其是堤基差、标准低的荆南四河更难免险情多发，抗洪抢险紧张的态势在所难免，三峡水库实施控泄调度后，湖北长江和荆南四河在设防水位期间，未发生一处险情；四是减少了防汛成本，与警戒水位以上防洪人力资源相比，上防人员减少5.5万人，仅布防劳力补助费一项就减少防汛成本1294万元。

2011年9月21日8时，三峡水库年最大入库流量46500m^3/s，经过水库拦蓄后，最大出库流量21100m^3/s，削峰率达55%。年最大入库洪水过程适逢汉江丹江口水库上游发生秋季洪水，三峡水库通过削峰调度仅下泄21100m^3/s，降低了长江中下游汉口河段水位近3m，提高了汉江下游东荆河、杜家台分流的行洪能力，缩短了汉江下游高水位持续时间。

2. *城陵矶补偿调度*

2016年和2017年长江上游来水不大，长江中下游发生了区域性大洪水。三峡水库在上游水库群的配合下，连续两年实施了典型的城陵矶调度，为避免城陵矶附近地区分洪、减轻中下游干支流防洪压力发挥了关键性作用。

2016年汛期，三峡水库最大入库洪峰为50000m^3/s，出现在7月1日，为长江“1号洪峰”。三峡控制出库流量31000m^3/s，削减洪峰19000m^3/s，削峰率38%，拦蓄洪水。7月3日，长江“2号洪峰”在中下游形成，长江干流监利以下全线超警，城陵矶水位直逼保证水位。为避免城陵矶超保证水位，减轻长江中下游的防洪压力，三峡水库在上游水库的配合下首次实施了典型的城陵矶防洪补偿调度，出库流量从31000m^3/s进一步减少至25000m^3/s和20000m^3/s，分别降低荆江河段、城陵矶附近地区、武汉以下河段水位0.8～1.7m、0.7～1.3m、0.2～0.4m，减少超警戒水位堤段长度250km。如果没有以三峡为核心的水库群联合调度，长江“1号洪峰”与长江中下游形成的“2号洪峰”遭遇叠加，长江中下游干流枝城以下江段水位将全线超警并延长超警时间，城陵矶河段水位将两次超过保证水位，最高水位达到约35m，分洪将不可避免。

2017年7—8月，长江中下游继2016年之后再次发生区域性大洪水，洞庭湖、鄱阳湖水系部分支流发生特大洪水。溪洛渡、向家坝、三峡水库联合实施城陵矶防洪补偿调度，三峡最高蓄洪水位157.10m。调度期间，三峡水库下泄流量两日内由28000m^3/s分五次逐步减小至8000m^3/s，最大削减出库流量超七成，创三峡水库运行以来7月份最小下泄流量。梯级水库此次联合防洪调度总拦蓄洪量91.6亿m^3，降低洞庭湖区及长江干流莲花塘江段洪峰水位1.0～1.5m、汉口江段洪峰水位0.6～1.0m、九江至大通江段洪峰水位0.3～0.5m，确保了长江干流莲花塘站水位不超分洪水位，缩短洞庭湖七里山站超保时间6天左右，显著减轻了洞庭湖区及长江中下游干流的防洪压力。

2016年和2017年汛期调度实践表明，三峡水库在保证遇特大洪水时荆江河段防洪安全的前提下，实施对城陵矶防洪补偿调度，提高了对一般洪水的防洪作用，对减轻长江中下游防洪压力，尤其是减少城陵矶附近区的分洪量、提高防洪经济效益、确保人民群众生命财产及长江干堤和重要基础设施的安全大有益处。

4.4.2 发电效益

2003—2017年，三峡电站（含电源电站）累计发电量10889亿kW·h，见表4.7。其中，2014年发电量988亿kW·h，创单座电站世界纪录，有效缓解了华中、华东地区及广东省的用电紧张局面，为电网的安全稳定运行发挥了重要作用，同时为节能减排作出了贡献。

4.4.2.1 增发效益

通过加强分析预报来水，向国调、华中网调提供及时准确的梯级电站出力预报、合理控制水库水位、及时清除拦污栅前漂浮物、重复利用库容，及时调整电站出力使电站机组弃水期处于出力最大状态，枯水期处于效率最高状态等措施，梯级电站相比设计调度方式增发效益显著，2003—2017年累计增发电量554亿kW·h，其中汛期蓄洪增发效益260亿kW·h。

4.4.2.2 调峰效益

三峡电站具有的快速启停机组、迅速自动调整负荷的良好调节性能，为电力系统的安全稳定运行提供了可靠的保障。2003—2017年，三峡电站结合自身能力积极参与电网系统调峰运行，平均最大调峰容量为475万kW，有效缓解了电力市场供需矛盾，改善了调峰容量紧张局面，促进了电网安全稳定运行。

此外，三峡电站地处华中腹地，电力系统覆盖了长江经济带，在全国互联电网格局中处于中心位置，对全国电网互联互通起到关键性作用，成为“西电东送”的中通道，实现了华中与华东、南方电网直流联网，与华北电网交流联网，形成了水火互济运行的新格局。截至2017年年底，三峡电站累计送华中电网电量 4824 亿 kW·h，送华东电网 4133 亿 kW·h，送南方电网 1984 亿 kW·h。

4.4.2.3　节能减排效益

按照中电联每年发布的标准煤耗估算，2003—2017 年累计发电量相当于替代燃烧标准煤 3.6 亿 t，有效节约了一次能源消耗，同时减少 8 亿 t 二氧化碳、990 万 t 二氧化硫、8 万 t 一氧化碳、476 万 t 氮氧化合物以及大量废水、废渣的排放，节能减排效果明显，为当前雾霾减轻做出了贡献。据中国工程院 2014 年关于三峡工程建设第三方独立评估报告，按照碳排放交易价格估算，二氧化碳减排效益达 539 亿元。

表 4.7　　2003—2017 年三峡电站发电情况统计表

年份	机组运行台数	年来水量/亿 m^3	年发电量/(亿 kW·h)	水能利用提高率/%	增发电量/(亿 kW·h)	蓄洪效益/(亿 kW·h)	年平均耗水率/(m^3/kW·h)	平均调峰量/MW	最大调峰量/MW
2003	1～6	4044	86.1	—	0.8	—	5.90	188	1577
2004	6～11	4147	391.6	4.60	17.2	—	5.86	245	807
2005	11～14	4565	490.9	4.00	18.7	—	5.80	468	1900
2006	14	2986	492.5	4.30	20.3	—	5.39	589	2040
2007	14～21	4054	616.0	4.50	26.8	—	4.99	472	3162
2008	21～26	4290	808.1	4.96	37.8	0.0	4.80	889	3830
2009	26	3881	798.5	5.23	39.6	4.4	4.61	1004	5240
2010	26	4067	843.7	5.09	40.8	41.0	4.40	905	4520
2011	26～30	3395	782.9	5.17	37.9	30.0	4.31	1642	5500
2012	30～32	4481	981.1	6.97	65.3	64.7	4.27	1910	7080
2013	32	3678	828.3	5.45	44.3	47.0	4.40	2006	5400
2014	32	4380	988.2	5.47	51.1	37.5	4.31	1640	5990
2015	32	3777	870.1	6.00	50.2	11.6	4.34	2211	6188
2016	32	4086	935.3	5.56	48.6	9.0	4.36	2577	8377
2017	32	4214	976.1	5.88	53.63	14.5	4.26	2854	9591
合计			10889		554	60			

4.4.3　通航效益

三峡船闸自 2003 年 6 月投入运行以来，通过三峡河段的货运量持续高速增长。截至 2017 年年底，三峡船闸累计过闸货物 11.1 亿 t，加上翻坝转运的货物，通过三峡枢纽断面的货运总量达 12.6 亿 t，是三峡工程蓄水前葛洲坝船闸投运后 22 年过闸货运量 2.1 亿 t 的 6 倍，历年通过货运量如图 4.5 所示。

2017 年过闸货运量创新高达到 1.3 亿 t，有力促进了长江航运的快速发展和沿江经济的协调发展。三峡升船机 2016 年 9 月 18 日正式启动试通航，进一步增强了三峡工程的通航调度灵活性和通航保障能力。截至 2017 年年底，三峡升船机累计安全运行 3975 厢次，其中有载运行 2526 厢次，通过各类船舶 2547 艘次，通过旅客 5.7 万人次，过机船舶货运量 57.4 万 t。

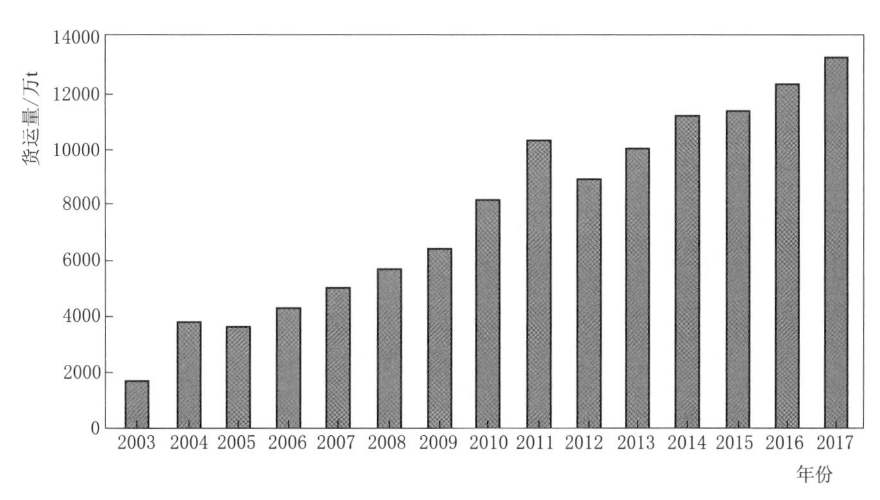

图 4.5 三峡船闸历年通过货运量趋势图

4.4.3.1 改善库区及下游航运条件

三峡水库蓄水运用后，渠化重庆以下川江航道里程 600 多 km，结合实施库区碍航礁石炸除工程，消除了坝址至重庆间 139 处滩险、46 处单行控制河段和 25 处重载货轮需牵引段，三峡库区干流航道等级由建库前的Ⅲ级航道提高为Ⅰ级航道，重庆至宜昌航道维护水深由 2.9m 提高到 3.5～4.5m，库区航道年通过能力由建库前的 1000 万 t 提高到 5000 万 t，实现了全年全线昼夜通航。重庆朝天门至坝址河段，在一年中有半年以上时间具备行使万 t 级船队和 5000t 级单船的通航条件。同时，葛洲坝枯水期出库最小通航流量由 $2700m^3/s$ 提高到 $6000m^3/s$ 以上，比天然情况下增加 $2500～3000m^3/s$，葛洲坝下游最低通航水位提高到 39m。枯水期航道维护水深达到了 3.5m，比蓄水前提高了 0.7m。

4.4.3.2 提高船舶航行和作业安全度

三峡水库蓄水运用后（2003 年 6 月至 2013 年 12 月）与蓄水前（1999 年 1 月至 2003 年 5 月）相比，年平均事故件数、死亡人数、沉船数和直接经济损失与建库前相比分别下降了 72%、81%、65%和 20%。2011 年至 2017 年更是实现了零死亡、零沉船事故。

4.4.3.3 降低航运成本

由于库区水流流速减缓、流态稳定、比降减小，船舶载运能力明显提高，油耗明显下降。据测算，库区船舶单位千瓦拖带能力由建库前的1.5t提高到目前的4～7t，每千吨千米的平均油耗由2002年的7.6kg下降到2013年的2.0kg左右，宜渝航线单位运输成本下降了37%左右。几十年来，我国物价普遍显著上涨，但水运运价一直维持在低位，甚至下降，目前三峡大坝过闸大宗散货水运运价仅约0.02元/(t·km)，是铁路运价的1/8，公路运价的1/30～1/20。

4.4.3.4 推进船舶标准化进程

三峡水库蓄水运用后，库区通航条件明显改善，促进了长江航运尤其是上游通航船舶的大型化、专业化、标准化进程，过闸船舶每艘次平均面积、大船吨位比例、单船载货量明显提高，船舶大型化和单船化趋势明显，3000t以上船舶成为过坝主流船型。在水库175m试验性蓄水运用后，库区已经出现了7000t级货船、10000t级船队和6000t级自航船，从宜昌直达重庆港。

4.4.3.5 促进库区航运相关产业发展

目前重庆地区水运直接从业人员达15万人，其中近8万人来自三峡库区，依赖水运业的三峡库区煤炭、旅游、公路货运等产业的从业人员达50万人以上，水运业及其关联产业吸纳了库区200多万剩余劳动力。据统计，三峡工程2003—2010年对重庆的直接GDP贡献度为1.77%，间接GDP贡献度为29.58%，为库区经济社会发展发挥了重要的支撑作用。三峡库区大部分码头作业条件得到根本改变，一批现代化的新码头陆续兴建，改善了库区港口货物运转环境，为构建现代化的库区水运体系创造了基础条件。

4.4.4 水资源利用效益

长江上游来水年内分配不均，6—10月多年平均径流量占全年的70%以上，12月—次年4月多年平均来水仅约4000～6000m^3/s。三峡工程建成后，具有调节库容165亿m^3，防洪库容221.5亿m^3，凭借良好的“拦洪补枯”的季调节性能，可有效利用洪水资源、增加枯水期长江中下游下泄流量，是我国重要的淡水资源库和生态环境调节器。

4.4.4.1 补水效益

初步设计三峡水库枯水期下泄流量应满足不低于电站保证出力及葛洲坝下游庙嘴最低通航水位39m对应的流量（约5500m^3/s）。2009年以来，随着下游沿江经济社会的发展，为满足越来越高的供水需求，三峡水库将枯水期1—4月份水库最小下泄流量提高至6000m^3/s。与2003—2017年最小入库流量仅2990m^3/s相比，现状调度方式下，三峡水库可有效满足了长江中下游沿江生产生活和生态用水需求。截至2017年汛前，三峡水库枯水期累计为下游补水1780天，补水总量2205亿m^3，见表4.8，较好满足了下游航道畅通及沿江两岸生产生活等用水需求。

表4.8　2003—2017年三峡水库补水情况统计表

时　段	补水天数/天	补水总量/亿m^3	备　注
2003—2004年	11	8.79	135～139m围堰发电期
2004—2005年*			
2005—2006年*			
2006—2007年	80	35.8	156m初期运行期
2007—2008年	63	22.5	
2008—2009年	190	216	175m试验蓄水期
2009—2010年	181	200.2	
2010—2011年	194	243.31	
2011—2012年	181	261.43	
2012—2013年	178	254.1	
2013—2014年	182	252.8	
2014—2015年	171	259.8	
2015—2016年	170	217.6	
2016—2017年	177	232.9	
合计	1780	2205	

*　因该年度枯期来水较丰，没有实施补偿调度。

4.4.4.2　生态效益

20世纪60年代以来，长江中下游过度捕捞、水环境恶化、河道采砂等改变了四大家鱼繁殖需要的水温和水力学条件，导致四大家鱼产卵规模呈下降趋势。为促进四大家鱼繁殖，2011年以来，三峡水库采取了持续加大下泄流量的调度方式，创造促进四大家鱼繁殖的水力学条件。2011年起，连续7年开展了10次生态调度试验。监测情况表明，在水温条件满足四大家鱼产卵的情况下，三峡水库实施生态调度期间，宜都断面均监测到四大家鱼产卵现象，截至2017年总产卵数量达18.4亿粒，凸显了三峡水库的生态效益。

4.4.4.3　应急调度

除了每年枯水期进行常规补水调度外，当长江中下游发生较重干旱或出现供水困难需要实施水资源应急调度时，三峡水库凭借巨大的库容和灵活的调节性能，实施了船舶应急救援调度、抗旱补水调度、压咸潮调度等，成功应对了多起突发事件。

1. 船舶应急救援

2011年2月12日，一艘载油990t的船舶在葛洲坝下游枝江市水陆洲尾水域搁浅，因搁浅地为鹅卵石河床，实施常规拖带或过驳脱险操作困难，三峡水库应通航部门需求及时实施了应急抢险调度，先后两次增加下泄流量1800m³/s和2000m³/s，补水1.64亿m³，有效抬升了遇险船舶所在水域水位，确保了施救工作顺利完成。

2015年6月1日，“东方之星”号客轮在长江中下游监利段发生翻沉事故。为给沉船救援工作创造有利条件，三峡水库实施了应急调度。6月2日上午，三峡水库出库流量从6月2日8时15000m³/s逐步减少，至6月2日14时减少至7000m³/s，最大减少下泄流量8000m³/s。三峡水库减小出库流量后，库水位停止消落被动回蓄至154.12m。救援结束之后加快消落进程，于6月19日推迟9天消落至汛限水位。通过科学调度，各方面积极配合，三峡水库应急调度有效地降低了沉船江段的水位，减小了水流流速，为“东方之星”沉船的营救工作提供了有利条件，宜昌至监利河段水位全线下降，充分发挥了社会效益。

2. 抗旱补水

2011年，北半球多个国家和地区发生罕见旱情，我国长江中下游部分地区遭遇了百年一遇的大面积干旱，三峡库水位在已经接近枯季消落水位155m且入库流量持续偏小的情况下，从满足生态、航运、电网供电为目标的运行方式调整为全力抗旱为目标的应急抗旱调度方式。5月7日10时，三峡水库开始加大下泄流量，库水位从155.35m下降至6月10日24时的145.82m，抗旱补水总量54.7亿m³，日均向下游补水1500m³/s，有效改善了中下游生活、生产、生态用水和通航条件，为缓解特大旱情发挥了重要作用。

3. 压咸潮

2014年2月，上海长江口水源地遭遇历史上持续时间最长的咸潮入侵，长江口青草沙、陈行等水源地的正常运行和群众生产生活用水受到较大影响。应上海市政府要求，三峡水库启动了建成以来的首个“压咸潮”调度。2月21日—3月3日“压咸潮”调度期间，三峡水库向下游累计补水17.3亿m³，平均出库流量7060mL/s。与正常消落按6000m³/s控泄相比，增加补水约9.6亿m³，缓解了咸潮入侵的不利影响。

4.5 小结

三峡水库调度涉及的目标和主体多元，关系和矛盾错综复杂，事关防洪安全、能源安全、航运安全、供水安全、生态安全，面对不断出现的新情况、新变化，在大量研究基础上，对三峡水库初步设计阶段调度方式做出的优化调整是必要的，也是科学合理的。实践证明，三峡水库优化后的调度方式可更好地发挥防洪、抗旱、供水、航运、发电、生态等综合效益。随着以三峡工程为核心的长江上游水库群的逐步建成，水库群联合调度研究与实践逐步开展，水库群综合效益日益凸显。在水库群联合调度的新运行环境下，三峡水库的科学调度还存在进一步优化空间。

(1) 随着长江上游以三峡为核心的水库群建成运行，以及今后乌东德和白鹤滩等在建水库逐步纳入调度范围，梯级水库群在长江流域联合调度体系中的作用将更加突出和显现。需要加强水库群联合调度技术研究、拓展联合调度范围和规模、提高水文气象预测预报水平、提升联合调度信息化水平等方面持续推进长江流域水库群联合调度工作，保障流域防洪安全，促进水资源高效利用，实现水库群“1＋1＞2”整体最佳综合效益。

(2) 在新形势下，特别是中央提出长江共抓大保护，不搞大开发，坚持走生态优先、绿色发展的道路，深入研究梯级水库群调度运行与长江流域生态环境的关系，在开展水库群优化调度提质增效的同时，促进流域生态环境修复与保护，积极探索水库群优化调度在长江大保护中的实践意义。

(3) 持续开展梯级水库群水文泥沙观测与研究工作，继续加强水文、气象、泥沙预测预报工作，提高预报精度和预见期，为水库群联合调度优化研究与实践提供技术支撑。

参 考 文 献

[1] 长江水利委员会水文局．2017年度三峡水库进出库水沙特性、水库淤积及坝下游河道冲刷分析 [R]，2018.

[2] 胡春宏，李丹勋，方春明，等．三峡工程泥沙模拟与调控 [M]．北京：中国水利水电出版社，2017.

[3] 胡春宏，方春明，陈绪坚，等．三峡工程泥沙运动规律与模拟技术 [M]．北京：科学出版社，2017.

[4] Ren Shi，Hu Xinge，Zhou Man. Research on sedimentation and measures of sedimentation reduction in Three Gorges Reservoir [C] // ICOLD，2018.

[5] 陈桂亚．长江上游控制性水库群联合调度初步研究 [J]．人民长江，2013，44 (23)：1-6.

[6] 赵文焕，冯宝飞，陈瑜彬．上游水库群蓄水对三峡水库8—10月来水影响 [J]．人民长江，2013，44 (13)：1-4.

[7] 王玉华，鲍正风，杨旭．三峡水库入库流量短期洪水预报 [J]．水利水电技术，2011，42 (2)：62-65.

[8] 高冰，杨大文，谷湘潜，等．基于数值天气模式和分布式水文模型的三峡入库洪水预报研究 [J]．水力发电学报，2012，31 (1)：22-28.

[9] 闫金波，代水平，刘天成，等．三峡水库泥沙作业预报方案研究［J］．水利水电快报，2012，33（7）：71-74.
[10] 陈力，段唯鑫．三峡蓄水后库区洪水波传播规律初步分析［J］．水文，2014，34（1）：30-34.
[11] 王世平，王渺林，许全喜，等．三峡入库站含沙量预报方法初探与试预报［J］．水利水电快报，2015，36（5）：11-14.
[12] 水利部长江水利委员会．长江三峡水利枢纽初步设计报告（枢纽工程）第九篇，工程泥沙问题研究［R］．武汉：水利部长江水利委员会，1992.
[13] 胡挺，王海，胡兴娥，等．三峡水库近十年调度方式控制运用分析［J］．人民长江，2014，45（9）：24-29.
[14] 中国长江三峡集团公司．长江三峡水利枢纽运行管理总结［M］．北京：中国三峡出版社，2018.
[15] 周曼，黄仁勇，徐涛．三峡水库库尾泥沙减淤调度研究与实践［J］．水力发电学报，2015，34（4）：98-104.
[16] 董炳江，乔伟，许全喜．三峡水库汛期沙峰排沙调度研究与初步实践［J］．人民长江，2014，45（3）：7-11.
[17] 董炳江，陈显维，许全喜．三峡水库沙峰调度试验研究与思考［J］．人民长江，2014，45（19）：1-5.
[18] 张地继，董炳江，杨霞，等．三峡水库库区沙峰输移特性研究［J］．人民长江，2018，49（2）：23-28.
[19] 李丹勋，毛继新，杨胜发，等．三峡水库上游来水来沙变化趋势研究［M］．北京：科学出版社，2010.
[20] 张曙光，王俊．长江三峡工程水文泥沙年报（2016年）［M］．北京：中国三峡出版社，2017.
[21] 高勇．三峡工程的生态调度［J］．中国三峡，2017（12）：88-91.
[22] 李光浩，杨霞，陈和春，等．三峡水库香溪河库湾水华水动力调控初步研究［J］．人民长江，2017，48（10）：18-23.
[23] 刘德富，杨正健，纪道斌，等．三峡水库支流水华机理及其调控技术研究进展［J］．水利学报，2016，47（3）：443-454.
[24] 长江勘测规划设计研究有限责任公司．三峡水库水资源有效利用及降低风险对策研究［R］．武汉，2016.5.
[25] 中国长江三峡集团公司．三峡水库优化调度与泥沙问题［R］．北京，2012，7.

第5章

三峡坝下游河道冲淤与演变

长江干流河道长度约6397km，流域面积约180万km^2。宜昌以上为长江上游，其长度约4504km，流域面积约100万km^2；宜昌以下为长江中下游，其长度约1893km，流域面积约80万km^2，其中湖口以上长江中游流域面积约68万km^2，湖口以下长江下游流域面积约12万km^2。长江中下游水系与江湖关系复杂，除了承接长江上游的来水来沙外，右岸主要有清江、洞庭湖水系、鄱阳湖水系等入汇，左岸主要有汉江等支流入汇。20世纪50年代以来，长江流域修建了大量的水库，据统计[1]，长江干支流共有水库51643座，总库容3607亿m^3，约占长江入海年平均径流量的37.6%。其中：大型水库282座，总库容2880亿m^3；中型水库1543座，总库容415亿m^3；小型水库49818座，总库容312亿m^3。截至目前，长江上游干流与主要支流均建有控制性水库，这些水库的库容大，调蓄能力强，约占长江流域水库总库容的60%。由此可见，长江流域这些水库的调蓄尤其是控制性水库的调蓄会显著改变进入中下游江湖系统的水沙条件，引起江湖系统的水沙输移与冲淤演变特性发生新的变化，进而对长江中下游地区防洪、航运、水沙资源综合利用及水生态环境等产生影响。

本章分析了三峡水库坝下游水沙变化主要特征、坝下游河道长距离不平衡输沙特性、坝下游河道冲淤变化、河道深度演变特性及河道稳定性等，预测了坝下游河道冲淤与演变趋势。

5.1 三峡坝下游水沙变化

5.1.1 长江中下游河道水沙变化

三峡水库下游江湖系统的来水来沙组成复杂，径流量主要来自长江上游、洞庭湖水系、支流汉江、鄱阳湖水系，其年均径流量共计占大通站的 84.5%，中下游其他区间来流占 15.5%。三峡水库蓄水运用后，长江中下游来水比例组成没有发生明显变化，但来沙组成发生明显变化[2-3]，尤其是上游出口控制站宜昌站的来沙量减幅十分显著，三峡水库蓄水运用以来，2003—2017 年年平均来沙量仅为蓄水前的 7.3%，约 3584 万 t[4]。2012 年和 2013 年金沙江下游向家坝、溪洛渡水电站分别开始蓄水发电，因水库拦沙向家坝水电站下泄的泥沙量大幅减少，三峡水库的入、出库沙量也随之减少，2013—2017 年宜昌站年平均输沙量仅为三峡水库蓄水前的 2.2%，约 1098 万 t。随着长江上游干支流新一批控制性水库的建设与投入运行、水土保持工程与生态建设工程的逐步实施，进入三峡水库的泥沙量会长期维持在相对较低的水平，从而三峡水库的出库泥沙量也会长期维持在更低的水平，这将对其下游干流河道的演变产生长期深远的影响，也体现了长江上游干支流水库群联合运用对长江中下游来沙量长期大幅度减少的影响。

三峡水库运用前后长江中下游干流主要水文站的径流量和输沙量比较见表 5.1，由表可见，三峡水库蓄水运用以来，宜昌、枝城、螺山、汉口、大通站年平均径流量与悬移质输沙量均减少，其中径流量减少幅度不大，为 4.8%～7.4%；悬移质输沙量减少幅度很大，为 67.3%～92.7%。由于三峡水库拦蓄作用，水库下泄的沙量大幅度减少，水流含沙量低，河床沿程冲刷补给，荆江河段年平均输沙量由三峡水库运用前沿程减少转为沿程增加；受洞庭湖、汉江、鄱阳湖等水系汇流及床面冲刷补给等影响，城陵矶以下河段在三峡水库运用后螺山、汉口、大通站的年平均输沙量也沿程增加，但多年平均含沙量沿程变化不大[5]，约为 0.15kg/m^3。

表 5.1　长江中下游主要水文站年平均径流量和悬移质输沙量统计表[4,8-9]

水文站		宜昌	枝城	沙市	监利	螺山	汉口	大通
多年平均径流量 /(亿 m^3/a)	2002 年前	4369	4450	3942	3576	6460	7111	9051
	2003—2017 年	4049	4122	3791	3658	6021	6807	8635
多年平均输沙量 /(万 t/a)	2002 年前	49200	50000	43400	35800	40900	39800	42086
	2003—2017 年	3584	4613	5414	7225	8912	10058	13780
多年平均含沙量 /(kg/m^3)	2002 年前	1.13	1.12	1.10	1.00	0.63	0.56	0.46
	2003—2017 年	0.085	0.11	0.143	0.20	0.15	0.146	0.157

三峡水库蓄水运用前，悬移质泥沙的多年平均中值粒径沿程变化不大，宜昌站、枝城站、沙市站、监利站、螺山站、汉口站和大通站分别为 0.009mm、0.009mm、0.012mm、0.009mm、0.012mm、0.010mm 和 0.009mm，粒径大于 0.125mm 的泥沙含量分别为 9.0%、6.9%、9.8%、9.6%、13.5%、

7.8%和7.8%；三峡水库蓄水运用以来，大量泥沙被拦在库内，下泄的沙量少，粒径细，但因河床冲刷补给、悬沙与床沙交换及两岸支流入汇等影响，2003—2015年宜昌站、枝城站、沙市站、监利站、螺山站、汉口站、大通站分别为0.006mm、0.009mm、0.016mm、0.040mm、0.014mm、0.015mm、0.009mm，粒径大于0.125mm的泥沙含量分别为5.6%、15.4%、26.6%、35.1%、23.0%、20.7%、7.7%。不难看出，除宜昌站、大通站外，三峡水库蓄水运用以来粒径大于0.125mm的泥沙含量所占比例较自然条件下增加明显，主要原因是河床中粒径大于0.125mm的泥沙比例高，冲刷补给量大，因此，这部分泥沙在河床冲刷补给时恢复相对较快。但长江中下游沿程各站粒径大于0.125mm的多年平均输沙量均小于三峡水库蓄水运用前的数值[6-7]。

2003年三峡水库蓄水运用以来，推移质泥沙基本被拦在库内，近坝段的推移质年平均输沙量大幅度减少，宜昌站卵石推移质年平均输沙量由1981—2002年的17.5万t减少为2003—2016年（2010年以后仅2012年、2014年观测到4.2万t、0.21万t）的2.7万t，沙质推移质年平均输沙量由1981—2002年的137万t减少为2003—2016年的11.0万t（2017年宜昌站未测到卵石和沙质推移质）[4]。宜昌站以下的沙质推移质泥沙输移量因河床冲刷而得到相应的补给，2003—2017年枝城、沙市、监利、螺山、汉口和九江站沙质推移质年平均推移量分别为228万t、239万t、300万t（2008—2017年）、144万t（2009—2017年）、156万t（2009—2017年）和32.4万t（2009—2017年）[4]。

三峡水库蓄水期由于干流水位降低，荆江三口分流分沙量随之减少，进入三口水量明显减少，三口断流天数增加[10-12]。与1999—2002年相比，2003—2017年[4]三口年平均分流量减少了145.4亿m^3，分流比从14%减至12%；分沙量从5670万t减至867万t，分沙比从16.4%增至18.8%。当枝城站流量小于25000m^3/s时，荆江三口的分流能力没有明显变化，当枝城站流量大于25000m^3/s时，荆江三口分流比的点据变化比较散乱。三峡水库蓄水运用以来，荆江三口总体分流能力较蓄水前偏小[11]。主要是三峡水库运用以来年平均径流量有所减小、径流过程发生一定变化，以及干流河道冲刷与三口分流道冲刷程度不同等原因导致的。

5.1.2 洞庭湖水系水沙变化

洞庭湖水沙除来自荆江三口外，主要来自湘江、资水、沅江、澧水（简称“四水”）。1951—2009年“四水”总径流量的多年平均值为1673亿m^3，总输沙量多年平均2591万t。湘江、资水、沅江、澧水年平均径流量分别为657亿m^3、229亿m^3、640亿m^3、147亿m^3，年平均输沙量分别为959万t、199万t、1051万t、382万t，以湘江与沅江的来水来沙量为大。多年来洞庭湖“四水”年径流量变化趋势不明显，输沙量则明显减少[13]。另据统计[14]，“四水”水文控制站湘潭、桃江、桃源、石门多年平均径流量分别为658.0亿m^3（1950—2015年）、227.7亿m^3（1951—2015年）、640.0亿m^3（1951—2015年）、146.7亿m^3（1950—2015年），平均输沙量分别为909万t（1953—2015年）、183万t（1953—2015年）、940万t（1952—2015年）、500万t（1953—2015年）；近10年（2008—2017年）的多年平均径流量分别为643.9亿m^3、210.0亿m^3、648.3亿m^3、143.9亿m^3，平均输沙量分别为474.5万t、43.3万t、102.0万t、118.6万t；近10年“四水”年平均径流量之和基本没有变化，但年平均输沙量之和仅为多年平均的29.0%。“四水”来沙量的减少主要与其干支流修建水库、流域降雨及植树造林等有关，干支流水库建设运行是来沙量减少的最主要因素。

5.1.3 鄱阳湖水系水沙变化

鄱阳湖水沙主要来自于赣江、抚河、信江、饶河与修水（简称“五河”），部分年份长江出现倒灌鄱阳湖的现象。据统计[9,14]，“五河”外洲、李家渡、梅港、虎山、万家埠等5个水文控制站的多年平均径流量分别为683.4亿m^3（1950—2015年）、128.0亿m^3（1953—2015年）、181.7亿m^3（1953—2015年）、71.76亿m^3（1953—2015年）、35.42亿m^3（1953—2015年），合计为1100.28亿m^3，多年平均输沙量分别为804万t（1956—2015年）、137万t（1956—2015年）、198万t（1955—2015年）、64.4万t（1956—2015年）、34.8万t（1957—2015年），合计为1238.2万t；近10年（2008—2017年）“五河”的多年平均径流量分别为799.7亿m^3、126.0亿m^3、193.3亿m^3、72.5亿m^3、36.8亿m^3，合计为1128.3亿m^3，多年平均输沙量分别为222万t、114.5万t、116.8万t、115.1万t、25.0万t，合计为593.4万t；近10年的年平均径流量变化不大，略有增加，以赣江增加为主，年平均输沙量明显减少，为多年平均值的47.9%，以赣江减少为主，但饶河来沙明显增加。“五河”入湖径流量和输沙量的年内分配相一致但都不均匀，主要集中在4—7月，分别占全年61.1%、77.1%，输沙量更为集中[15]。总体而言，“五河”的年径流量变化趋势不明显，与年降雨量呈显著的正相关，主要受降雨量的影响。“五河”入湖沙量从20世纪80年代中期开始有下降趋势，2000年以后下降趋势加剧，下降最为显著的是赣江外洲站，主要原因是1985年以前“五河”流域水土流失面积增加，输沙量呈增加趋势，但随着水土保持工程的实施生效以及水库的拦沙作用（尤其是赣江流域的水库拦沙），1985年以后输沙量开始逐渐减小。而出湖沙量1956—2000年期间整体呈下降趋势，2001—2012年呈现上升趋势，出湖年平均沙量由1988—2000年的约720万t增加到2001年后的约 1500 万 t[16]，出湖年平均输沙量大于入湖年平均来沙量[17-18]。显然鄱阳湖湖口入江输沙量的变化与径流量变化不相适应，可能与近年来鄱阳湖区和入江水道的采砂、江湖水体交换过程变化等因素有关。

5.1.4 汉江水沙变化

汉江是长江最大的支流。1968 年丹江口水库蓄水运用后，下泄的水沙条件发生了较大变化，汉江出口控制站仙桃站年平均径流量变化不大，略有减少，但年平均输沙量明显减少，仅为蓄水前的 23.6%见表 5.2。随着丹江口大坝加高工程的实施，干支流其他水库与南水北调中线工程、鄂北调水工程等的建设运行，汉江汇入长江的水沙量会进一步减少。

表 5.2　　汉江丹江口建库前后仙桃水文站多年水沙变化统计表

时期	年平均流量/[m³/(s·a)]	年平均径流量/(亿 m³/a)	年平均输沙量/(万 t/a)	统计年份
建库前	1380	436	8310	1955—1959
滞洪期	1430	452	7500	1960—1967
蓄水期	1227	387	1960	1968—2015

5.1.5 来水来沙变化趋势

根据前述分析可看出，进入长江中下游江湖系统的水沙条件发生了较大变化。尽管进入中下游江湖系统的径流量与比例组成没有发生明显变化，但径流过程因干支流水库群尤其是上游控制性水库群的调蓄有较大变化，主要表现为高洪水期洪峰流量的削减、枯水期流量增加及中水期时间的延长。进入中下游江湖系统的泥沙总体均呈减少趋势，两湖水系自然条件下来沙量并不大，基本为少沙河流，加之两湖的调蓄，汇入长江干流的含沙量相对较小，如今随着干支流水库建设运行与水土保持工程的不断实施，进入江湖系统的沙量会继续减少；汉江在丹江口水库建设运用前为中沙河流，汇入长江的含沙量较大，随着丹江口水库及其他水库的建设运行，汇入长江的含沙量大幅度减小；自然条件下长江上游来沙量大，在进入中下游江湖系统中占绝对优势地位，年平均输沙量约 5 亿 t，目前这种局面已发生根本性改变，其进入江湖系统的年平均泥沙量在相当长时期内与洞庭湖四水、汉江仙桃站的相当，平均基本在 1000 万 t 左右的水平，鄱阳湖五河估计在 600 万 t 左右的水平。因此，长江上游、两湖水系及汉江累积进入中下游江湖系统的年平均沙量会长期维持在 3600 万 t 左右的水平，仅为自然条件下宜昌站年平均输沙量的 7.2%。但是，在长江流域或区域遭遇特殊水文年时，进入中下游江湖系统的年输沙量可能会超过或低于这个水平。

5.2 三峡坝下游河道演变

5.2.1 坝下游河道长距离不平衡输沙特性

三峡入库泥沙大幅度减少，同时三峡水库的拦沙作用显著，使水库下泄的水流含沙量很低，下游河道会面临严重不饱和含沙水流的长期持续冲刷，沿程沙量会得到一定程度的补给，但因受到中下游河道形态的复杂性、河床组成的差异性、沿程支流水系的入汇等因素的影响，沿程泥沙冲刷补给较为复杂。已有资料分析与研究表明，水库下游河床冲刷、沙量恢复过程中，各粒径组输沙量均不会超出建库前的水平[19]；水库下游发生长距离冲刷的主要原因是床沙补给不足，尤其是细沙补给严重不足[20]；三峡水库下游低流量级与高流量级含沙量恢复速度较快，而中水流量级含沙量恢复速度较慢[21]。

三峡水库运用后下泄的不同粒径组沙量均大幅度减少，但由于水库下游河床组成中不同粒径泥沙含量的不同，悬移质不同粒径组沙量恢复速率与距离均截然不同，大于 0.125mm 粒径沙量在监利站附近基本接近恢复饱和，水库下游发生长距离冲刷的主要原因是 $d \leqslant 0.125$mm 的泥沙补给不足。考虑到长江上游干支流水库的陆续建设与运行，三峡水库入库与下泄的沙量均在相当长的时期内保持较低水平，水库下游河道会因此而出现长时期、长距离的冲刷，水库下游水流输沙量因河床冲刷补给而增加，其中悬移质中粗颗粒部分因河床中大量存在补给的距离短、恢复程度高，细颗粒因河床中所占比例低，补给的距离长、恢复程度相对较低。

图 5.1 和图 5.2 为三峡水库坝下游主要水文站在三峡水库蓄水运用前

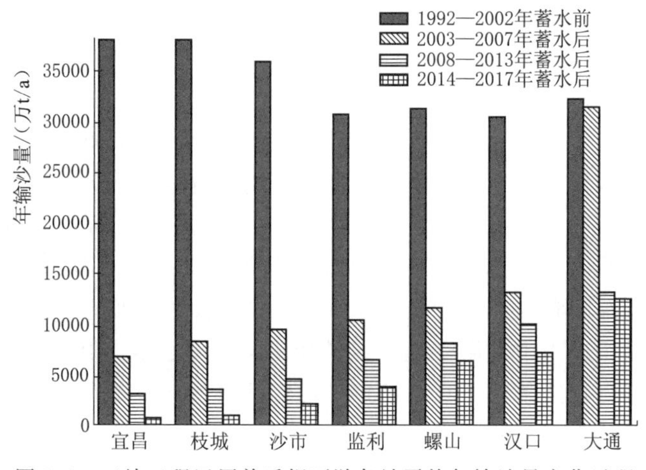

图 5.1 三峡工程运用前后坝下游各站平均年输沙量变化过程

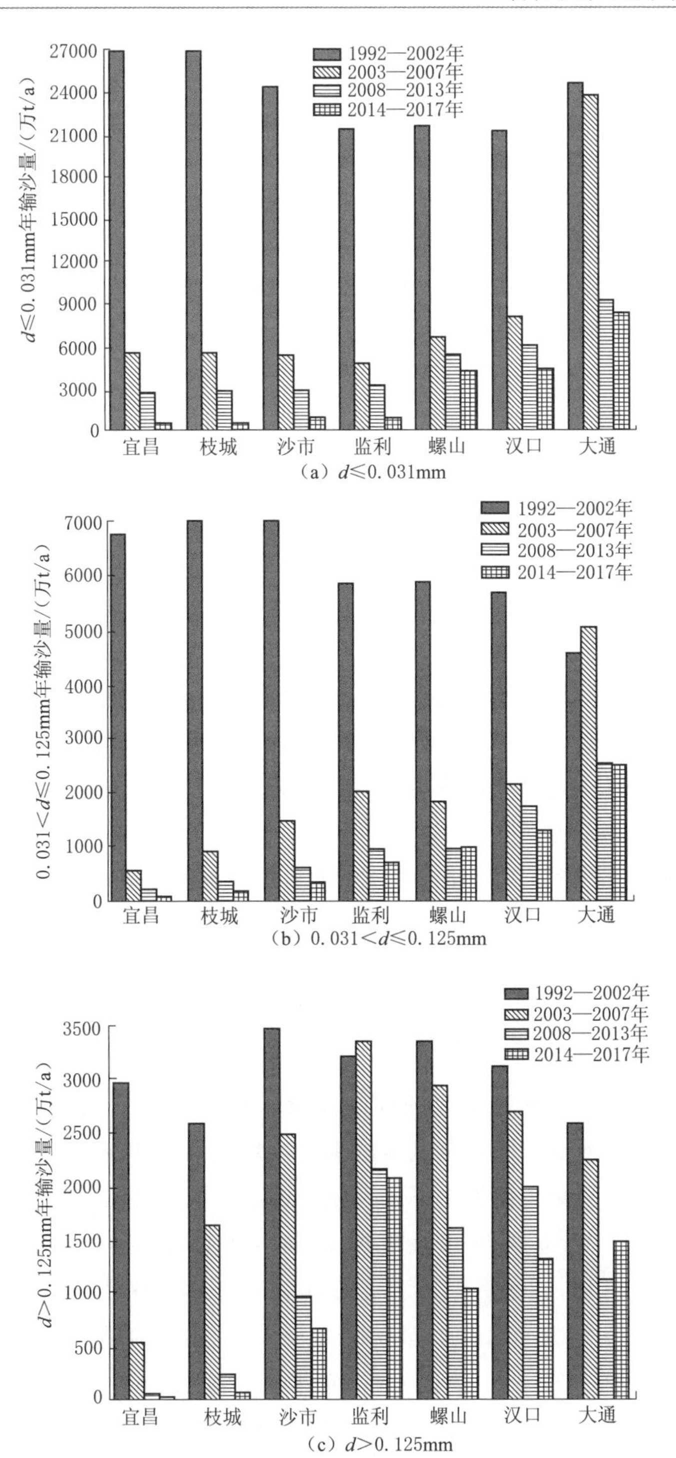

(a) d≤0.031mm

(b) 0.031<d≤0.125mm

(c) d>0.125mm

图 5.2 不同泥沙粒径(d)组的多年平均输沙量

（1992—2002 年）与蓄水运用不同时期（2003—2007 年、2008—2013 年、2014—2017 年）悬移质泥沙年平均输沙量及不同泥沙粒径（d）组的多年平均输沙量变化。由图 5.1 可见，较之水库蓄水运用前，三峡水库蓄水运用后下泄沙量明显减少，坝下游各主要站点年平均输沙量呈沿程递增趋势，在 2003—2007 年期间大通站年平均输沙量基本达到蓄水前水平，但其他站点均小于蓄水前的水平；随着时间推移，水库下泄沙量递减，相应的各站年平均输沙量均递减，且均明显小于蓄水前的水平。由于坝下游河道河床组成的差异性，越往下游河床组成越细，河床组成的不同与江湖入汇的影响，导致坝下游河段不同粒径组沙量恢复距离与程度截然不同；图 5.2 给出了不同泥沙粒径（d）组的多年平均输沙量。$d \leqslant 0.031$mm 沙量在 2003—2007 年期间其恢复受河床补给与江湖入汇的影响，在大通站基本达到蓄水前的水平；随着时间推移，水库下泄该粒径组沙量递减，河床补给量减少，各站该粒径组年平均输沙量均小于蓄水前的水平，沙量恢复主要受江湖入汇的影响。$0.031\text{mm} < d \leqslant 0.125$mm 沙量恢复主要受河床补给的影响，在 2003—2007 年期间该粒径组沙量在大通站已达到蓄水前的水平；随着时间推移，水库下泄该粒径组沙量递减，坝下游河床补给量越来越少，各站该粒径组年平均输沙量均小于蓄水前的水平。$d >$ 0.125mm 沙量恢复主要受河床补给的影响，该粒径组沙量在宜昌—监利河段沿程恢复且速率较快，在 2003—2007 年期间该粒径组沙量在监利站基本达到蓄水前的水平；随着时间推移，水库下泄该粒径组沙量递减，但在宜昌—监利河段沿程恢复且速率仍较快，且在监利站达到最大值，但其数值均小于蓄水前的水平。

5.2.2 坝下游河道冲淤变化

随着长江上游干支流水库的陆续建设运行，尤其是三峡水库建成运行后，中下游干流河道的来沙量显著减少，出现长距离冲刷调整。同时，两湖水系与汉江来沙的减少使得中下游干流河道沿程泥沙补给程度减弱，加剧其下游河道冲刷。表 5.3 为三峡水库蓄水运用以来宜昌至湖口河段的冲淤量[4]，由表可见，2002 年 10 月至 2017 年 11 月，宜昌至湖口河段（城陵矶至湖口河段为 2001 年 10 月至 2017 年 11 月）枯水河槽、基本河槽冲刷量分别为 19.51 亿 m^3、20.37 亿 m^3，年平均冲刷强度分别为 13.69 万 m^3/(km·a)、14.29 万 m^3/(km·a)，冲刷主要集中在枯水河槽，占基本河槽冲刷量的 95.8%。

表 5.3　　三峡水库蓄水运用以来宜昌至湖口河段的冲淤量统计表

河　段		宜枝河段	荆江	城汉河段	汉湖河段	宜湖河段
长度/km		60.8	347.2	251	295.4	954.4
枯水河槽冲淤量/万 m^3	2002年10月至2006年10月	−6770	−23646	−3012	−3967	−37395
	2006年10月至2008年10月	−2417	−5586	−3547	256	−11294
	2008年10月至2017年11月	−6187	−65451	−30321	−44492	−146151
	2002年10月至2017年11月	−15374	−94683	−36880	−48203	−195140
	2016年11月至2017年11月	−348	−10681	+7628	−235	−3636
基本河槽冲淤量/万 m^3	2002年10月至2006年10月	−7082	−26501	−3963	−12589	−50135
	2006年10月至2008年10月	−2286	−5464	−1966	3611	−6105
	2008年10月至2017年11月	−6451	−66928	−33478	−40626	−147463
	2002年10月至2017年11月	−15819	−98893	−39407	−49604	−203703
	2016年10月至2017年11月	−355	−11302	+7669	+984	−2984

冲淤量沿程分布表现为：宜昌至枝城河段的枯水河槽、基本河槽冲刷量分别为1.54亿 m^3、1.58亿 m^3，分别占总冲刷量的7.9%、7.8%，年平均冲刷强度分别为16.91万 m^3/(km·a)、17.28万 m^3/(km·a)；枝城至城陵矶河段冲刷量分别为9.47亿 m^3、9.89亿 m^3，分别占总冲刷量的48.5%、48.6%，年平均冲刷强度分别为18.18万 m^3/(km·a)、18.99万 m^3/(km·a)；城陵矶至汉口河段冲刷量分别为3.69亿 m^3、3.94亿 m^3，分别占总冲刷量的18.9%、19.3%，年平均冲刷强度分别为9.85万 m^3/(km·a)、10.51万 m^3/(km·a)；汉口至湖口河段冲刷量分别为4.82亿 m^3、4.96亿 m^3，分别占总冲刷量的24.7%、24.3%，年平均冲刷强度分别为10.92万 m^3/(km·a)、11.24万 m^3/(km·a)。根据上述分析，宜昌至湖口河段年平均冲刷强度总体呈沿程减弱趋势，但随着冲刷发展、河床粗化及沿程泥沙补给的差异，宜昌至城陵矶河段和城陵矶至湖口河段相比，年平均冲刷强度均差别较大，但宜枝河段与荆江河段相比、城陵矶至汉口河段与汉口至湖口河段相比年平均冲刷强度均差别不大，截至目前，荆江河段年平均冲刷强度最大，宜枝河段次之，汉口至湖口河段较小，城陵矶至汉口河段最小。

冲淤量沿时分布表现为：三峡水库2003年6月进入围堰蓄水期，坝前水位汛期按135m、枯季139m运行，其中蓄水运用前三年（2002年10月至2005年10月）宜昌至湖口河段的枯水河槽、基本河槽冲刷量分别为3.85亿 m^3、4.96亿 m^3，分别占总冲刷量的20.1%、24.7%，年平均冲刷强度分别为13.45万 m^3/(km·a)、17.32万 m^3/(km·a)；2006年为特枯水文年，三峡坝下游河道的冲刷强度减弱，2005 年 10 月至 2006 年 10 月枯水河槽淤积 0.105 亿 m^3、基本河槽冲刷 0.055 亿 m^3。2006 年 10 月至 2008 年 10 月为三峡水库初期蓄水期，坝前水位汛期按 144m、枯季 156m 运行，宜昌至湖口河段枯水河槽、基本河槽冲刷量分别为 1.13 亿 m^3、0.61 亿 m^3，分别占总冲刷量的 5.9%、3.0%，年平均冲刷强度分别为 5.92 万 $m^3/(km \cdot a)$、3.20 万 $m^3/(km \cdot a)$；2008 年汛末三峡水库 175m 试验性蓄水以来，宜昌至湖口河段冲刷强度增大，2008 年 10 月至 2017 年 11 月，枯水河槽、基本河槽冲刷量分别为 14.61 亿 m^3、14.75 亿 m^3，分别占总冲刷量的 74.9%、72.4%，年平均冲刷强度分别为 17.01 万 $m^3/(km \cdot a)$、17.18 万 $m^3/(km \cdot a)$。

5.2.3　坝下游河道演变主要特点

60 多年来，长江中下游河道实施了大量的护岸工程与河（航）道整治工程，增强了河道边界的稳定性与抗冲性，限制了河道横向变形范围与幅度，有效控制了河道的总体河势，但受长江干支流水库建设运行、水土保持工程的实施、降雨分布等因素影响，进入中下游的水沙条件发生了较大变化，河道演变呈现新的特点[22-23]。

三峡水库单独运行条件下长河段一维水沙数学模型计算预测表明，中下游河道将在相当长的时期内会维持总体冲刷状态，而且冲刷强度大的河段随时间会自上向下发展，最终达到相对平衡状态，总体冲淤规律为“冲刷—回淤—相对平衡”，如图 5.3 所示[24]。三峡水库蓄水运用以来，长江中下游干流河道由总体冲淤基本平衡转为总体持续冲刷，而且呈现冲刷强度大、发展速度快、冲刷距离长等特点。2002—2017 年，宜昌至湖口河段基本河槽累计冲刷量为 20.37 亿 m^3，尤其是 2012 年以来，城陵矶至湖口的冲刷强度与冲刷量均明显增大，这主要与三峡水库下泄沙量的进一步减少、河道冲刷自上向下发展、区间来水过程及来水量大小等有关。考虑到长江干支流水库群的建设运行、水土保持工程的逐步实施，人类活动的影响程度会持续增强，进入中下游江湖系统的泥沙量会在长时间维持在较低水平。因此，在相当长时间内中下游河道会出现持续冲刷，冲刷发展过程与中下游江湖系统来水过程与组成、沿程泥沙补给条件、河道形态及河床组成等有关。

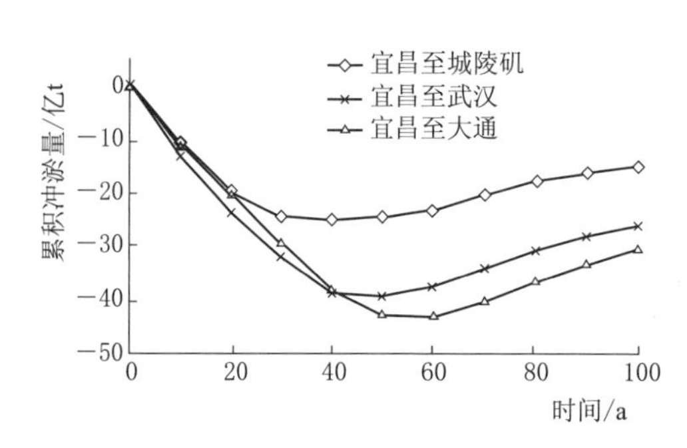

图 5.3　三峡水库坝下游河道冲淤计算预测

宜昌至枝城近坝段受三峡水库蓄水影响时间最早，其砂卵石河床冲刷粗化速度快，伴随河床冲刷，床沙粗化明显，床沙 d_{50} 由 2003 年 11 月的 0.638mm 增大到 2012 年 10 月的 23.59mm，根据泥沙启动公式计算，在水深为 3～20m 范围内，其启动流速由 0.61～0.84m/s 增加为 1.32～1.81m/s，由此可看出本河段河床的抗冲性随床面粗化而明显增强，河道的冲刷幅度会随河床的进一步冲刷粗化而逐渐减小，渐趋于冲淤相对平衡的状态。

2003 年三峡水库蓄水运用以来，坝下游河道尽管总体持续冲刷发展，但受河势控制工程、河（航）道整治工程及护岸工程边界条件的制约，总体河势基本稳定可控，但局部河段河势仍出现较大调整，部分河段因河势调整或近岸岸坡冲刷变陡而发生崩岸，弯道凸岸边滩与单一河段的高程较低的边滩因低含沙水流的长期作用而出现累积性冲刷，断面形态向偏 U 形或 U 形或 W 形方向调整（图 5.4）；七弓岭等过度弯曲的弯道，凸岸河床冲刷过程中发生切滩撇弯（图 5.5）。

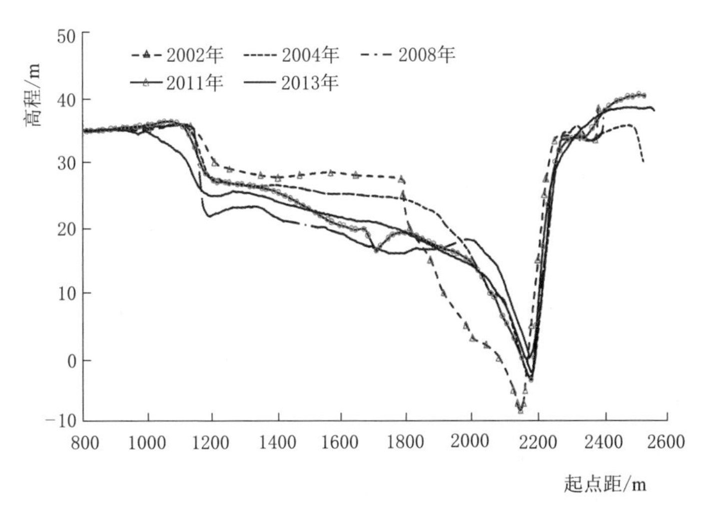

图 5.4 下荆江调关弯道段典型横断面冲淤变化

三峡水库下泄水流含沙量大幅度减小，有利于分汊河道总体冲刷，但具体到不同形态的分汊河道影响会有所不同。分汊河道演变对来沙减少的响应主要表现为滩槽演变幅度总体会有所减小，分流区在遵循“洪淤枯冲”规律的基础上总体偏向冲刷，短汊因阻力小发展占优，距离大坝越近的分汊河道受其影响越大。城陵矶以下分汊河道主汊基本比支汊短，三峡水库运用 10 余年来主要汊道段的冲淤也表现出短（主）汊发展占优的演变态势。

三峡水库蓄水运用以来，随着中下游河道的持续冲刷与局部河势的调整，崩岸时有发生，据不完全统计，2003—2015 年长江中下游干流河道共发生崩

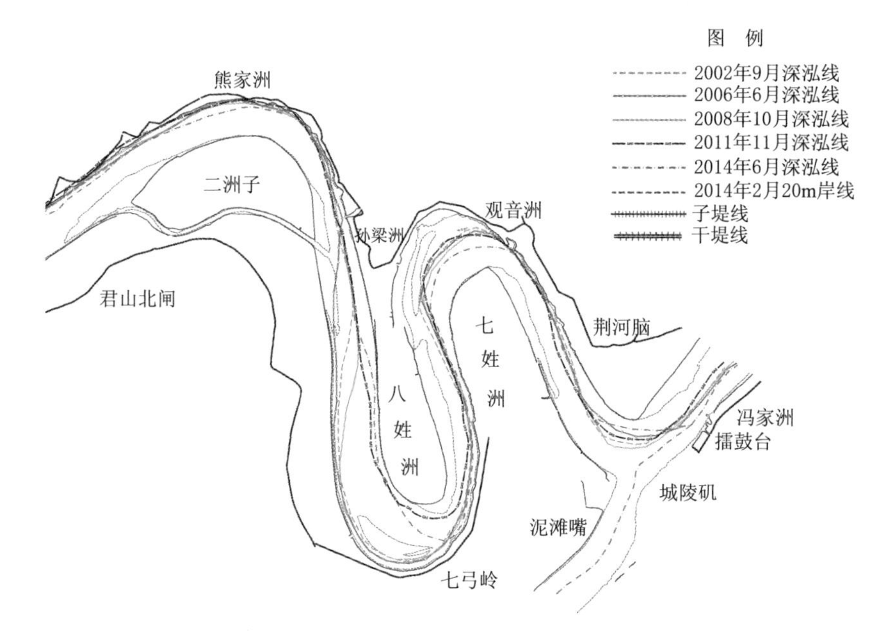

图 5.5 熊家洲至城陵矶段深泓线平面变化

岸 825 处，累计总崩岸长度约 643.6km。2016 年仅湖北、安徽境内长江干流河道发生崩岸 62 处，崩岸长度 30.8km。2017 年崩岸巡查资料显示：上荆江的同勤垸、毛家花屋段岸线出现崩塌，崩塌长度分别为 200m 和 70m，且发展趋势明显；下荆江的向家洲、北门口和孙良洲段崩塌强度加剧。

2017 年 4 月 19 日，洪湖长江干堤燕窝虾子沟段发生崩岸险情，如图 5.6 所示，崩岸距堤脚最近仅 14m，10 月 27 日再次发生崩岸险情，位于汛前的崩岸下游 420m 处，崩长 105m，崩宽 17m，距离堤脚最近 80m，严重危及洪湖长江干堤的度汛安全。此外，由于扬中河段洪水期的强烈冲刷，2017 年 11 月 8 日扬中市三茅街道指南村长江江岸发生严重崩岸险情，如图 5.7 所示，主江堤崩入江中，形成了岸线崩长约 540m、最大坍进尺度约 190m 的崩窝，严重危及人民生命财产安全。2018 年汛末，石首北碾子湾段桩号 6＋000－6＋500 区间发生崩岸，如图 5.8 所示。

图 5.6 洪湖燕窝虾子沟段崩岸
（摄于 2017 年 10 月 27 日）

图 5.7　扬中市指南村段崩岸
（摄于 2017 年 11 月 8 日）

图 5.8　石首北碾子湾段崩岸
（摄于 2018 年 9 月）

5.2.4　荆江三口分流道及口门附近干流河段演变

受三峡水库运用后“清水”下泄影响，荆江河段发生普遍冲刷，松滋口、太平口、藕池口三口口门干流段在各级河槽下均表现为冲刷。其中松滋口口门干流段平均冲刷深度最大，太平口口门干流段平均冲刷深度最小。松滋口口门干流段横断面形态变化较小，呈现整体冲刷，太平口和藕池口横断面形态变化相对较大，左右两侧冲淤趋势不一致。三口口门干流段深泓线总体稳定，仅随来水来沙条件的不同，沿程小幅摆动。

三峡水库蓄水运用以来，三口分流道总体呈现冲刷态势，但三口分流道口门段平均冲刷深度小于口门附近干流段，冲刷程度差异对三口分流产生不利影响。三口分流道口门段深泓线走向基本稳定，分流道口门断面形态变化不大，但藕池口门进口受天星洲向上游淤长扩大的影响，深泓摆动幅度较大，不利于藕池河进流。松滋河分流道口门段主槽总体略有冲刷，虎渡河分流道口门段和藕池河分流道口门段深槽先冲后淤。三口分流道中的分汊段演变特性存在差异。大口分汊段，右汊（松滋西支）深槽冲刷强度大于左汊（松滋东支）；苏支河分汊段，左汊（苏支河）明显冲刷，右汊（松滋西支）略有淤积；中河口分汊段，左汊冲刷，右汊（松滋东支）有冲有淤；瓦窑河分汊段，松滋东支、大湖口河表现为冲刷，瓦窑河略有冲刷，松滋西支与瓦窑河汇流后河段略有淤积；青龙窖分汊段，左汊（官垸河）和右汊（自治局河）进口河槽均出现冲刷，其中自治局河的河槽冲刷强度略大于官垸河；藕池东支殷家洲分汊段，左汊（鲇鱼须河）和右汊（梅田湖河）整体冲淤变化不大。

5.2.5　不同河型河道稳定性分析

河床稳定性是指河流随流域来水来沙条件因时间的变化表现出来的局部

的、暂时的、相对的变异幅度，而不是指一条河流是否正处于相对平衡状态，它既决定于河床的纵向稳定，也决定于河床的横向稳定。随着三峡及上游梯级水库等相继建成运用，以及坝下游堤防、护岸及各类河道整治工程的实施，坝下游的来水来沙条件与河道边界条件均在不断地发生变化，河床的稳定性也会随之发生变化。并且不同河型河道呈现的变化规律也不尽相同。

本节通过计算三峡水库运用前后坝下游不同河型的河床稳定系数，分析了三峡建坝前后其河床稳定性的变化情况及不同河型河床稳定性的差异，探讨了坝下游河道稳定性的变化趋势。河床的稳定性指标是研究冲积河流河床演变的重要特征参数之一，一般以稳定系数来表达，其计算公式如下

纵向稳定系数
$$\varphi_{h_1}=\frac{d}{hJ} \tag{5.1}$$

横向稳定系数
$$\varphi_{b_1}=\frac{Q^{0.5}}{J^{0.2}B} \tag{5.2}$$

综合稳定系数
$$\varphi=\varphi_{h_1}(\varphi_{b_1})^2=\frac{d}{hJ}\left(\frac{Q^{0.5}}{J^{0.2}B}\right)^2 \tag{5.3}$$

式中：d 为床沙平均粒径；h 为平滩水深；J 为比降；Q 为平滩流量；B 为平滩河宽。

纵向稳定系数越大，泥沙运动强度越弱，河床因沙波、成型堆积体运动及与之相应的水流变化产生的变形越小，因而越稳定；相反，其值越小，泥沙运动强度越强，河床产生的变化越大，因而越不稳定。横向稳定系数愈大表示河岸愈稳定，愈小则表示河岸愈不稳定。

三峡坝下游干流河道河型基本可分为三类：顺直微弯型、分汊型与蜿蜒型。选取宜昌站、监利站及汉口站作为分析代表站，分别代表近坝段的顺直微弯型河道（宜昌—枝城河段）、蜿蜒型河道（下荆江河段）及分汊型河道（城陵矶—湖口河段）的来水来沙情况，分析不同河型的稳定性及三峡水库蓄水运用前后同一河型稳定性的变化情况，计算结果如图5.9所示。

1. 顺直微弯河型（宜昌至枝城河段）

宜昌至枝城河段长约60.8km，是从峡谷区过渡到冲积平原的河段。河道沿程有胭脂坝、虎牙滩、宜都、白洋及枝城等基岩节点控制，两岸为低山丘陵地貌，岸线多为基岩或人工护岸，抗冲能力强。由图5.11可以看出，三峡水库蓄水运用前，受河道本身两岸节点及低山丘陵等影响，河道横向稳定性较强，基本为1.4～1.7，河床组成以沙质为主，纵向稳定性相对较弱，为0.2～0.4，综合稳定性为0.5～1.0；三峡水库蓄水运用后，河道岸线较为稳定，故河道横向稳定性变化不大，受河道冲刷影响，河床不断粗化，纵向稳定性逐渐增强，综合稳定性也随之增强，稳定系数由建库前的1.0左右增大至建库后的1.7左右。

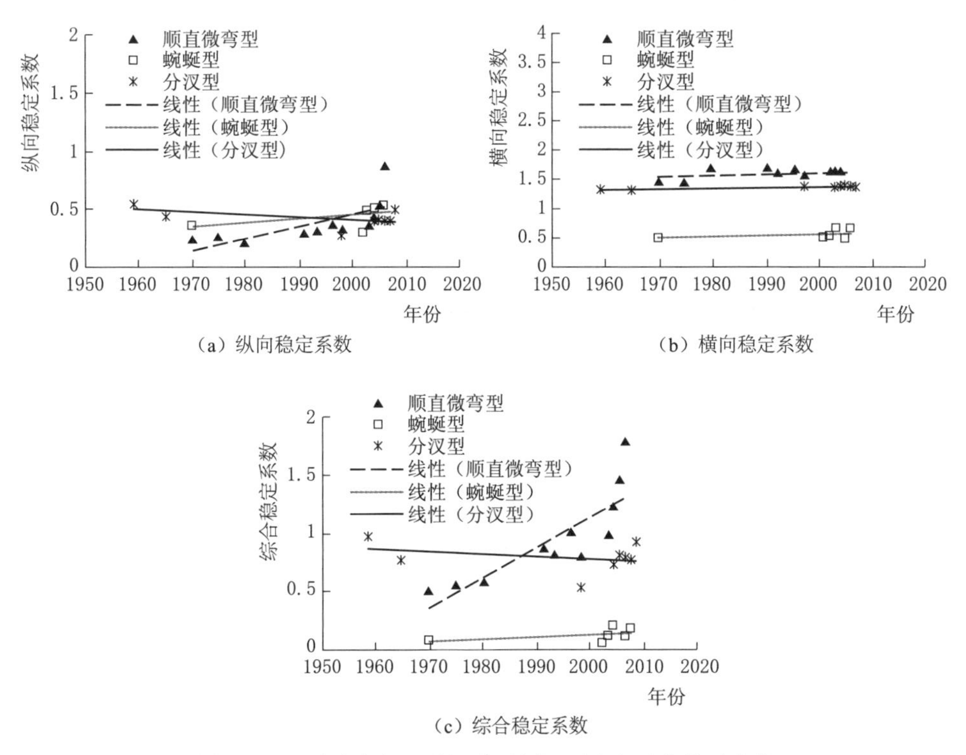

（a）纵向稳定系数

（b）横向稳定系数

（c）综合稳定系数

图 5.9　三峡水库坝下游河道不同河型稳定系数沿时变化

2. 蜿蜒河型（下荆江河段）

下荆江在自然条件下为典型的蜿蜒性河型，因受裁弯工程、河势控制工程及航道整治工程等影响，现已属限制性蜿蜒型河道。三峡水库蓄水运用后，随着河床的冲刷发展，床沙有粗化趋势，河道的纵向稳定系数稍有增大，即纵向稳定性有所增强，横向稳定性变化不大，综合稳定性有所增强，约为 0.18。

3. 分汊河型（城陵矶至湖口河段）

城陵矶至湖口河段为分汊型河道，沿江两岸广泛分布有因基岩断层、露头形成的突出节点，对河势有很强的控制作用，并且节点具有很强的对称性，往往左右两岸互相对峙，形成天然的屏障与卡口，致使河道的平面形态较为稳定，河道的横向稳定系数基本在 1.3 左右。三峡水库蓄水运用后，受两岸控制节点及堤防、护岸工程影响，河道的横向稳定性不会出现很大的变化；由于该河段距离三峡大坝较远，三峡水库蓄水运用初期，河床的冲刷粗化程度不是很大，河道的纵向稳定性变化不明显，但随着三峡水库的进一步蓄水运用，该河段河床的冲刷粗化会逐渐表现出来，河道的纵向稳定系数也就逐渐增强，综合稳定系数也相应地将有所增大。

综上所述，三峡坝下游不同河型的综合稳定系数不同，分汊型河道的综合稳定系数较大，蜿蜒型河道的相对较小，分汊型河道的稳定性要大于蜿蜒型河道；对于顺直型河道，若河床为沙质河床，其稳定性不及分汊型河道，但大于蜿蜒型河道，若为卵石夹沙或卵石河床，其稳定性大于分汊型河道。三峡水库蓄水运用后长江中下游干流不同河型河道综合稳定系数均有所增加，整体呈现稳定性增强的态势，其中近坝段综合稳定系数增加最为明显。

5.3 三峡坝下游河道冲淤演变趋势

5.3.1 宜昌至大通河段冲淤变化预测

5.3.1.1 计算条件

1. 上游水库联合运用拦沙计算条件

据实测资料，宜昌站2002年前多年平均输沙量为4.92亿t，其中1991—2000年实测年平均输沙量为4.17亿t。2003年之后，受长江上游来沙大幅减少等影响，三峡入库沙量明显减少，加之三峡水库的拦沙作用，长江中下游来沙量呈明显减少趋势。三峡水库蓄水运用头10年的2003—2012年，宜昌站年平均输沙量为4880万t，相对2002年前平均值减少了90%。

本节以1991—2000年水沙系列为基础，并考虑已建、在建、拟建的上游干支流控制型水库的拦沙作用。长江上游主要考虑干流的乌东德、白鹤滩、溪洛渡、向家坝、三峡，支流雅砻江的二滩、锦屏一级，岷江的紫坪铺、瀑布沟，乌江洪家渡、乌江渡、构皮滩、彭水，嘉陵江的亭子口、宝珠寺等15座水库，通过水库联合运用泥沙冲淤计算，分析得到长江中下游的来水来沙过程。随着上游控制性水库的联合运用，坝下游年平均来沙量大幅减少，含沙量也明显减小，出库泥沙级配变细。

在1991—2000年水沙系列基础上，考虑上述15座水库建成拦沙后（乌东德和白鹤滩水库于2022年建成运行），预测得到2013—2032年三峡水库年平均出库沙量为4300万～4900万t，之后随着运行时间增加，其年平均出库沙量略有增加。

实际计算时，2013—2016年采用实测水沙系列，2017—2032年采用考虑上游水库拦沙后的1991—2000年水沙资料。

2. 坝下游江湖冲淤计算条件

（1）水沙边界条件。坝下游江湖冲淤计算采用考虑上游水库拦沙后的1991—2000年水沙系列年。干流宜昌站采用上述梯级水库联合运用后三峡水库下泄水沙过程，河段内洞庭湖四水、鄱阳湖五河及其他支流等汇入的水沙均采用该系列年的相应值。

（2）计算范围和地形。计算范围包括长江干流宜昌至大通河段、荆江三口分流道、洞庭湖区及四水尾闾、鄱阳湖区及五河尾闾，以及区间汇入的主要支流清江和汉江。

初始地形分别为：长江干流宜昌至大通河段采用2011年10月实测地形图，切剖断面819个；荆江三口分流道及洞庭湖区采用2011年实测地形图，切剖1566个断面；鄱阳湖区采用2011年地形图，切剖断面133个。

（3）下游水位控制条件。计算河段下边界位于大通站水文断面。根据三峡工程蓄水前后大通水文站流量、水位资料分析可知，20世纪90年代以来大通站水位流量关系比较稳定。因此，大通站水位可由该站1993年、1998年、2002年、2006年、2012年的多年平均水位流量关系控制。

（4）河床组成。干流河床组成以已有的河床钻孔资料、江心洲或边滩的坑测资料及固定断面床沙取样资料等综合分析确定。1993年以后至三峡工程2003年围堰蓄水运用前，宜昌至沙市河段已出现明显冲刷，河床组成发生变化，本次主要更新补充了2009年干流、2015年三口分流道的实测床沙级配。

5.3.1.2 河道冲淤变化趋势预测

根据实测资料，三峡水库蓄水运用后的前10年，即2002年10月至2012年10月，宜昌至湖口河段（城陵矶至湖口河段为2001年10月至2012年10月）总体表现为“滩槽均冲”，平滩河槽总冲刷量为11.71亿m^3，年平均冲刷量1.17亿m^3/a，年平均冲刷强度11.8万m^3/(km·a)。其枯水河槽冲刷量为10.35亿m^3，占总冲刷量的88%。

三峡水库建成后拦蓄了大量上游来沙，坝下游河道冲刷将会持续数十年。随着三峡水库的建设和运行进程，对于三峡水库蓄水运用后长江中下游河道的冲淤预测工作也在持续开展；三峡水库初步设计阶段对坝下游宜昌至九江河段的冲淤趋势进行了预测。由初步设计阶段预测成果可知，三峡水库蓄水运用头10年，坝下游河段整体呈冲刷趋势，宜昌至城陵矶河段的冲刷量占宜昌至九江河段总冲刷量的70%左右，且冲刷强度大于城陵矶以下河段，总体来看，冲淤分布趋势与实测值分布相近，表明预测成果是可信的。但由于来水来沙条件、初始地形、水库调度方式与实际情况有一定的差异，加上后期人类活动（如采砂、航道整治工程等）的影响，预测值和实测值在定量上有一定的误差。

近几年来，长江上游来沙减少，加上溪洛渡、向家坝等已建水库的陆续运行，坝下游来沙量进一步减少，尤其是2014—2016年宜昌站年平均输沙量仅为720万t。2012年10月至2017年11月，宜昌至湖口河段基本河槽总冲刷量为 9.37 亿 m^3，年平均冲刷量 1.87 亿 m^3。其枯水河槽冲刷量为 9.16 亿 m^3，占总冲刷量的 97.7%。2015 年 11 月至 2017 年 11 月，宜昌至湖口河段基本河槽总冲刷量为 4.73 亿 m^3，其中 2015 年 11 月至 2016 年 11 月，宜昌至湖口河段基本河槽总冲刷量为 4.43 亿 m^3，2016 年 11 月至 2017 年 11 月，宜昌至湖口河段基本河槽总冲刷量为 0.30 亿 m^3。究其原因，一是 2016 年三峡水库坝下游径流量偏丰（相对 2003—2015 年增加 12%），而含沙量却大幅偏小（相对减少 43%）；二是 2016 年坝下游汛期洪峰较大，洪水过程持续时间偏长，加剧了河道的冲刷。2017 年水库下游总体冲刷偏少的原因，一方面是 2016 年区域洪水导致城陵矶以下河段冲刷量较大，河道会出现自适应调整；另一方面主要是荆江冲刷量偏大，粒径偏粗，城汉河段一时难以输运，导致该河段总体为淤积。

长江上游干支流控制性水库群运用后，三峡水库出库泥沙大幅度减少，含沙量也相应减小，出库泥沙级配变细，导致河床发生剧烈冲刷。对于卵石或卵石夹沙河床，冲刷使河床发生粗化，并形成抗冲保护层，促使强烈冲刷向下游转移；对于沙质河床，因强烈冲刷改变了断面水力特性，水深增加，流速减小，水位下降，比降变缓等各种因素都将抑制本河段的冲刷作用，使强烈冲刷向下游发展。

采用最新实测资料验证后的数学模型，预测了宜昌至大通河段 2017—2032 年的冲淤变化过程见表 5.4。数学模型计算结果表明，水库联合运用的 2017 年至 2032 年年末，长江干流宜昌至大通河段悬移质累计总冲刷量为 20.91 亿 m^3，其中宜昌至城陵矶河段冲刷量为 7.67 亿 m^3，城陵矶至武汉段为 6.58 亿 m^3，武汉至大通段为 6.66 亿 m^3。

表 5.4　坝下游宜昌至大通各河段 2017—2032 年悬移质累计冲淤量预测统计表

单位：亿 m^3

河　段	河段长度 /km	2003—2012 年 实测值	2013—2016 年 实测值	2017—2022 年 预测值	2023—2032 年 预测值
宜昌—枝城	60.8	−1.46	−0.18	−0.25	−0.12
枝城—藕池口	171.7	−3.31	−2.24	−1.77	−1.26
藕池口—城陵矶	170.2	−2.90	−0.81	−2.16	−2.11
城陵矶—武汉	230.2	−1.26	−3.50	−3.21	−3.37
武汉—湖口	295.4	−2.79	−2.31	−2.84	−2.55
湖口—大通	204.1			−0.55	−0.72
宜昌—大通	1132.4			−10.78	−10.13
宜昌—湖口		−11.71	−9.07	−10.23	−9.41

由于宜昌至大通段跨越不同地貌单元，河床组成各异，各分河段在三峡水库运用后出现不同程度的冲淤变化。

宜昌至枝城段，河床由卵石夹沙组成，表层粒径较粗。三峡水库运用初期本段悬移质强烈冲刷基本完成。2017—2032 年年末最大冲刷量为 0.37 亿 m^3，如按河宽 1000m 计，宜昌至枝城段平均冲深 0.61m。

枝城至藕池口段为弯曲型河道，弯道凹岸已实施护岸工程，险工段冲刷坑最低高程已低于卵石层顶板高程，河床为中细沙组成，卵石埋藏较浅。该河段在水库运用的 2017—2022 年年末，冲刷量为 1.77 亿 m^3，河床平均冲深 0.79m；2017—2032 年年末，冲刷量为 3.03 亿 m^3，河床平均冲深 1.36m。

藕池口至城陵矶段（下荆江）为蜿蜒型河道，河床沙层厚达数十米。三峡水库初期运行时，本河段冲刷强度相对较小；三峡及上游水库运用后该河段河床发生剧烈冲刷，2017—2022 年年末本段冲刷量为 2.16 亿 m^3，河床平均冲深 0.79m；2017—2032 年年末本段冲刷量为 4.27 亿 m^3，河床平均冲深 1.57m；由于该河段河床多为细沙，之后该河段仍将保持冲刷趋势。

三峡水库运行初期，由于下荆江的强烈冲刷，进入城陵矶至汉口段水流的含沙量较近坝段大。待荆江河段的强烈冲刷基本完成后，强冲刷下移。加之上游干支流水库拦沙效应，三峡及上游水库运用 20～50 年，城陵矶至汉口河段冲刷强度也较大，水库运用 2017—2022 年年末，本段冲刷量为 3.21 亿 m^3，河床平均冲深 0.70m；水库运用 2017—2032 年年末，本段冲刷量为 6.58 亿 m^3，河床平均冲深 1.43m。

武汉至大通段为分汊型河道，当上游河段冲刷基本完成，武汉至湖口河段开始冲刷，2017—2022 年、2032 年末冲刷量分别为 2.84 亿 m^3、5.39 亿 m^3，按河宽 2000m 计，河床平均冲刷 0.48m、0.91m；湖口至大通段，2017—2022 年、2032 年末冲刷量分别为 0.55 亿 m^3、1.27 亿 m^3，按河宽 2000m 计，河床平均冲深 0.13m、0.31m。

实际上，向家坝、溪洛渡等水电站投入运用后，三峡水库入库和出库沙量又进一步大幅减少，较本次预测采用的值小得多，因此，坝下游河道冲刷发展可能会较预测的更快一些。

5.3.1.3 水位变化预测

三峡及上游水库群蓄水运用后，由于长江中下游各河段河床冲刷在时间和空间上均有较大的差异，使各站的水位流量关系随着水库运用时期不同而出现相应的变化，沿程各站同流量的水位呈下降趋势。表 5.5 为上游控制性水库运用 2013—2032 年干流各站水位变化表。

枝城站位于宜昌至太平口河段之间，上距宜昌 58km，下距沙市 180km。三峡水库运用后，由于宜昌至枝城河段为卵石夹沙，且卵石层顶板较高，表层卵砾石粒径较粗，水库运用后河床粗化，很快形成抗冲保护层，限制该河段冲刷发展。水库运用2013—2032年年末，流量为7000m³/s、20000m³/s和50000m³/s时，枝城站水位下降1.06m、0.90m和0.39m。

表5.5　三峡水库坝下游2013—2032年各站水位变化值预测统计表

流量/(m³/s)	水位变化值/m					
	枝城	沙市	监利	螺山	汉口	湖口
7000	−1.06	−2.19	−2.07			
10000	−1.00	−1.99	−1.85	−1.45	−1.28	−0.59
20000	−0.90	−1.49	−1.23	−0.81	−0.62	−0.44
30000	−0.85	−1.12	−0.87	−0.64	−0.52	−0.35
40000	−0.72	−0.82	−0.62	−0.37	−0.31	−0.24
50000	−0.39	−0.56	−0.42	−0.24	−0.21	−0.18
60000				−0.17	−0.15	−0.13

沙市站位于太平口至藕池口河段之间，距宜昌约148km。由于该河段河床组成为中细沙，卵石、砾石含量不多，冲刷量相对上游段较多，使沙市站水位下降相对较多。同时，受下游水位下降影响，沙市站水位继续下降。当水库运用2013—2032年年末，流量为7000m³/s、20000m³/s和50000m³/s时，该站水位分别下降2.19m、1.49m和0.56m。

监利站位于藕池口至城陵矶河段之间。该段河床发生剧烈冲刷，是冲刷量及冲刷强度最大的河段，因此监利站水位下降也较多。水库运用2013—2032年年末，流量为7000m³/s、20000m³/s和50000m³/s时，该站水位分别下降2.07m、1.23m和0.42m。

螺山站位于城陵矶至武汉河段的进口段，上首有洞庭湖入汇。螺山站距宜昌约428km。三峡水库运用2013—2032年年末，城陵矶至武汉段冲刷较多，螺山水位下降较多，当流量为10000m³/s和20000m³/s时，螺山站计算水位分别降低约1.45m和0.81m；当流量为60000m³/s时，螺山站计算水位降低约0.17m。

汉口站位于城陵矶至武汉河段的下端，该站上约3km处有汉江入汇，汉口站距宜昌约628km。三峡水库运用2013—2032年年末，城陵矶至武汉段冲刷较多，但武汉以下河段冲刷不大，水位下降相对较小，当流量10000m³/s时，计算水位降低约1.28m；流量为30000m³/s时，该站水位降低约0.52m；当流量为60000m³/s时，汉口站计算水位降低约0.15m。

湖口（八里江站）位于张家洲汇流段。水库运用2013—2032年年末，湖口至大通段冲刷不大，八里江站水位下降相对较小，当流量10000m³/s时，八里江站计算水位降低约 0.59m；流量为 30000m^3/s 时，该站计算水位降低约 0.35m；流量为 60000m^3/s 时，该站计算水位降低约 0.13m。

上述结果表明，水位下降除受本河段冲刷影响外，还受下游河段冲刷的影响。三峡及上游水库蓄水运用 2013—2032 年，荆江河段和城汉河段冲刷量较大，故沙市、螺山、汉口站水位流量关系变化相对较大，湖口站（八里江站）水位流量关系变化相对较小。

5.3.2 宜昌至城陵矶河段河道演变趋势

5.3.2.1 宜枝河段

三峡水库蓄水运用以来，宜枝河段的基本河槽冲刷剧烈，冲刷量 1.58 亿 m^3（包括河道采砂的影响），河床粗化明显，抗冲性大幅度增强。未来该河段的冲刷幅度会逐渐减小，并渐趋于冲刷相对平衡的状态，河床冲刷仍以基本河槽冲刷为主，枯水河槽将冲深展宽，但幅度不会很大，总体河势基本稳定。

5.3.2.2 荆江河段

（1）枝城至杨家脑河段。该河段两岸河床抗冲性较强，加上部分岸段受护岸工程的控制，预计该河段河势不会有较大变化，但局部河段的河势将有不同程度调整。洋溪弯道平面形态仍保持相对稳定，但凹岸侧会发生相对较大幅度的冲刷。关洲右汊位于弯道凹岸一侧，河床及河岸的抗冲性强，冲刷发展有限，但左汊为沙质或砂卵石河床，具备冲刷发展的条件，会在上游来沙大幅度减少的条件下发生持续冲刷与缓慢发展，但目前双分汊河势格局短期内不会改变。芦家河浅滩段依旧维持主流年内在沙泓和石泓之间往复摆动的格局，但随着冲刷粗化过程的发展，石泓冲刷幅度会受到卵石夹沙河床的限制，而沙泓河槽将会存在下切展宽的趋势，年内沙泓进口段的冲淤变化会大幅度减小，从而使沙泓在自然条件下汛后来不及冲开所产生的碍航现象将得到改善，但由于毛家花屋一带河床存在胶结卵石等难以冲刷的物质，而其下游冲刷幅度大，因此，该河段局部比降会变得较陡，影响船舶通行。董市洲、柳条洲的平面形态变化不大，左支汊、右主汊的河势格局不会发生变化，然而董市汊道左汊和江口汊道的左汊可能逐渐萎缩，江口弯道段河势将发生局部调整，主要表现为过渡段主流的横向摆动与上提下移。

（2）杨家脑至藕池口河段。太平口过渡段的左右槽会随心滩的冲淤消长而发生相应变化，未来左槽的发展速度大于右槽。马家咀长直过渡段主要表现为在上段观音寺附近主泓明显左移，下段相对变化较小。

三八滩滩体中上部已实施固滩工程，对稳定滩体将起到积极作用，预计该汊道段将呈现出右汊冲刷发展的演变趋势，但因右汊河道较宽，主泓会随右汊滩槽的冲淤变化而发生相应的摆动。金城洲汊道段会因固滩工程的实施而长期维持主汊位于左汊的态势。突起洲汊道也因进口段航道整治工程的实施而使右汊长期处于主汊地位。杨家厂过渡段会随河道冲刷有趋直趋势，顶冲点有所下移。新厂长顺直段上段随周天航道整治工程的实施使横向摆幅减小，但下段的主泓会随滩槽的冲淤变化而发生横向摆动与上提下移。

沙市、公安和郝穴弯道凹岸受不饱和含沙水流的长期冲刷，一方面近岸段会出现不同程度的冲刷，各段局部冲刷坑的冲深幅度约10m；另一方面水流顶冲位置会随河道冲淤变化而发生相应的调整。水沙过程改变和河床冲刷、局部河势调整对河岸及已建护岸工程的稳定必将产生影响，崩岸可能增加。

(3) 藕池口至城陵矶河段。下荆江总体河势不会发生大的变化，但局部河势会因河床冲刷、洲滩与深槽的冲淤消长而发生不同程度的调整。石首河段上段为放宽段，并有藕池口分流，该段滩槽不稳定，目前左岸岸线已得到初步控制，但放宽段的滩体仍处于自然演变状态，变化也十分复杂，预计主泓会随滩槽的冲淤消长而发生摆动，新生滩头部的心滩会出现左侧冲刷、右侧淤长，并有并靠新生滩的可能，新生滩右汊会缓慢萎缩。北门口下段（未护岸段）的岸线崩塌程度因其近岸河床冲刷的加剧有所加强，北门口下段的冲刷与崩退会使主流过渡到北碾子湾的顶冲点位置发生下移，北碾子湾下段近岸深槽冲刷加剧，对护岸工程的稳定带来不利影响。沙滩子自然裁弯段的河势格局不会发生大的变化，但过渡段的主流顶冲点位置会发生上提下移，寡妇夹、金鱼沟、连心垸地段的迎流顶冲部位与主流贴岸段的近岸深槽将发生冲刷，局部护岸工程段与未护段可能出现崩塌。调关弯道曲率较大，在一定条件下有可能发生切滩撇弯。中洲子人工裁弯段随河床冲刷，过渡段的主泓会发生变化，由八十丈过渡到中洲子弯道的顶冲点位置会因凸岸边滩的冲刷而有所下移，来家铺至鹅公凸的过渡段顶冲点位置也会因复兴洲的崩退而有所下移。塔市驿至乌龟洲头部长直放宽段位于右岸侧的主泓会随该段航道整治工程的实施而渐趋稳定，但乌龟洲右缘因实施护岸工程会限制其右汊主泓继续向左移动，监利河弯顶冲点会因乌龟洲尾部的演变将上提到铺子湾一带，从而可能引起铺子湾段的近岸深槽冲刷，导致岸线崩退。沙夹边至洪水港由两个微弯的河段组成，受不饱和含沙水流冲刷的作用，主泓摆动幅度会有所增大，过渡到对岸的顶冲部位会有所下移。洪水港至荆江门为长顺直段，目前主泓发生两次过渡，未来该段主泓变化复杂，摆动幅度随滩槽的消长可能有所增加，但进入荆江门弯道段的水流顶冲点总体上可能会有所上提。熊家洲至城陵矶的连续急弯段主流会随水文过程及滩槽的冲淤变化而发生一定幅度的摆动，相应水流顶冲点也会发生上提与下移，七弓岭河弯已发生切滩撇弯。七姓洲与荆河脑凸岸边滩的冲刷后退将使得主泓向凸岸移动，并引起七姓洲弯道顶冲点下移，并使荆江与洞庭湖出口汇流点有所下移。

5.4 小结

（1）因受人类活动与自然因素变化的双重影响，进入中下游江湖系统的泥沙总体均呈减少趋势，尤其是长江上游来沙量减幅巨大。自然条件下，长江上游进入中下游江湖系统中的沙量占绝对优势地位；然而，三峡工程蓄水运用后在相当长时期内，长江上游进入中下游的沙量与洞庭湖四水、汉江及鄱阳湖五河的沙量相差不大，进而使进入中下游江湖系统的多年平均沙量会长期维持较低的水平。但是，在长江流域或区域遭遇特殊水文年时，进入中下游江湖系统的年输沙量可能会发生变化。

（2）三峡坝下游河道因受沿程冲刷补给和支流入汇等影响，沿程输沙量增加，但各粒径组的泥沙恢复距离与恢复程度存在一定的差异，悬移质中粗颗粒泥沙因河床补给较为充分，恢复较快且程度高，然而细颗粒泥沙恢复较慢且程度相对较低。根据实测资料分析，三峡坝下游河道总体表现为持续冲刷，而且强冲刷带逐渐自上向下发展，截至目前，近坝的宜枝河段冲淤基本处于相对平衡状态，枝城以下的荆江河段冲刷强度最大，武汉至湖口河段次之，城陵矶至武汉河段最小。

（3）因受河势控制工程、护岸工程及河（航）道整治工程的作用，坝下游河道在持续冲刷条件下总体河势基本稳定，部分河段河势出现一定的调整，局部河段河势变化较大。主要表现为：①枯水河槽普遍冲刷下切，断面形态总体向窄深化发展，中低滩冲刷萎缩，高滩时有崩退；②弯道段、分汊河道分汇流区、长直过渡段主流摆动幅度较大，急弯段出现不同程度的切滩撇弯现象；③分汊河段平面形态在工程措施下得到较好控制，总体稳定性有较大提升，多数主支汊格局未变，部分短汊发展明显，含次生二级分汊河段仍不稳定；④近岸河床冲刷明显，岸坡变陡，崩岸时有发生，崩岸强度和风险增大。

（4）随着经济社会的快速发展，人类活动对长江水沙与河道演变的影响越来越强烈，且持续时间长，加之极端气候事件频发，长江流域江、湖、库、河口等系统进入剧烈调整的时期，必将对河流功能的充分发挥产生影响。因此，需要借助新的理论、方法与技术手段从整体与局部、近期与远期、宏观与微观、理论与实践等多角度动态开展长江流域水沙变化趋势、中下游河道演变和平衡状态及其影响与调控策略等重大问题的深入研究。一是人类活动影响范围大、持续时间长，需要长期跟踪观测与研究，而且要加强相关学科交叉研究；二是长江流域水沙变化趋势研究，重点研究来水来沙的主要影响因素及其权重、干支流来水来沙变化趋势；三是自然变化与人类活动影响双重因素驱动下中下游河道演变和平衡状态及其影响研究，重点研究新水沙条件下中下游河道的演变机理与趋势，以及对其防洪、航运、岸滩利用、水环境与水生态等影响；四是长江泥沙调控研究[25]，重点研究满足河流多功能需求的干支流水库群泥沙调控理论、技术和方案，泥沙资源化配置理论、方法与技术等；五是长江中下游河道和航道整治工程适应性与整治新技术新方法等。

参 考 文 献

[1] 长江勘测规划设计研究有限责任公司．长江流域第一次全国水利普查水利工程普查成果报告［R］. 2013.

[2] 姚仕明，卢金友．三峡水库蓄水运用前后坝下游水沙输移特性研究［J］. 水力发电学报，2011，30（3）：117－123.

[3] 王延贵，刘茜，史红玲．长江中下游水沙态势变异及主要影响因素［J］. 泥沙研究，2014（5）：38－47.

[4] 长江水利委员会水文局．2017年度三峡水库进出库水沙特性、水库淤积及坝下游河道冲刷分析［R］. 武汉，2018.

[5] LI Q F，YU M X，LU G B，et al. Impacts of the Gezhouba and Three Gorges reservoirs on the sediment regime in the Yangtze River，China［J］. Journal of Hydrology，2011，403：224－233.

[6] 郭小虎，李义天，渠庚，等．三峡工程蓄水后长江中游泥沙输移规律分析［J］. 泥沙研究，2014（5）：11－17.

[7] 张为，杨云平，张明进，等．长江三峡水坝下游河道悬沙恢复和床沙补给机制研究［J］. Journal of Geographical Sciences，2017（4）：463－480.

[8] 水利部长江水利委员会．长江泥沙公报（2017）［M］. 武汉：长江出版社，2018.

[9] 长江水利委员会水文局长江水文技术研究中心．长江水沙特性及其冲淤变化［R］. 武汉，2018.

[10] 长江防汛抗旱总指挥部办公室．三峡水库试验蓄水期综合利用调度研究［M］. 北京：中国水利水电出版社，2015.

[11] 郭小虎，姚仕明，晏黎明．荆江三口分流分沙及洞庭湖出口水沙输移的变化规律［J］. 长江科学院院报，2011，28（8）：80－86.

[12] 许全喜，胡功宇，袁晶．近50年来荆江三口分流分沙变化研究［J］. 泥沙研究，2009（5）：1－8.

[13] 覃红燕，谢永宏，邹冬生．湖南四水入洞庭湖水沙演变及成因分析［J］. 地理科学，2012，32（5）：609－615.

[14] 水利部长江水利委员会．长江泥沙公报（2016）［M］. 武汉：长江出版社，2017.

[15] 彭俊．1950年以来鄱阳湖流域水沙变化规律及影响因素分析［J］. 长江流域资源与环境，2015，24（10）：1751－1761.

[16] 刘志刚，倪兆奎．鄱阳湖发展演变及江湖关系变化影响［J］. 环境科学学报，2015，35（5）：1265－1273.

[17] 罗蔚，张翔，邓志民，等．1956—2008年鄱阳湖流域水沙输移趋势及成因分析［J］. 水科学进展，2014，25（5）：658－667.

[18] 李微，李昌彦，吴敦银，等.1956—2011年鄱阳湖水沙特征及其变化规律分析［J］. 长江流域资源与环境，2015，24（5）：832-838.

[19] 李义天，孙昭华，邓金运．论三峡水库下游的河床冲淤变化［J］. 应用基础与工程科学学报，2003，11（3）：283-295.

[20] 陈飞，李义天，唐金武，等．水库下游分组沙冲淤特性分析［J］. 水力发电学报，2010，29（1）：164-170.

[21] 沈磊，姚仕明，卢金友．三峡水库下游河道水沙输移特性研究［J］. 长江科学院院报，2011，28（5）：75-82.

[22] 姚仕明，卢金友．长江中下游河道演变规律及冲淤预测［J］. 人民长江，2013，44（23）：22-28.

[23] 姚仕明，岳红艳，何广水，等．长江中游河道崩岸机理与综合治理技术［M］. 北京：科学出版社，2016.

[24] 卢金友，黄悦，宫平．三峡工程运用后长江中下游冲淤变化［J］. 人民长江，2006，37（9）：55-57.

[25] 卢金友，刘兴年，姚仕明．长江泥沙调控与干流河床演变及治理中的关键科学技术问题与预期成果展望［J］. 四川大学学报（工程科学版），2017，49（1）：33-40.

第6章

三峡库区与坝下游航道演变与治理

2003年三峡水库蓄水运用以来，随着水库蓄水位逐步抬高，重庆以下库区航道条件大为改善，坝下游河道枯水期流量增加，有利于提高航道最小维护水深，加之航道部门陆续实施的航道整治效果发挥和加强航道维护管理，坝下游航道条件总体也得到改善。但随着进出库水沙条件的变化，也给坝下游河道滩槽格局调整和航道稳定带来了不利影响。本章重点分析了三峡水库蓄水运用以来库区及坝下游的航道演变新特征，总结了三峡库区与坝下游航道泥沙治理工程措施，探讨了新治理标准下库区与坝下游航道泥沙关键技术问题，提出了下阶段研究工作的建议。

6.1 三峡库区与坝下游航道冲淤演变

近年来，受降水条件变化、水利枢纽修建、水土保持减沙和河道采砂等影响，三峡水库上游来水来沙条件发生变化，长江上游径流量基本相当，但来沙量大幅减少，2003—2017年三峡入库和出库泥沙总量为21.93亿t和5.23亿t。入库推移质减少尤为明显，2017年，朱沱站砾卵石推移量为2.27万t，与2003—2016年平均值相比，减少了80%；同时，寸滩站沙质推移质输沙量为0.50万t，与2003—2016年平均值相比，减少了99%[1]。

6.1.1 库区与坝下游冲淤情况

2003年三峡水库蓄水运用以来，库区河段河床主要以淤积为主。2003年3月至2017年10月，库区干流累计淤积泥沙量为14.83亿m^3，其中变动回水区累计冲刷泥沙量为0.74亿m^3，常年回水区淤积量为15.58亿m^3。水库淤积主要集中在清溪场以下的常年回水区，其淤积量占总淤积量的93%；朱沱—寸滩、寸滩—清溪场库段淤积量分别占总淤积量的2%、5%。随着长江上游来沙量的减少，库区的淤积强度自2014年以来呈现减缓的态势。2014—2017年入库来沙量降至2013年的27%～44%，引起库区淤积速度放缓，库区淤积总量降至2013年的33%～48%[2]。三峡水库蓄水运用以来，坝下游宜昌至湖口段均出现了较为显著的冲刷，2002年10月至2017年11月，宜昌至湖口河段平滩河槽总冲刷量约为21.24亿m^3，年平均冲刷量约1.38亿m^3/a，年平均冲刷强度14.4万$m^3/(km \cdot a)$。从冲刷的部位来看，冲刷主要集中在枯水河槽，占总冲刷量的92%。从冲淤量沿程分布来看，宜昌至城陵矶河段河床冲刷较为剧烈，平滩河槽冲刷量为12.18亿m^3，占总冲刷量的57%；城陵矶至汉口、汉口至湖口河段平滩河槽冲刷量分别为3.92亿m^3、5.14亿m^3，分别占总冲刷量的19%、24%[3]。

6.1.2 航道变化情况

2003年三峡水库蓄水运用以来，随着水库蓄水水位逐步抬高，重庆以下库区航道条件大为改善，航道维护尺度也逐步提高。航道最小维护水深由2.9m提高至3.5～4.5m，航道宽度由60m提升至100～150m。但库区航道也存在一些不利变化，如常年库区局部区段呈现大面积、大范围、持续、快速、累积性淤积，导致部分航道如黄花城、兰竹坝、丝瓜碛等水道出现边滩扩展、深槽淤高、深泓摆动、航槽易位等不利变化趋势。变动回水区由于蓄水后随着水位抬升，泥沙淤积也一直在不断发展，已经出现局部卵砾石累积性淤积趋势。尽管淤积发展相对较缓，但淤积造成边滩发展，不断挤压主航道，对航道条件带来不利影响[2,4-16]。

三峡水库蓄水运用后，坝下游河道枯水期流量增加，有利于提高航道最小维护水深，加之航道部门陆续实施的航道整治效果发挥和加强航道维护管理，坝下游航道条件总体得到改善，宜昌—城陵矶段最小维护水深由2.9m提高至3.5～3.8m，城陵矶—武汉段最小维护水深由3.2m提高至4.0m。但随着河道的持续冲刷、局部河势调整、滩槽变化、主支汊消长及主流移位等，给航道稳定和航行安全带来了一定影响。如宜昌枯水位持续下降引起葛洲坝枢纽闸槛水深减小，威胁船闸安全运行；坝下砂卵石河段因河床底高床硬难以冲刷，随下游水位逐渐下降而出现“坡陡流急”现象，如芦家河、枝江水道；沙质河床河段部分分汊河段发生洲滩和支汊冲刷以及主支汊格局调整，给航道维护带来困难，如太平口水道；部分弯曲型河段出现凸岸边滩冲刷萎缩，凹岸深槽淤积的切滩撇弯现象，使航道条件变差，如反嘴、尺八口水道等；部分顺直型河段高滩冲刷缩小和岸线崩退使得河道展宽，主流摆动空间加大，航道趋于不稳定，如大马洲水道[3,17—18]。

6.2 三峡库区与坝下游航道变化与泥沙问题

6.2.1 库区航道变化与泥沙问题

2008年三峡水库175m试验性蓄水运用后，三峡大坝以上至江津成为库区，根据年内水库回水变动情况，可将库区分为常年回水区与变动回水区，其中，大坝至涪陵段为常年回水区，如图6.1所示，涪陵至江津段为变动回水区，如图6.2所示。变动回水区由于年内水位不断变化以及受上游来水来沙影响，不同河段表现出各自水流及冲淤特性，总体而言可以分为3段：变动回水区上段自江津至重庆，变动回水区中段自重庆至长寿，变动回水区下段自长寿至涪陵。

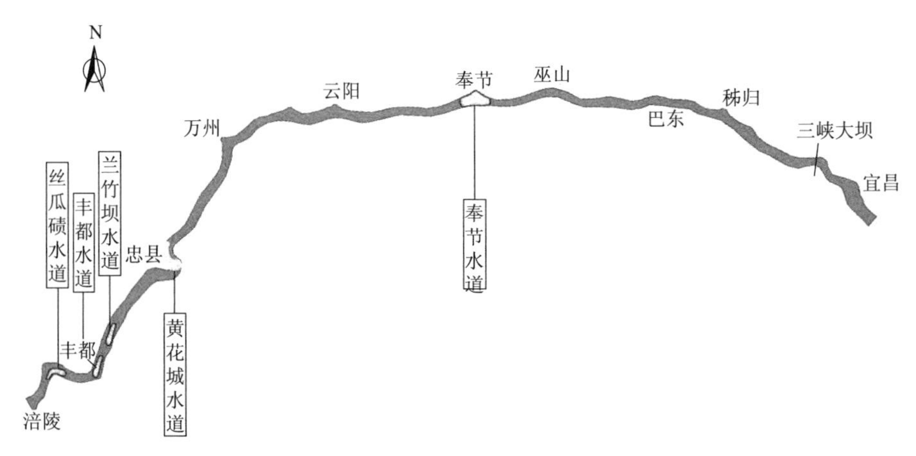

图6.1 三峡水库常年回水区示意图

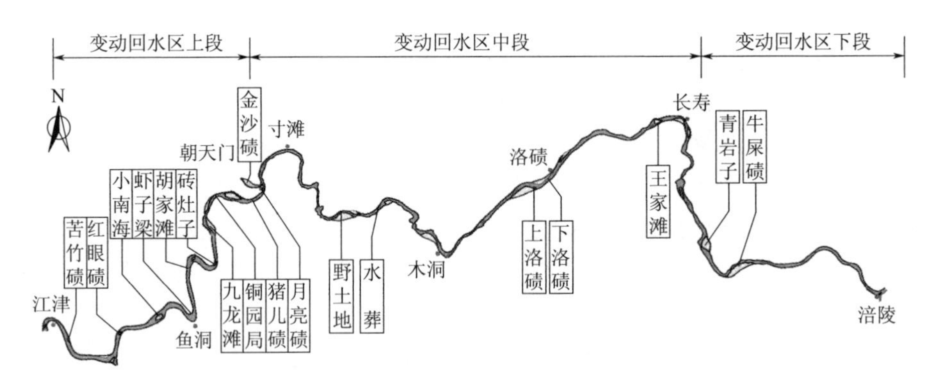

图6.2 三峡水库变动回水区区段划分示意图

6.2.1.1 论证阶段库区航道研究成果

在三峡工程论证、可行性研究及初步设计阶段，水库变动回水区的航道、港口水域变化预测和泥沙防治对策一直是三峡工程关键技术问题，水库常年库区和变动回水区的通航要求也是体现三峡航运效益重要环节之一，很多研究机构和高校通过实体模型试验、数值模拟计算和原型类比分析等方法，都曾针对这些问题开展大量研究工作[19-21]。

“八五”期间，长江科学院、中国水利水电科学研究院、南京水利科学研究院以及清华大学等研究机构与高校根据1961—1970年水沙系列资料，通过河工物理模型试验得到了三峡水库175—145—155m方案运行后变动回水区将发生累积性淤积，局部河段可能出现特殊时段航深不足问题的认识。研究成果认为，三峡水库蓄水运用后前10年，重庆河段港区淤积不严重，以后港区淤积逐渐增加，在水库水位消落后期如遇特枯水年或丰沙年后的消落期，干流大渡口至小南海河段某些浅滩出现不同程度的短期碍航；王家滩—洛碛河段将出现悬移质累积性淤积，某些河段将出现航槽移位，青岩子、九龙坡以及金沙碛等河段将发生河型转化，库尾局部河段河势微弯单一发展趋势将导致航槽异位。

“九五”期间，结合三峡工程建设进展情况，基于“八五”期间的研究结论，对库区泥沙问题进行了研究，考虑了长江上游向家坝及溪洛渡水库修建对三峡水库泥沙冲淤的影响，除“7250”工程原确定在三峡工程施工期需整治蚕背梁九处碍航滩险外，发现龙王沱、牛屎碛处于变动回水区中下段，泥沙会发生累积性淤积，航槽会发生位移，下洛碛因蓄水时流速减小，卵石停积、航槽变动，航行尺度不能满足要求。研究成果认为三峡水库175m蓄水初期，碍航河段和碍航特性主要表现为以下三种情况：

（1）受泥沙累积性淤积影响，航槽变动，航道或港区水域淤浅造成碍航，如上洛碛等7处航道和朝天门、九龙坡等3处港口作业区。

（2）由于河床中有礁石存在，航道宽度不足200m，或因滑梁水存在，威胁船舶航行安全，不能满足万吨级双线通航要求。

（3）部分峡口急滩在洪水期的流速、比降超过万吨级船队上驶允许的要求而产生碍航。

在当时的水沙条件及研究手段基础上，得到变动回水区将出现大量累积性淤积，变动回水区将出现航道尺度不足、水流条件差，部分港区出现不能满足作业条件等问题的认识。

6.2.1.2 水库蓄水运用以来库区航道变化与泥沙问题

1. 常年回水区

2007年以来，常年回水区航道水深由最小维护水深2.9m提高至4.5m；

175m试验性蓄水运用后实施了航路改革，航道宽度由原来的60m提升至150m，2011年以来维护尺度为4.5m×150m×1000m。

受三峡水库蓄水运用以来水沙条件变化影响，大量泥沙（主要为细沙）在常年回水区淤积。虽然常年回水区万州至大坝段泥沙淤积较为明显，但其水深较大，暂时未对航道条件造成明显影响，而万州以上河段的航道条件有一定的不利影响，主要表现为以下三个方面[2,4-16]：

（1）泥沙淤积造成边滩扩展、压缩和侵蚀主航道，增加维护难度。常年回水区段细颗粒泥沙淤积主要发生在宽谷段的边滩、深槽、分汊等缓流区，造成边滩伸展，不断压缩和侵蚀主航道，甚至在汛期坝前水位低、上游来流不大情况下，边滩和主航道淤积造成航宽、水深不足而出浅碍航。重点水道主要有黄花城、兰竹坝、平绥坝—丝瓜碛水道，如图6.3、图6.4和图6.5所示。黄花城水道蓄水运用以来累计淤积量为1.55亿m^3，其中2017年淤积量为693.7万m^3，近年来淤积幅度减缓，目前该水道蓄水期左右汊分边航行，低水位期船舶皆走右汊，但出口弯曲半径小、上下航线交叉、出口通视性差。兰竹坝水道蓄水以来累计淤积量为3428万m^3，其中2017年淤积量为299.1万m^3，近年重点淤积区左汊、洲尾淤积幅度减缓，因泥沙淤积不断挤压主航道，低水位期左汊航道边界不断向河心推进，航道条件有不利变化趋势，但推进速度逐渐放缓，目前暂未对航道条件造成不利影响，其长期影响值得关注。平绥坝—丝瓜碛水道蓄水以来累计淤积量为2153.8万m^3，其中

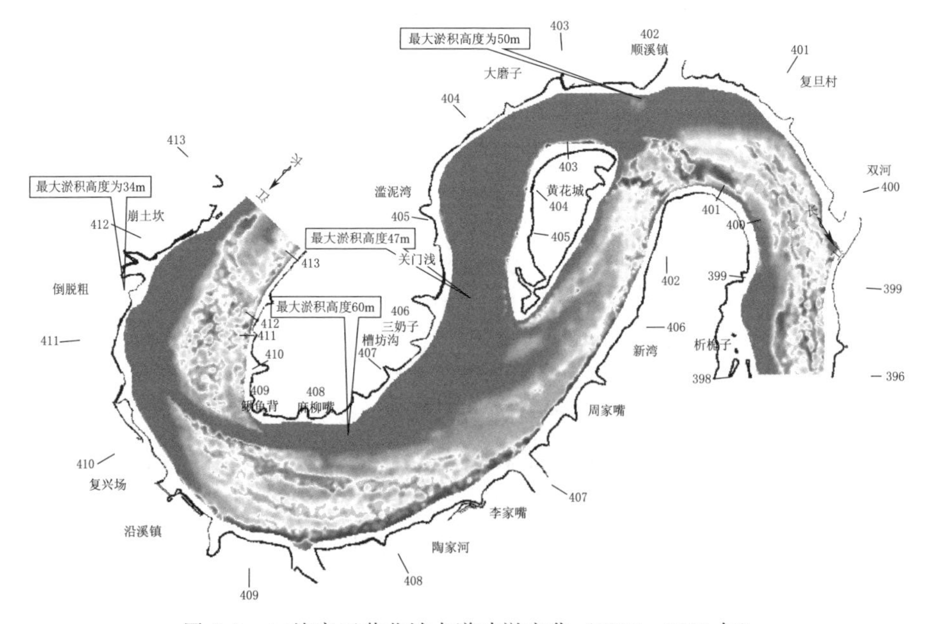

图6.3 三峡库区黄花城水道冲淤变化（2003—2017年）

2017 年淤积量为 286.9 万 m^3，重点淤积区土脑子淤积幅度近年有所减缓，但累积性淤积导致边滩持续向主航道推移，主航道有效水深和航宽逐渐减小，淤积对航道的长远影响需要持续关注。

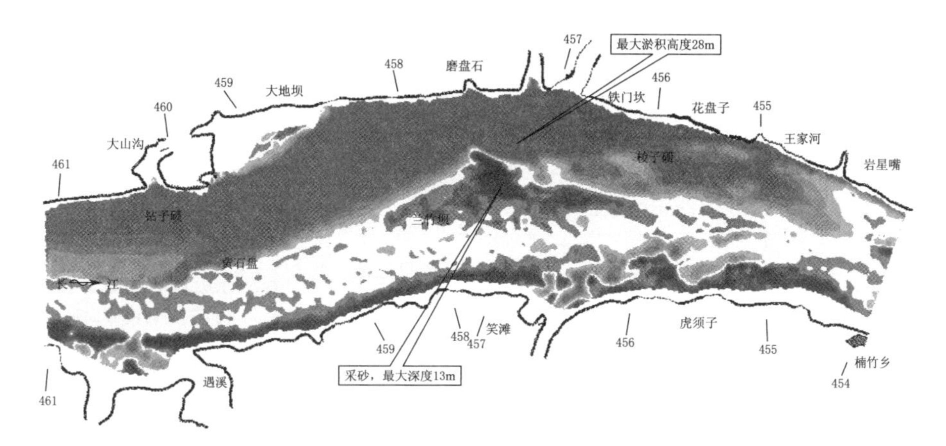

图 6.4　三峡库区兰竹坝水道冲淤变化（2003—2017 年）

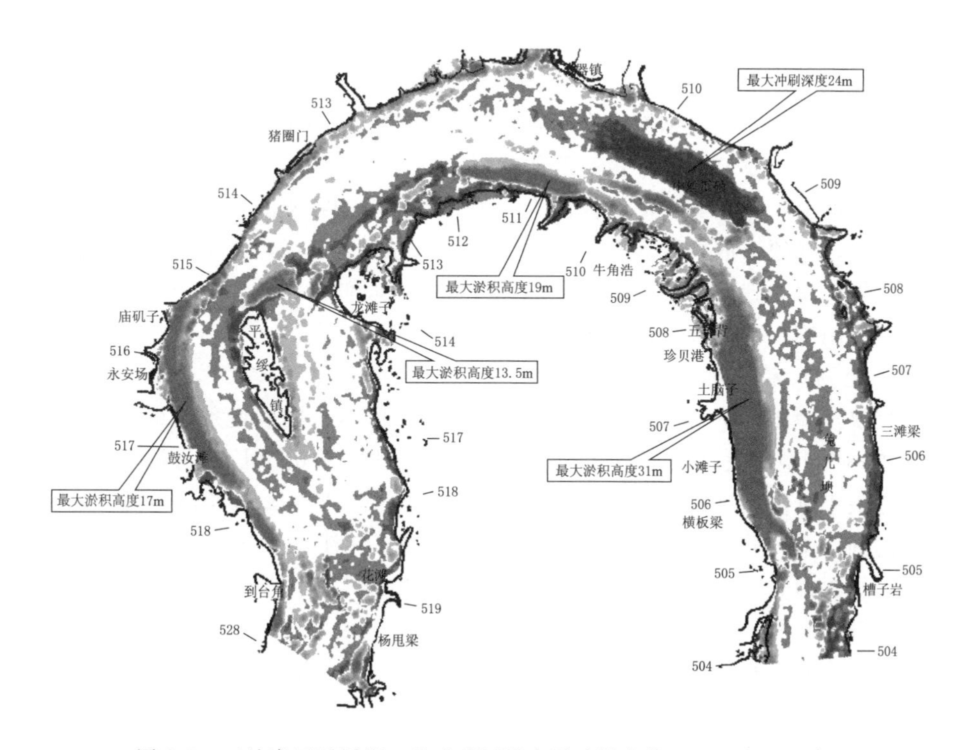

图 6.5　三峡库区平绥坝—丝瓜碛河段水道冲淤变化（2003—2017 年）

总体说来，近年来，常年回水区的黄花城、兰竹坝、平绥坝—丝瓜碛等重点水道淤积范围和淤积厚度相较于三峡水库175m试验性蓄水初期有减小的趋势，但航道问题将随着蓄水运用时间的推移而逐渐显现。目前黄花城、兰竹坝、平绥坝—丝瓜碛等典型滩险航道条件见表6.1。

表6.1　三峡库区常年回水区典型滩险航道条件统计表

<table>
<tr><th>序号</th><th>水　道</th><th>滩险</th><th>维护尺度(水深×航宽×弯曲半径)/(m×m×m)</th><th>碍　航　特　性</th><th>维　护　措　施</th></tr>
<tr><td>1</td><td>黄花城水道</td><td>黄花城</td><td rowspan="4">4.5×150×1000</td><td>左汊泥沙淤积迅速，低水位期航宽水深不足</td><td>高水位期（155m以上）左右汊分边航行，低水位期（155m以下）右汊双向通航。</td></tr>
<tr><td>2</td><td>兰竹坝水道</td><td>兰竹坝</td><td>由于兰竹坝左汊淤积，深泓摆动至右汊</td><td>暂未碍航</td></tr>
<tr><td rowspan="2">3</td><td rowspan="2">平绥坝—丝瓜碛河段</td><td>平绥坝</td><td>平绥坝左汊淤积，边滩不断发展</td><td>暂未碍航</td></tr>
<tr><td>土脑子</td><td>土脑子边滩向主航道推进，目前航道富余航宽和水深不大</td><td>暂未碍航</td></tr>
</table>

（2）丰都至涪陵段汛期礁石碍航，存在通航安全隐患。三峡水库蓄水运用后，丰都至涪陵段航道条件虽有所改善，但在汛期，库水位下降后，本河段接近于天然河道，礁石所在河段横流大，流态乱，船舶在礁石河段为了避开流态紊乱区域，必须采取“过河”行驶的措施，这样就造成航路交叉，频发海损事故。此外，碍航礁石如头外梁、老虎梁等部分礁石伸出江心，使航道维护部门设置航标困难，甚至部分礁石根本无法设标维护。

2. 变动回水区

三峡水库175m试验性蓄水以来，变动回水区蓄水期航道条件得到大幅改善，5000t船型和大型旅游船可直达重庆主城河段。重庆至长寿与长寿至涪陵段航道最小维护尺度由2.9m提升至3.5m，中洪水期及蓄水期航道最小维护水深达到4m，蓄水期最小维护水深达到4.5m；江津至重庆河段中洪水期最小维护水深由3.0m提升至3.7m，从2015年开始，12月至次年4月最小维护水深提升至2.9m。

三峡水库蓄水运用以来，变动回水区航道条件变化主要表现为以下4个方面[2,4-16]：

（1）重庆以下卵石河段消落期航道富余水深不大，航道条件受泥沙淤积和水位消落影响明显。变动回水区航道进入天然航道后，航宽和水深减小，航道富余水深不大，虽然卵石淤积量不大，但对航道条件影响较大，在船舶大型化条件下表现尤为明显。

1）青岩子—牛屎碛河段蓄水以来出现泥沙累积性淤积，如图6.6所示，淤积部位位于主航槽，水深变浅，近年来淤积趋势减缓，暂未对目前航道尺度造成碍航影响，但对航道尺度进一步提升有威胁。该段航道在坝前水位162m以下时，航道弯曲，局部水流条件差，船舶需连续过河上行时航行困难。

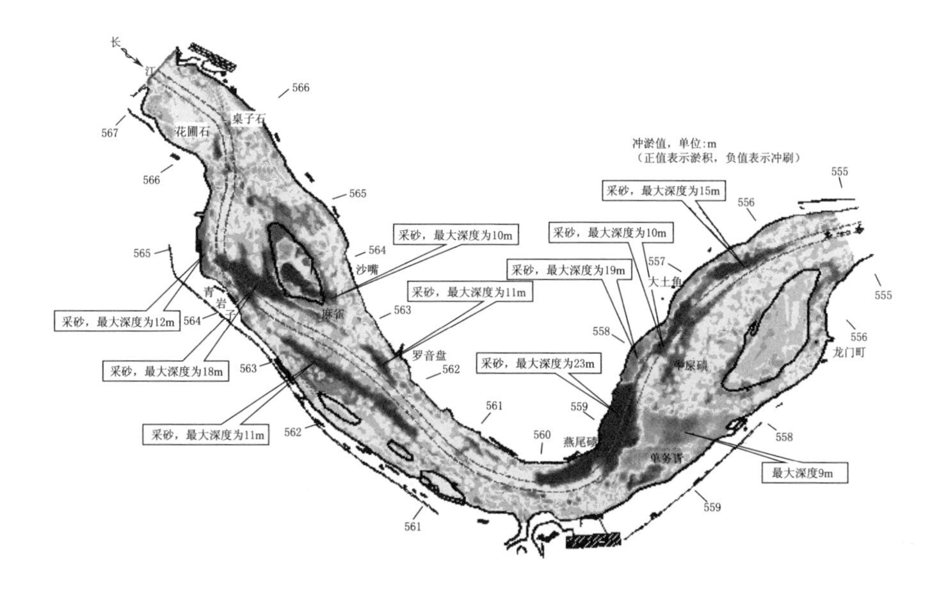

图6.6 三峡库区青岩子—牛屎碛河段水道冲淤变化
（2003年至2018年3月）

2）长寿水道是川江著名的“瓶子口”河段，如图6.7所示，水库蓄水运用后，航道整体冲淤变化不大，未出现大量泥沙淤积现象，但淤积处于右汊王家滩主航道，造成航道水深和航宽减小，对于航道尺度本不富裕的航道条件存在较大影响，低水位期上下行船舶航行十分困难，加上礁石影响，消落期航道条件很差。

3）洛碛水道蓄水以来主航道深槽和部分边滩出现累积性泥沙淤积，如图6.8所示，航道水深和航宽富余不大，受礁石影响，消落期航道条件较差。该段内采砂频繁，上洛碛、下洛碛和挡坝出现了17m、26m和12m的深坑，采砂对边滩破坏较明显，对航道条件带来不利影响。

（2）消落期恢复为天然航道后，部分河段流态复杂，引起通航条件较差。据统计，在消落期李渡长江大桥至朝天门大桥控制河段多（5处），受限河段

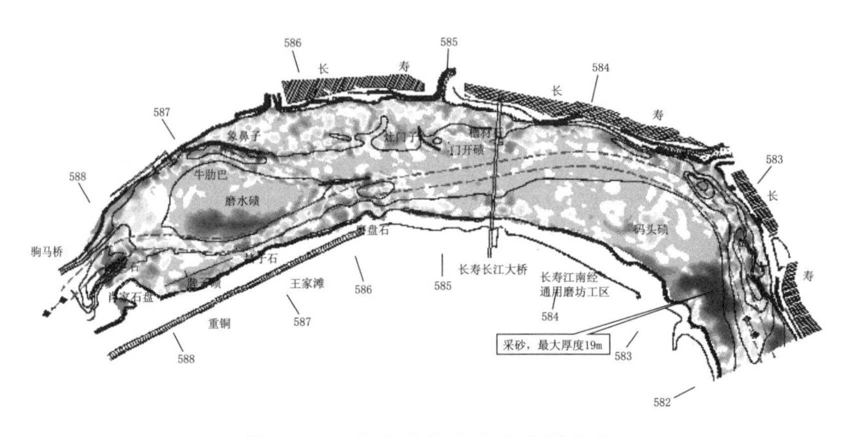

图 6.7　三峡库区长寿水道冲淤变化

（2003 年至 2018 年 3 月）

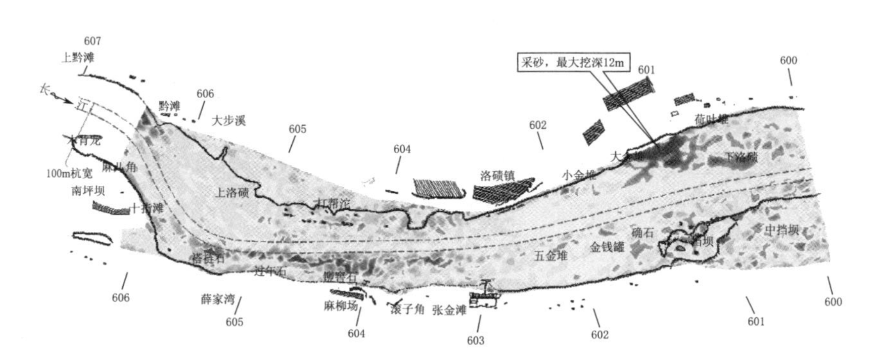

图 6.8　三峡库区洛碛水道冲淤变化

（2003 年至 2018 年 3 月）

多（14 处），限制了船舶通过能力；同时横驶区多（34 处），通航条件差，维护困难，船舶航行安全难以保障。

（3）消落期库区航道向天然航道过渡过程中，容易出现海损事故。据统计，2010 年变动回水区长寿至江津段发生事故 32 起，2011 年消落期发生事故 17 起，2012 年消落期发生事故 9 起，2013 年消落期发生事故 14 起，2014 年消落期发生事故 16 起，2015 年发生事故 12 起，2016 年发生事故 12 起，2017 年发生事故 9 起。从事故分布时间来看，变动回水区上段（三角碛、胡家滩）事故多集中在 4 月中旬前，变动回水区中段（广阳坝、鱼嘴、木洞、洛碛、长寿）事故多出现在 5 月至 6 月中旬。从上述数据来看，消落期变动回水区仍然是事故多发地段。

（4）重庆以上航道在航道整治工程及维护疏浚实施后，航道条件逐渐改善。重庆以上卵石河段主要有猪儿碛、三角碛、胡家滩等重点碍航水道，如图 6.9、图 6.10 和图 6.11 所示。三峡水库蓄水运用后，消落期卵砾石不完全

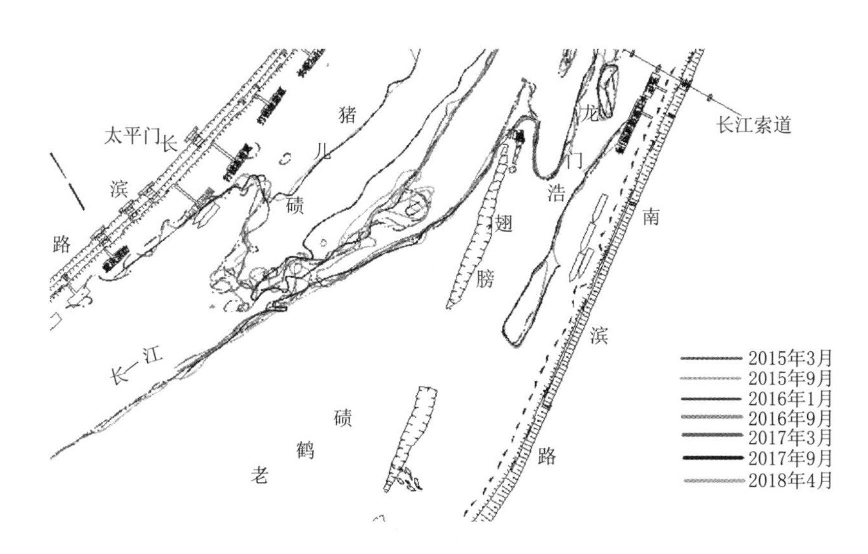

图 6.9　三峡库区猪儿碛水道 3m 等深线变化
（2003 年至 2018 年 4 月）

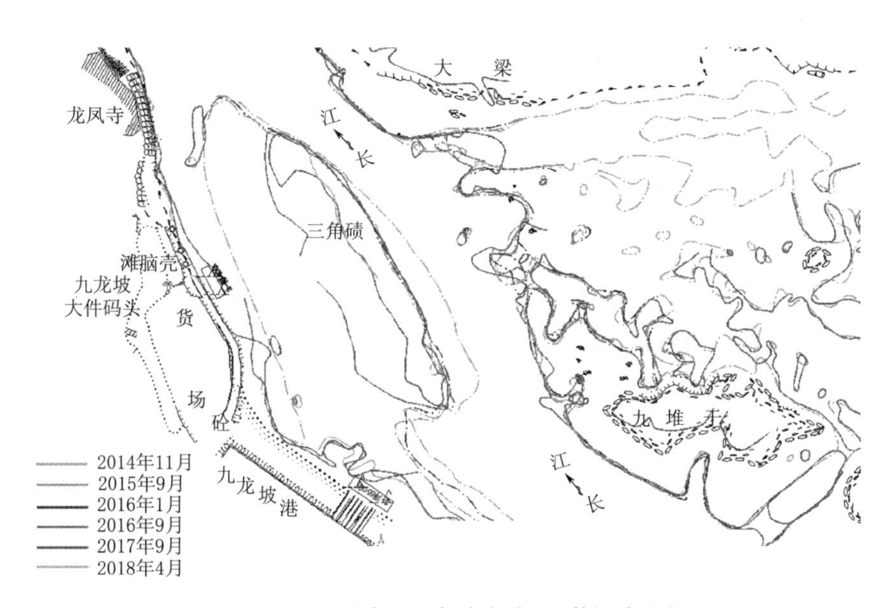

图 6.10　三峡库区三角碛水道 3m 等深线变化
（2003 年至 2018 年 4 月）

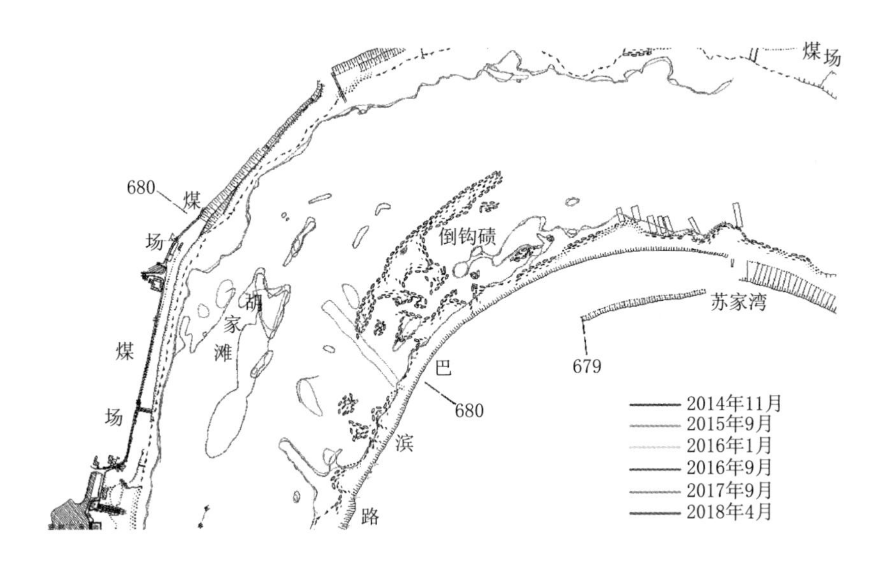

图 6.11 三峡库区胡家滩水道 3m 等深线变化
(2003 年至 2018 年 4 月)

冲刷及消落初期卵砾石在主航道内集中输移引起微小淤积，因消落期航道富余水深不大，较小的淤积也会对航道条件影响较大。重庆主城区九龙坡至朝天门段实施航道整治工程后，猪儿碛、三角碛、胡家滩三个河段河床地形都出现了较为明显的变化，3m 等深线有不同程度的扩宽，猪儿碛碛翅小范围向近岸侧消退，三角碛左侧碛翅大面积消退，左槽航道宽度明显增加，胡家滩碛坝和倒钩碛碛翅也明显消退，总体来说，整个河段航道条件逐渐得到改善，航道尺度提高到 3.5m×100m。

6.2.2 坝下游航道变化与泥沙问题

6.2.2.1 论证期间航道研究成果

“八五”以来，围绕三峡工程泥沙问题，各家科研单位开展了大量的研究工作。对于坝下游新水沙条件下的河床演变以及航道泥沙问题，各家重点关注近坝段，即砂卵石河段[19-21]。

“八五”期间，长江航道规划设计研究院开展了芦家河河段的河床组成勘探工作，并对芦家河水道的演变进行了初步分析。

“九五”期间，长江航道局、清华大学、天津水运工程科学研究所、中国水利水电科学研究院、长江科学院等单位利用实体模型、数学模型对近坝砂卵石河段的演变、治理措施进行了较为系统的研究。对于坝下长河段新水沙条件下的总体冲淤特性，中国水利水电科学研究院、清华大学、长江科学院等单位利用长河段一维数学模型，开展了长系列年的冲淤趋势研究。长江水利委员会水文局还对丹江口水库下游的演变进行了系统的分析，作为三峡工程坝下游河道演变类比分析的参考。

“十五”期间，南京水利科学研究院、清华大学、天津水运工程科学研究所、中国水利水电科学研究院、长江科学院等单位继续重点开展了近坝段水位控制与局部“坡陡流急”浅滩治理方面的研究工作。

“十一五”期间，针对三峡水库蓄水运用后直接影响的砂卵石河段，在以往研究的基础上，武汉大学、长江航道局等单位深入研究了近坝段河道冲淤对枯水位的影响、航道整治工程对枯水位的影响以及基于节点守护加糙的水位控制措施。

总体而言，三峡工程论证期间，各家研究的重点关注对象为近坝砂卵石河段，一般为宜昌至杨家脑河段，航道部门又称宜昌至大埠街河段。对于沙质河段，也主要以类比分析与长河段一维数模的总体冲淤计算为主，对断面形态调整、滩槽转换特征等与航道密切相关的演变问题，关注较少。

6.2.2.2 水库蓄水运用以来坝下游航道变化与泥沙问题

三峡水库蓄水运用以来，长江航道局着眼沿江经济社会和长江水运发展需要，在航道大规模系统治理的基础上，通过大力加强航道维护管理，充分利用自然水深，对长江中下游航道计划维护尺度进行了17次提升调整，至2017年中下游航道维护水深情况见表6.2。

表6.2　2017年度长江宜昌至安庆段分月维护水深计划表

航段		分月维护水深/m											
		1月	2月	3月	4月	5月	6月	7月	8月	9月	10月	11月	12月
宜昌—城陵矶	宜昌—大埠街	3.5	3.5	3.5	3.5	4.0	5.0	5.0	5.0	4.0	3.5	3.5	3.5
	大埠街—荆州	3.5	3.5	3.5	3.8	4.5	5.0	5.0	5.0	4.0	3.5	3.5	3.5
	荆州—城陵矶	3.8	3.8	3.8	3.8	4.5	5.0	5.0	5.0	4.0	3.8	3.8	3.8
城陵矶—武汉		4.0	4.0	4.0	4.5	4.5	5.0	5.0	5.0	5.0	4.5	4.0	4.0
武汉—安庆		4.5	4.5	4.5	4.5	5.0	6.0	6.0	6.0	6.0	5.0	4.5	4.5

三峡水库蓄水运用以来，坝下游各区段的航道问题主要表现如下[3,17-18]。

1. 宜昌至大埠街砂卵石河段

（1）宜昌水位下降，葛洲坝枢纽船闸底槛水深不足问题日益凸显。宜昌至大埠街砂卵石河段紧邻三峡、葛洲坝枢纽下游，三峡水库蓄水运用前后，宜昌水位一直呈现下降态势，葛洲坝枢纽船闸底槛水深不足问题日益凸显。为保障葛洲坝枢纽船闸正常运行，《三峡后续工作总体规划》中提出控制庙嘴水位不低于39.00m（吴淞资用高程），对应宜昌水位不低于37.12m（1985国家高程基准）。从三峡水库蓄水运用到2017年，宜昌站5600m³/s流量下对应水位已累计下降约0.70m，2016年和2017年，宜昌5600m³/s流量对应的水位值为37.00m左右（1985国家高程基准）。为此，三峡水库逐年加大枯水期最小下泄流量，2016—2017年和2017—2018年枯水期水库最小下泄流量分别为6060m³/s和6200m³/s，宜昌最低水位为37.32m和37.51m（1985国家高程基准），确保了宜昌水位不低于37.12m。长远来看，宜昌枯水位问题仍将是制约本河段航道条件的关键问题。

（2）芦家河、枝江水道“坡陡流急”问题有加剧态势，影响枯水期船舶通航。芦家河水道沙泓中段一直存在“坡陡流急”现象，使得船舶上行困难。在175m试验性蓄水运用之前，局部比降观测显示，6000m³/s左右流量时，毛家花屋附近2400m范围内比降可达近5‰～7‰，最大流速可达2.8m/s以上。2014年后，受下游水位持续下降的影响，“坡陡流急”有加剧态势，2014年至2016年，表面流速最大值均在2.8～2.9m/s左右；2017年的表面流速最大值则达到了3.26m/s，2018年最大值已达到3.5m/s左右，表面流速最大值出现的位置较为稳定，位于三宁化工1号码头稍上游处。陡比降的变化主要表现为枯水较大流量下的比降逐渐增加，目前在8000m³/s流量下，局部比降已增大至8‰左右，如图6.12所示。

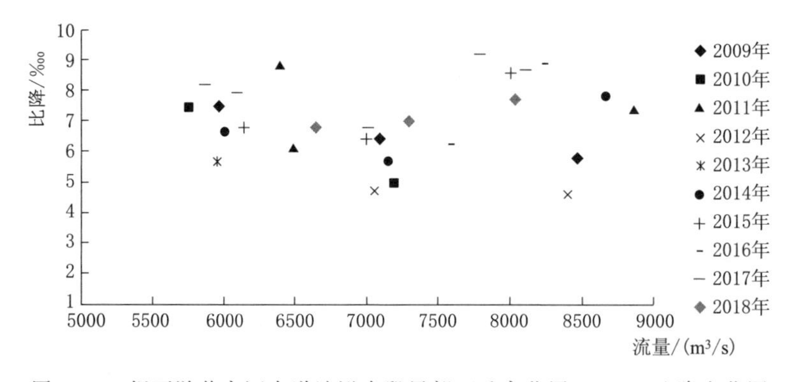

图6.12 坝下游芦家河水道沙泓中段局部（毛家花屋200m）比降变化图

近年来枝江水道上浅区“坡陡流急”的现象也较为突出。局部水位测量结果表明，李家渡附近是比降较为集中的区域，枝江流量在6000～8000m³/s时，800m范围内比降在4.0‰以内，局部200m范围内的比降甚至超过了

7.0‰，且最大表面流速在2.8m/s左右。

受河段自身冲刷以及下游沙质河段水位下降溯源传递的影响，沿程同流量下枯水水位逐渐下降，局部卵石浅滩水深不足日益显现；急流段水流输沙能力增强，卵石推移质局部搬运产生了新的卵石落淤型水浅问题。

本河段河床组成为卵石，尤其在局部浅滩区域河床稳定性较强，枯水水位的变化将直接影响浅滩区域的水深条件。三峡水库蓄水运用至今，宜昌至城陵矶一直是坝下游冲刷最为剧烈的河段，一方面，砂卵石河段自身的剧烈冲刷造成了水位控制作用的削弱，另一方面，下游沙质河段水位持续下降并溯源传递至本河段，受两方面因素的共同影响，砂卵石河段沿程同流量下枯水水位均有不同程度的下降，部分卵石浅区水深日益紧张，如枝江上浅区一带。

另外，受局部“坡陡流急”现象加剧的影响，“坡陡流急”段水流输沙能力增强，以往被认为是抗冲节点的区域也出现了松动迹象。这在芦家河水道沙泓中段表现得最为典型，毛家花屋一带顺直平坦的浅槽近年来持续冲刷下切，冲起的卵石输移至下游河道放宽、水流减缓的三宁化工码头前沿区域淤积，堆积

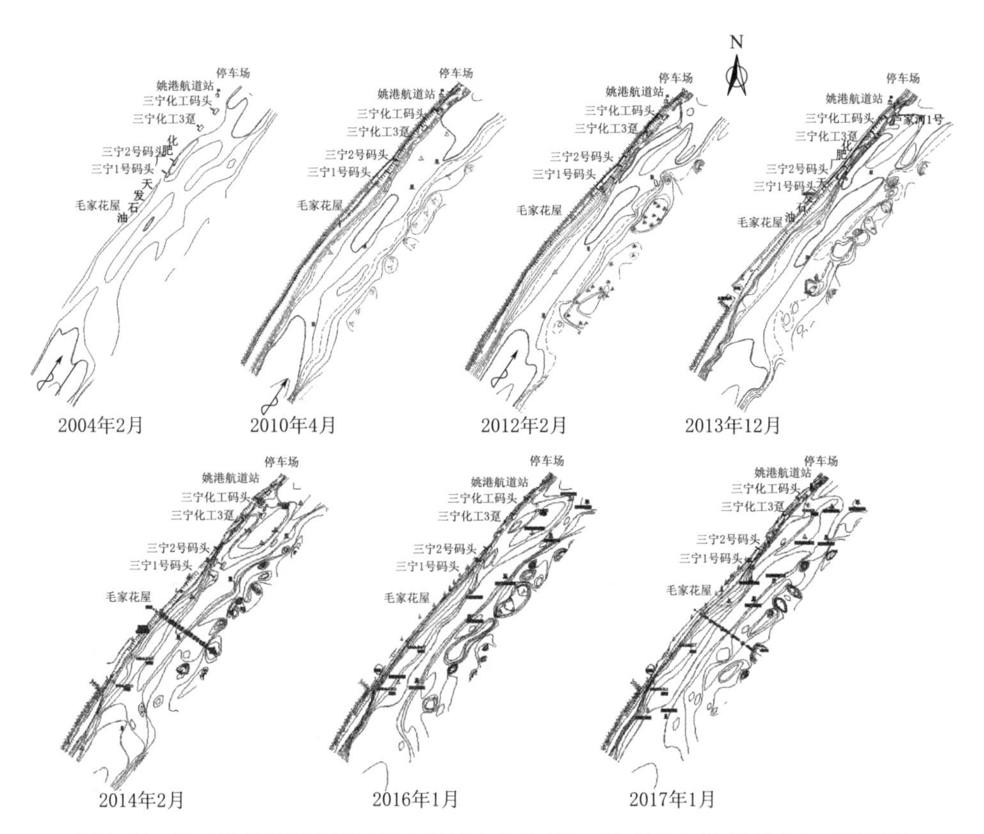

图6.13　坝下游芦家河水道沙泓中段局部地形变化（加粗线为航基面下5m等深线）

的浅包使得航道变得弯窄，船舶航行困难，形成新的水浅问题，如图 6.13 所示。枝江上浅区近期随着局部流速的加大，也已开始出现类似的卵石落淤出浅问题。

2. 大埠街至安庆沙质河段

对于沙质河段航道条件而言，由于河道边界的稳定性较差，新水沙条件下河道的冲刷并不一定带来航道条件的改善，航道条件仍存在较大的不确定性。不同河型河段表现出不同变化特征：

（1）分汊河段。三峡水库蓄水运用后，随着洲滩形态与分流比的变化，浅滩表现出新变化特点，分流区域江心洲滩头部完整与否对于浅滩航道条件的影响最为直接。不饱和水流的持续顶冲使得江心洲体稳定性大幅降低，对汊道分流控制力度逐渐减弱，分流区域河宽增大，主航道所在的汊道进口处往往出现交错或散乱的不良浅滩形态，如燕子窝水道等，如图 6.14 所示。

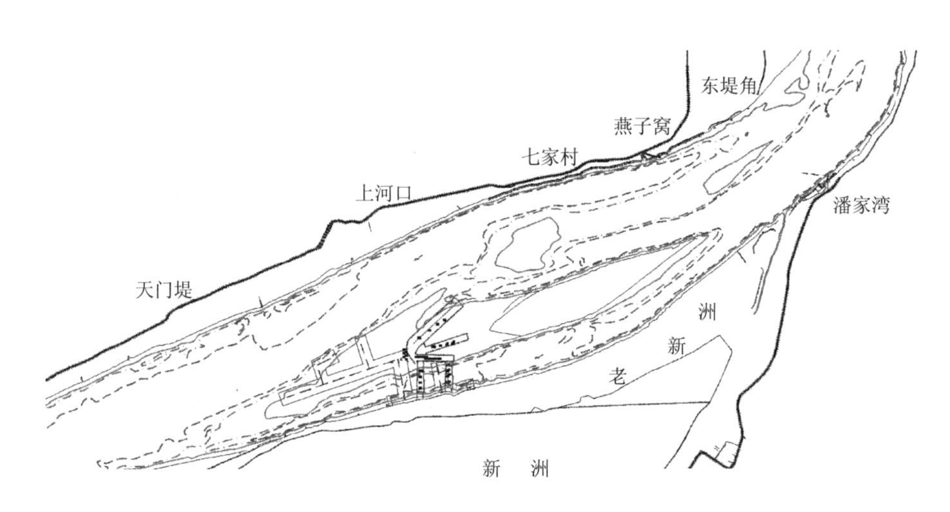

图 6.14　坝下游燕子窝水道河势图（2018 年 3 月）

分汊段内，流程较短或迎流条件较好的汊道逐渐发展的现象较为普遍，呈现“短汊发育”的总体特征，部分支汊发展幅度较大，以至于主汊分流比降低，水流动力不足，使得主航道所在汊道内部航道条件恶化，如太平口水道等，如图 6.15 所示。

汇流区域内，随着主支汊地位的调整及分流比的变化，水流交汇的夹角及主支汊地位发生调整，往往使得原有稳定河槽发生变迁，极易形成交错、散乱等不良浅滩，如新洲水道，如图 6.16 所示。

（2）弯曲河段。弯曲河段边滩高大完整与否直接影响浅滩段航道条

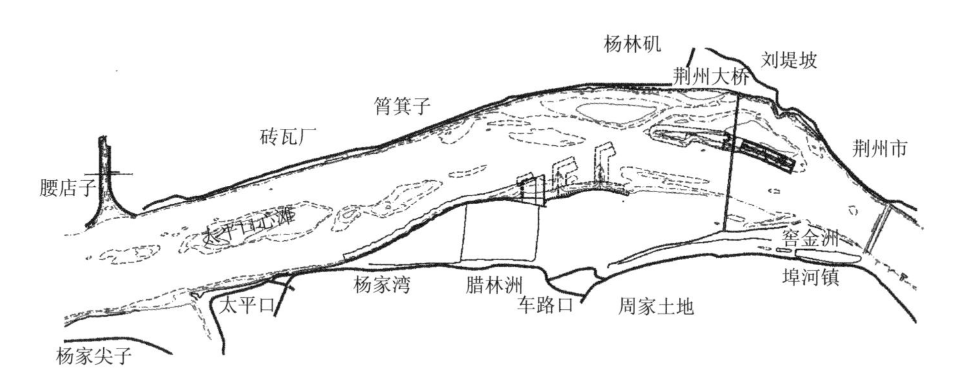

图 6.15　坝下游太平口水道河势图

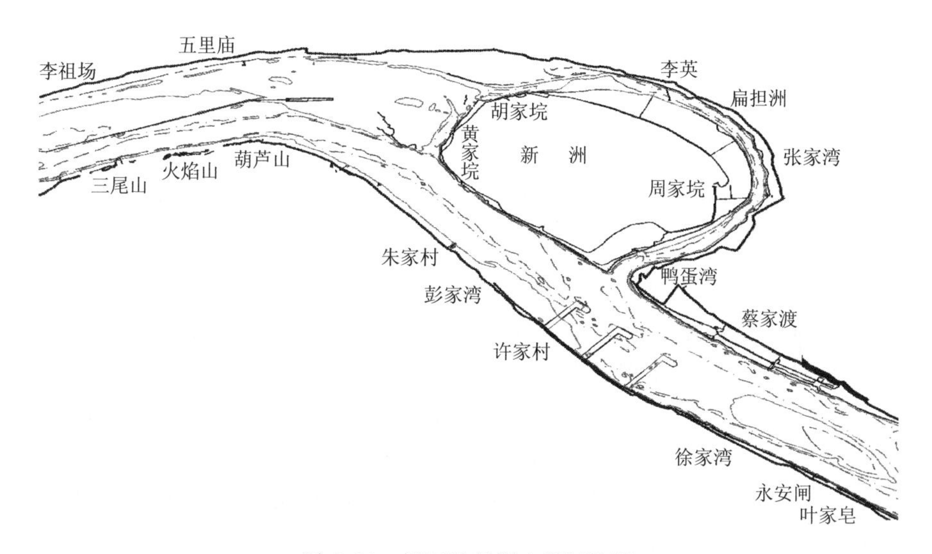

图 6.16　坝下游新洲水道河势图

件。三峡水库蓄水运用后，来沙减小、水流冲刷动力增强，加之中洪水期持续时间的延长，在不饱和挟沙水流作用下，滩面受到冲刷，且难以淤还，受此影响，中枯水流路也逐渐向凸岸侧摆动，凹岸逐渐淤积，凸岸逐渐冲刷，原有的正常型浅滩逐渐向交错态势发展。如反嘴弯道内，凸岸侧反嘴边滩近期持续冲刷，边滩根部出现窜沟，浅滩由正常型逐渐向交错型过渡，如图 6.17所示。近期部分弯道段因河势受限，或凸岸边滩已经得到有效守护，凸冲凹淤的现象逐渐弱化，弯道段航道条件总体呈现相对稳定态势。如 2016—2017 年，熊家洲至城陵矶河段的局部弯道段凸岸边滩实际有所恢复。2017—2018 年，因水位偏枯且退水速度较快，局部仍处于天然条件的熊家洲至城陵矶河段再度出现“凸冲凹淤”现象，航道部门对该段内的八仙洲水道实施了汛后维护疏浚。

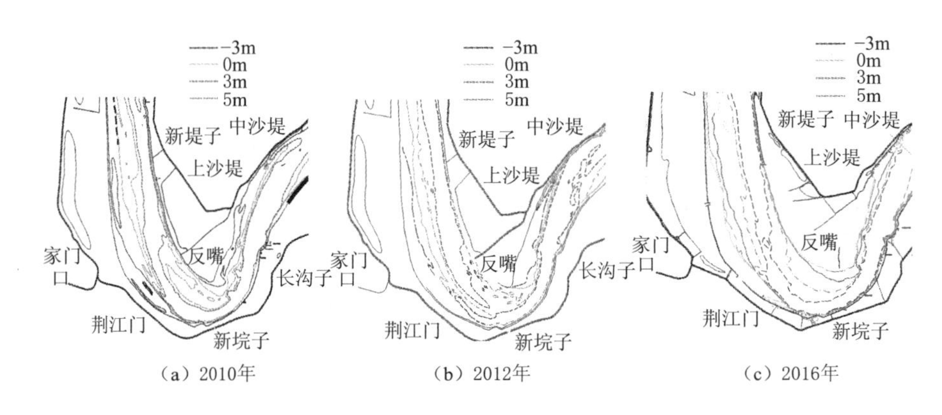

图 6.17 坝下游反嘴弯道段浅滩形态变化对比

(3) 顺直河段。顺直河段的边滩形态完整与否是影响河段浅滩航道条件的关键，在三峡水库蓄水运用后，清水持续冲刷的作用下，局部岸线崩退、边滩冲刷，使得河道展宽、河心淤积，边滩根部出现窜沟，在边滩冲刷较为剧烈的河段，浅滩恶化极为明显，短期内浅滩便可由正常型逐渐向交错型甚至散乱型发展。如大马洲水道，2010—2014 年间，浅滩形态由正常型逐渐向交错型转化，目前，随着丙寅洲边滩根部窜沟的逐渐发展，浅滩形态正逐渐向散乱型转化，如图 6.18 所示。长江中游荆江航道整治工程实施后，对丙寅洲一带高滩岸线进行了稳定，同时对边滩根部窜沟进行了控制，2016 年后航道条件又呈现逐步稳定趋于好转的态势。蓄水初期滩槽形态有所恶化的斗湖堤水道，近年来通过航道整治，滩槽形态总体较为稳定，航道条件转为优良。

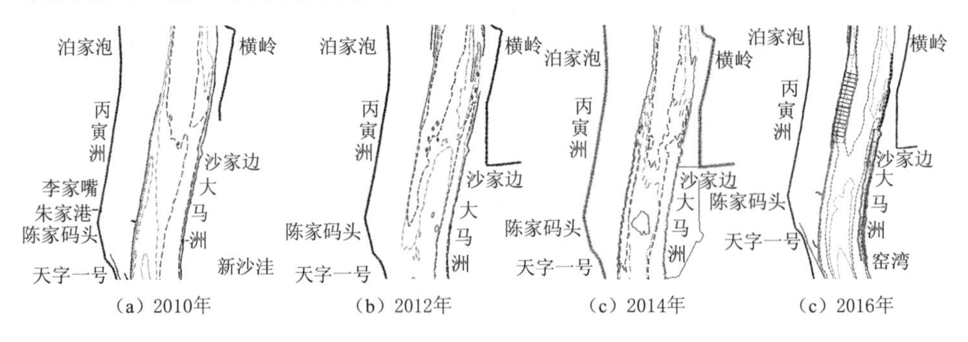

图 6.18 坝下游大马洲水道丙寅洲附近浅滩形态变化对比

6.3 三峡库区与坝下游航道泥沙治理措施

6.3.1 库区航道泥沙治理与维护措施

6.3.1.1 库区航道泥沙治理

（1）库区航道冲淤特性。

自2008年175m试验性蓄水运用以来，三峡水库变动回水区中段（重庆—长寿河段）出现卵砾石累积性淤积趋势。三峡常年回水区宽窄相间平面形态使冲淤流速交错分布，导致泥沙分散淤积在常年回水区的宽谷河段而非普遍的三角洲淤积，如图6.19所示。

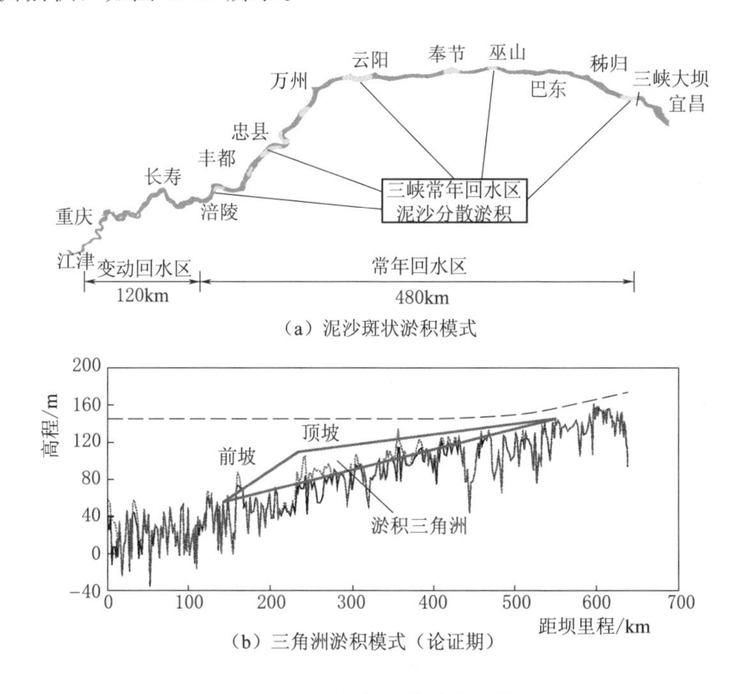

图6.19 三峡库区淤积分布模式

（2）库区航道演变预测。

2008年175m试验性蓄水运用以来，开展了库区重点河段20个滩险的连续十年观测，如图6.20(a)所示；提出了库区泥沙冲淤的流速带判别方法，流速小于0.6m/s时淤积，大于1.1m/s时冲刷，两者之间则不冲不淤，如图6.20(b)所示；建立了新的悬移质泥沙运动方程和河床变形方程，如图6.20(c)所示。建立了三峡水库整体二维航道演变预测模型，能够较为准确模拟新水沙条件下三峡库区泥沙淤积分布在不连续的宽谷河段且呈斑状淤积的特征，计算误差小于15%[24]。

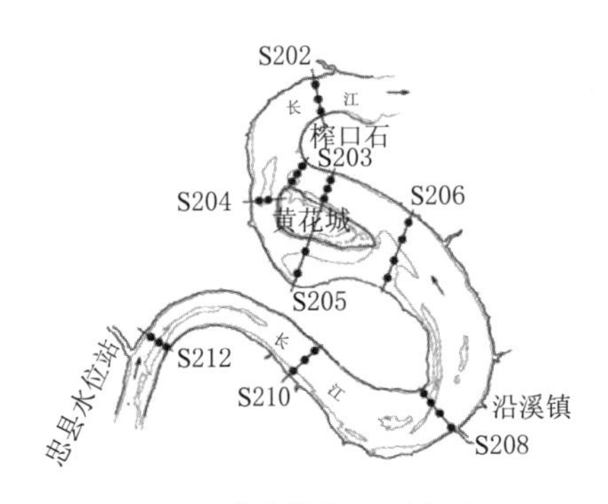

（a）黄花城原型观测布置

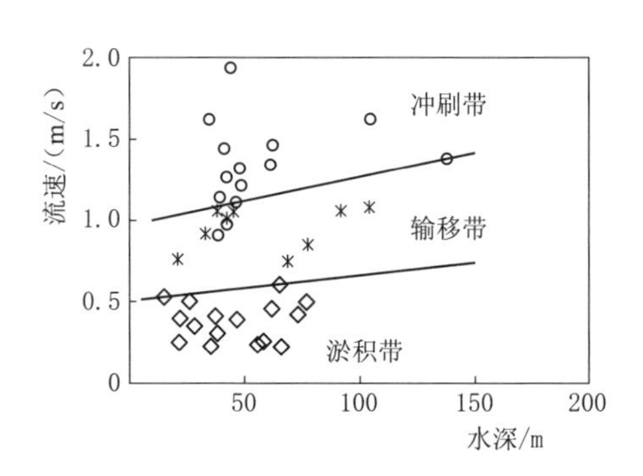

（b）泥沙冲淤流速带

传统模型	$\frac{\partial(AS)}{\partial t}+\frac{\partial(QS)}{\partial x}+\alpha\omega(S-S_*)=0$ $\frac{\partial(\rho_s Z)}{\partial t}=\alpha\omega(S-S_*)$

新模型	$\frac{\partial S}{\partial t}+u\frac{\partial S}{\partial x}+v\frac{\partial S}{\partial y}+\frac{1}{h}(\alpha_1\omega S-\alpha_2 E)=0$ $\frac{\partial(\rho_s Z)}{\partial t}=\alpha_1\omega S-\alpha_1 E$ $\alpha_1=\begin{cases}1, v\leqslant v_d\\0, v>v_d\end{cases}$，且 $v_d=0.6\text{m/s}$ $\alpha_2=\begin{cases}0, v<v_d\\1, v\geqslant v_d\end{cases}$，且 $v_d=1.1\text{m/s}$

（c）航道演变新模型

图6.20 三峡库区细沙输移特性及航道演变模型

（3）常年回水区局部河段碍航机理。

进一步证实了三峡库区的泥沙絮凝现象，如图6.21(a)所示，揭示了水流弱紊动促进絮凝、强紊动破坏絮凝的过程，定量提出了泥沙絮凝沉速与水流流速关系的表达式，絮凝沉速可达原始颗粒沉速的10倍，如图6.21(b)所示。揭示了三峡水库局部淤积河段（如黄花城河段）运行10年达到动态平衡碍航的机理，突破了论证期淤积平衡需要超过100年的传统认识，如图6.21(c)所示[24]。

（4）消落期变动回水区卵石走沙条件。

实例得到了三峡变动回水区消落期卵石沙体时空二向剧增碍航的物理过程，如图6.22(a)所示，提出了“内层壁面涡包-外层发夹涡包结构的

(a) 絮凝现象

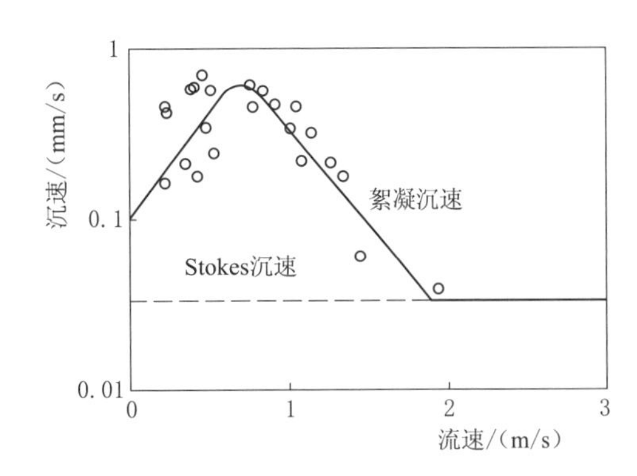

(b) 絮凝沉速变化规律

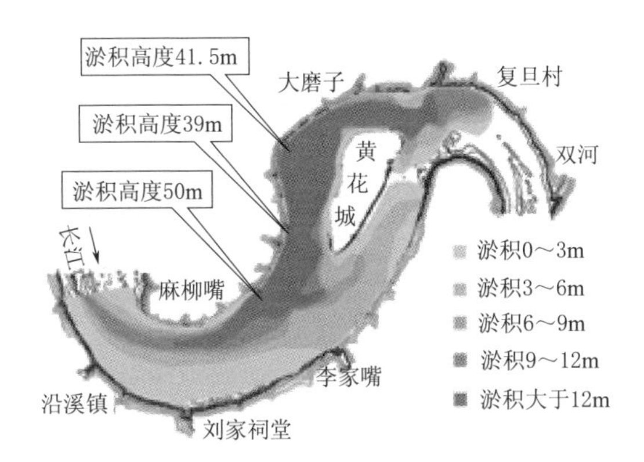

(c) 黄化城动态淤积平衡（运行10年）

图 6.21 三峡库区泥沙絮凝特性

流速局部均匀”的湍流结构概念模型，推移质输沙带取决于河床平面形态量级的超大尺度环流结构，卵石输移的形态结构取决于水深量级的大尺度高低流速带结构，卵石颗粒启动直接与发夹涡结构有关，如图 6.22(b) 所示；提出了消落期变动回水区卵石走沙条件，如图 6.22(c) 所示。揭示了三峡水库变动回水区消落期卵石移动沙体碍航机理，突破了变动回水区悬移质淤积碍航的传统认识[25]。

6.3.1.2 库区航道泥沙治理维护技术

(1) 导流坝分流调整流速以冲刷和稳定航槽的悬移质碍航浅滩整治

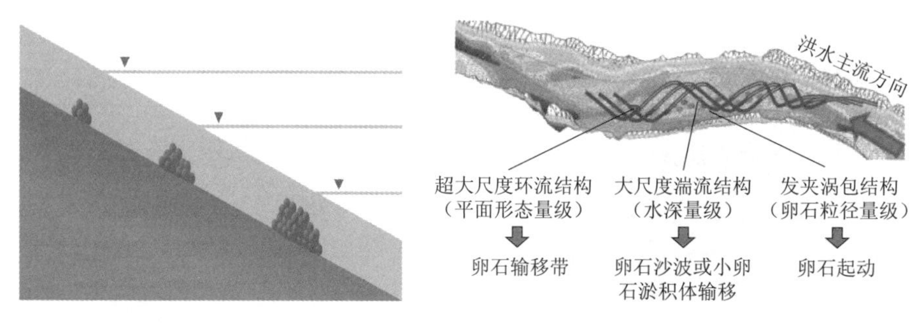

（a）移动沙体剧增过程

（b）湍流结构与卵石运动关系

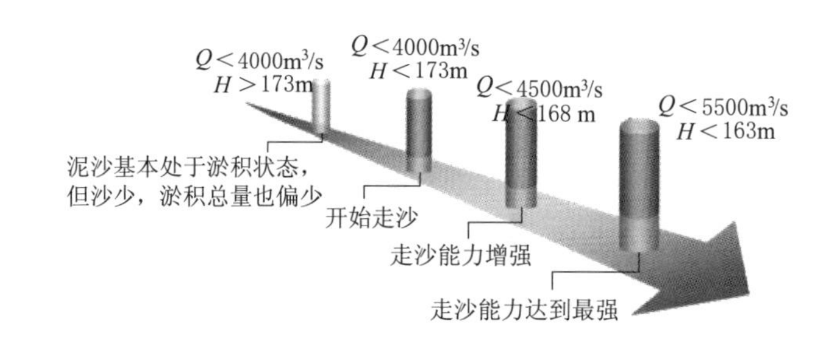

（c）变动回水区走沙条件

图 6.22　三峡库区尾卵石输移动力机制

技术。

提出基于原型沙的细颗粒泥沙冲淤物理模型试验方法，利用导流坝改变分汊河段的分流比，如图 6.23(a) 所示，进而产生可破坏泥沙絮凝的输沙和冲刷流速以冲刷和稳定航槽，如图 6.23(b) 所示，并给出了最优的导流坝布置参数，如图 6.23(c) 所示[22-23]。

(2) 卵石滩群联动协调和多级疏浚备挖槽的变动回水区消落期卵石移动沙体碍航滩险整治技术。

基于河流功率最小原理提出了三峡变动回水区卵石滩群河段协同调控技术，如图 6.24(a) 所示，解决了浅、急交错滩群航道整治问题；针对三峡变动回水区消落期卵石沙体集中输移碍航新问题，突破传统的束水攻沙方法，提出多级疏浚备挖槽为主的变动回水区航道整治新方法，如图 6.24(b)所示；比较了朝天门—涪陵河段设计水深提升至 4.0m、

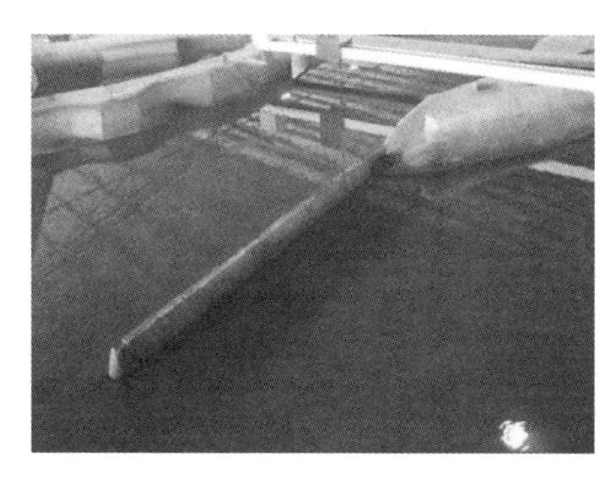

(a) 导流坝分流

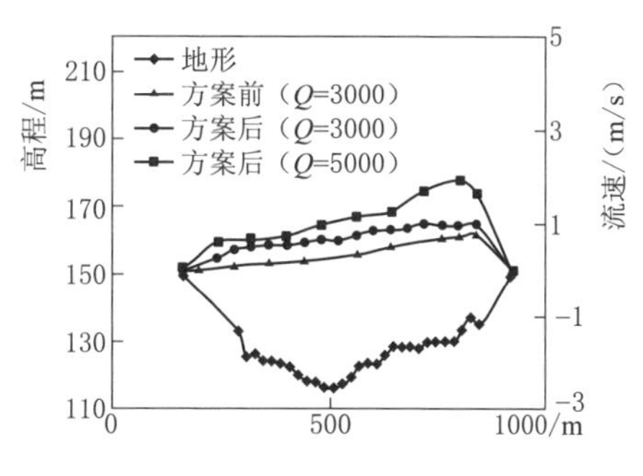

(b) 断面流速调整结果

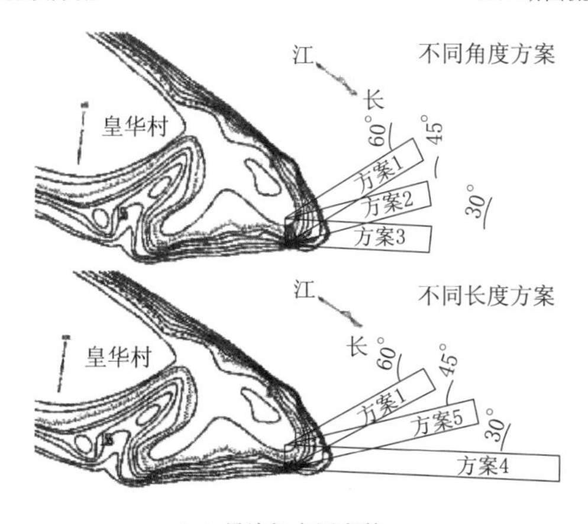

(c) 导流坝布置参数

图 6.23 三峡库区细沙碍航浅滩导流坝布置及效果模拟

4.5m、5m 的整治方案可行性，提出了变动回水区 120km 航道由 3000t 级提升至 5000t 级的航道潜力提升方案，如图 6.24(c) 和图 6.24 (d) 所示[24]。

(3) 大水深航道淤泥质环保疏浚技术。

揭示了库区深水航道淤泥质疏浚过程中污染物的释放规律，如图 6.25(a) 所示，提出了投加钝化剂、合理选择疏浚时间等以降低淤泥质疏浚中污染物释放的环保疏浚方法；研制了一种带罩螺旋绞刀结构形式的疏浚设备，如图 6.25(b) 所示，提出了设备最优参数，如图 6.25(c) 所示[23]。

6.3.1.3 库区航道泥沙测试系统与整治新结构

1. 大尺度紊动下细颗粒泥沙絮凝沉降试验系统

研发了沉降高度 2m 的横向振动格栅紊流室内试验装置，如图 6.26(a) 所示，较经典 Rouse 垂向振动模式，产生水流紊动条件的同时显著消除泥沙

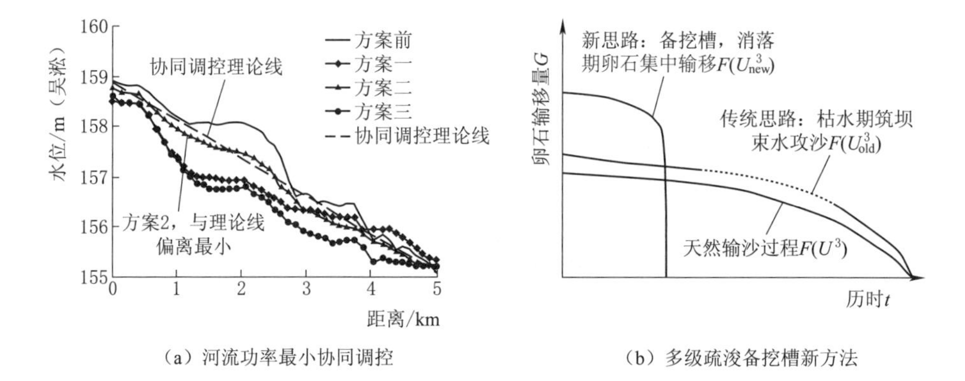

（a）河流功率最小协同调控　　（b）多级疏浚备挖槽新方法

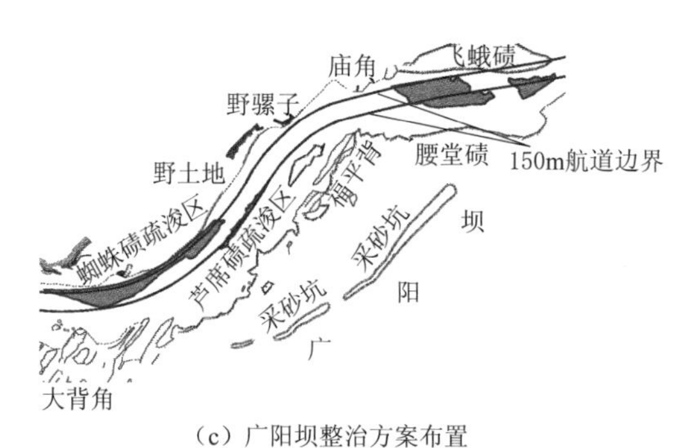

（c）广阳坝整治方案布置

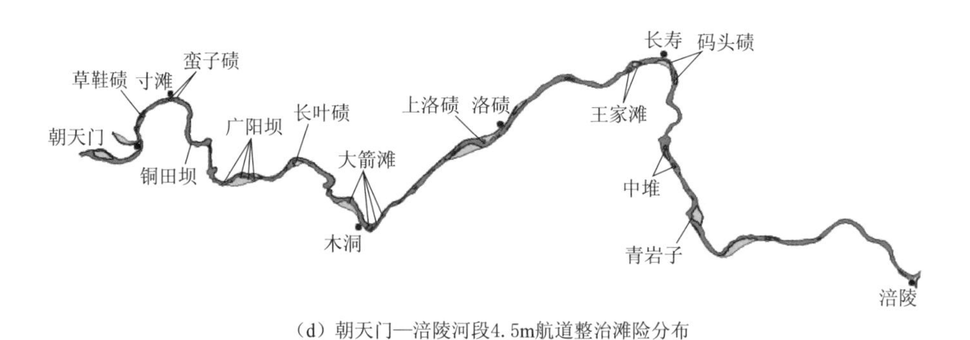

（d）朝天门—涪陵河段4.5m航道整治滩险分布

图 6.24　三峡库区卵石滩群整治新方法及示范

沉降方向的惯性影响，且横纵向紊动强度之比为 1.5～2.0 与天然河流一致，如图 6.26(b) 所示。研发了基于粒子追踪法的沉速测量设备，如图 6.26(c) 所示，实现了泥沙絮凝高时空分辨率下的图像识别，沉速测量精度达 0.006mm/s，克服了细泥沙颗粒紊动条件下絮凝过程难以试验观测的难题，用于三峡水库常年回水区深水条件下絮凝机理研究[23]。

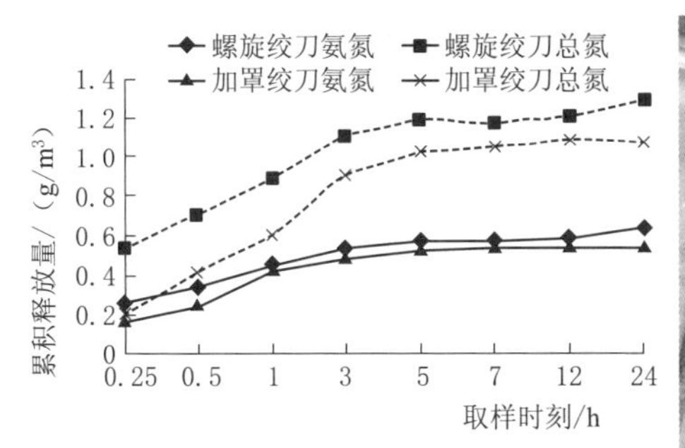

（a）污染物释放规律

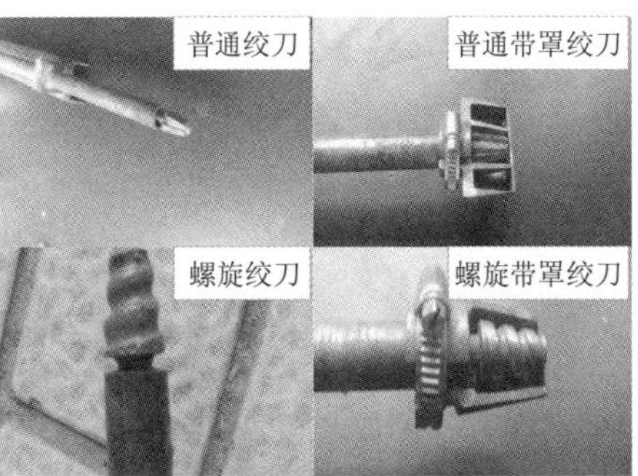

（b）带罩螺旋绞刀

参数	绞刀结构尺度
绞刀长度L/m	2.5
绞刀直径D/m	2.0
刀片螺旋角Y/（°）	7.5
绞刀圆锥角b/（°）	16
绞刀转速n/（r/min）	40
绞刀横移速度V/（m/min）	10

（c）设备最优参数

图 6.25 三峡库区污染物特征及环保疏浚设备

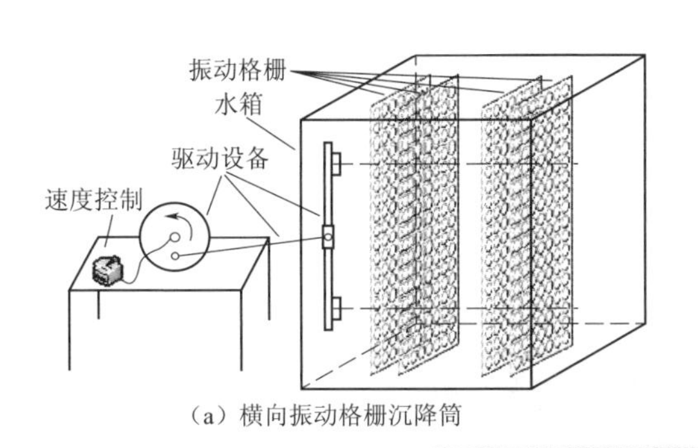

（a）横向振动格栅沉降筒

（b）横纵紊动强度对比

（c）泥沙沉降摄像系统

图 6.26 大尺度紊动下细沙絮凝沉降试验系统

2. 超大山区河流卵石运动原型实时监测系统

研发了基于声学和压力法的卵砾石时空输移实时监测系统，如图6.27(a)所示，解决了现场复杂水下环境下的多元信号深度挖掘和识别，如图6.27(b)所示，天然河流中卵石时空运动过程的实时连续监测采样效率达到85%，远大于国内外现有的原型卵石运动采样效率8%～30%，如图6.27(c)所示，有效保障了三峡水库变动回水区卵石运动的现场观测。

(a) 卵石运动监测设备

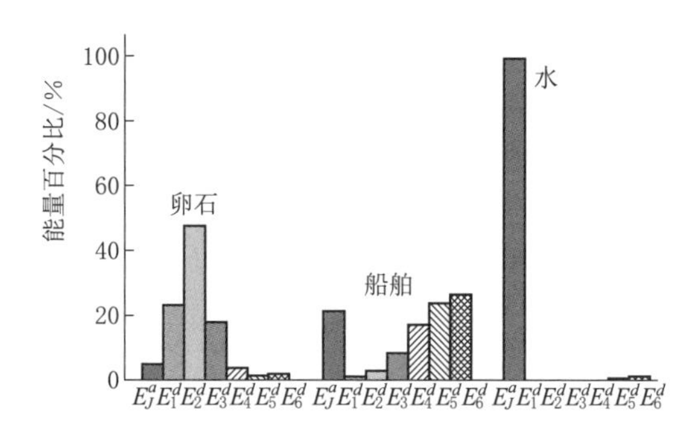

(b) 信号识别效果

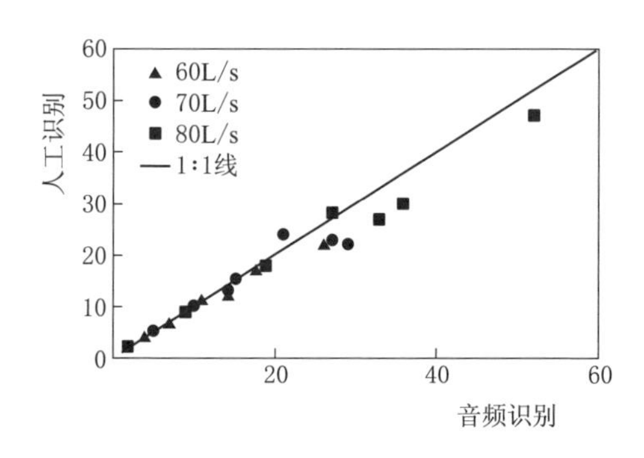

(c) 输沙率监测效果

图6.27 山区河流卵石运动原型观测系统

3. 库区航道整治建筑物结构形式

基于库尾流速大、卵石运动剧烈及传统抛石坝体水毁现象严重等特点，提出了“混凝土嵌卵石护面”“扭王字块护面+抛石坝体”等10余类航道整治建筑物新结构，如图6.28所示[24]。

6.3.2 坝下游航道泥沙治理与维护措施

6.3.2.1 坝下游航道泥沙治理认识

1. 冲积河流非均匀推移质泥沙输移机理

基于研究非均匀推移质各组分之间的相互作用，通过引入增强因子 En 定

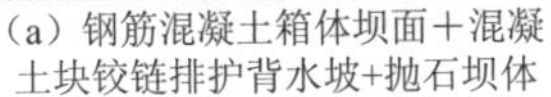

(a) 钢筋混凝土箱体坝面＋混凝土块铰链排护背水坡+抛石坝体

(b) 块石混凝土坝面＋混凝土块铰链排护背水坡+抛石坝体

(c) 扭王字块护面＋抛石坝体

图 6.28　三峡库区航道整治结构新形式

量表征非恒定流对推移质输移的增强作用，如图 6.29(a) 所示，并定量阐述粗细颗粒在输移过程中的相互作用，如图 6.29(b) 所示，建立了非均匀推移质各组分泥沙的输沙率计算公式。

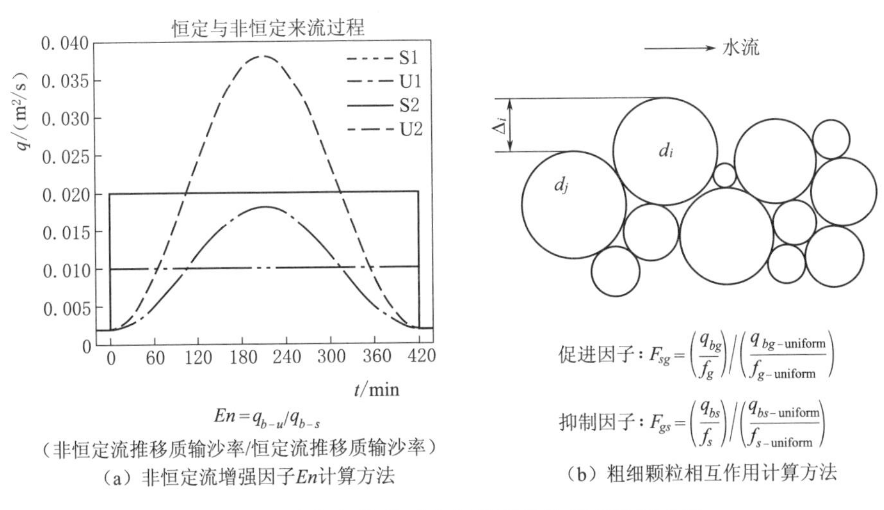

(a) 非恒定流增强因子En计算方法

(b) 粗细颗粒相互作用计算方法

图 6.29　非均匀推移质各组分泥沙输移率计算方法

2. 不同类型洲滩冲刷机理与防护效应

基于概化模型、数学模型等多种科学手段融合，研究了心滩、边滩、高滩等不同形态洲滩的冲刷机理，揭示了护滩工程平面和剖面的水力、冲淤特性，以及护滩工程的防护效应，如图 6.30 所示；从护底防护机理出发，提出了局部冲刷计算公式，如图 6.31 所示。

护滩工程局部冲刷计算公式：

$$\frac{\mu}{U_*}=8.5+5.75\lg\left(\frac{y}{K_s}\right)$$

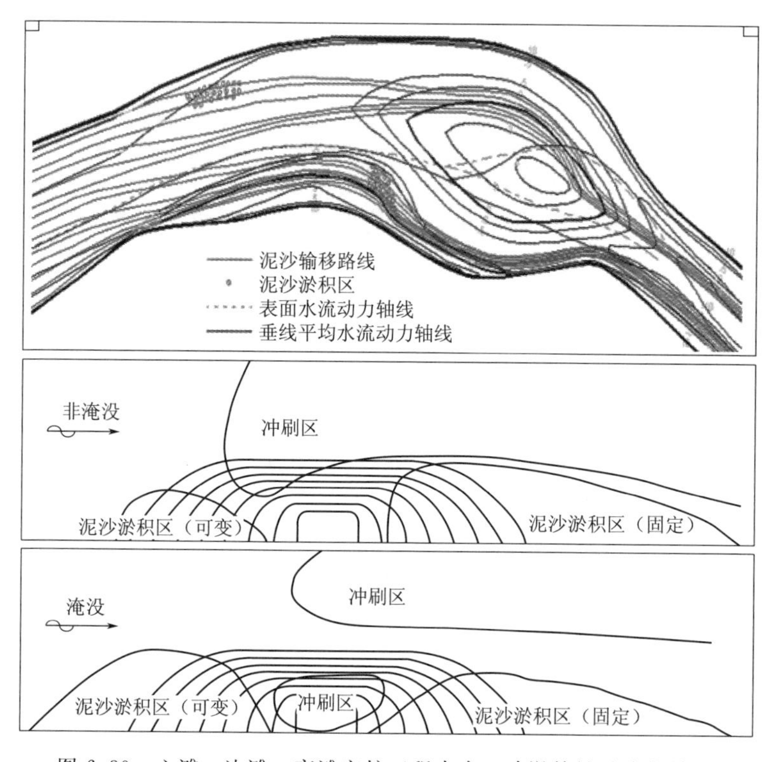

图 6.30 心滩、边滩、高滩守护工程水力、冲淤特性及防护效应

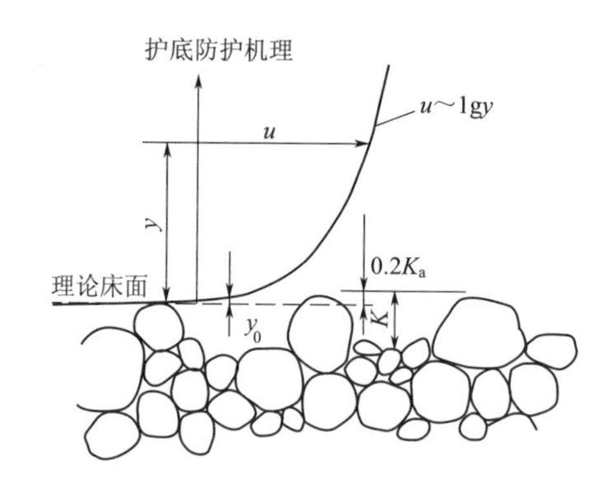

图 6.31 防护机理及局部冲刷计算公式

$$h_L=\frac{aq^2}{2g}\left[\frac{1}{h-\frac{\Delta}{2}}-\frac{1}{h+\frac{\Delta}{2}}\right]^2\approx\frac{aU^2}{2g}\left(\frac{\Delta}{h}\right)^2$$

$$\frac{h_s}{h}=0.1797\left(\frac{v}{u_c}\right)^{1.427}e_1^{0.211}e^{0.0485\frac{b}{h}(e_2-1)}$$

3. 水库蓄水运用后坝下游航道演变机理与发展趋势

揭示了三峡水库坝下游不同类型河段航道演变的驱动因子，阐明了坝下游干线典型河段滩槽演变机理与水沙输移的关系：砂卵石河段河床冲刷以及下游沙质河段水位下降溯源传递导致枯水位下降，局部河段“坡陡、流急、水浅”的问题，如图 6.32 所示；上荆江微弯分汊河段在分汊口门、弯道段及两弯道之间的长直或放宽过渡段等局部河段向宽浅方向发展；下荆江顺直过渡段边滩冲刷萎缩，弯道段凸岸边滩受冲切割，航槽向宽浅方向发展。

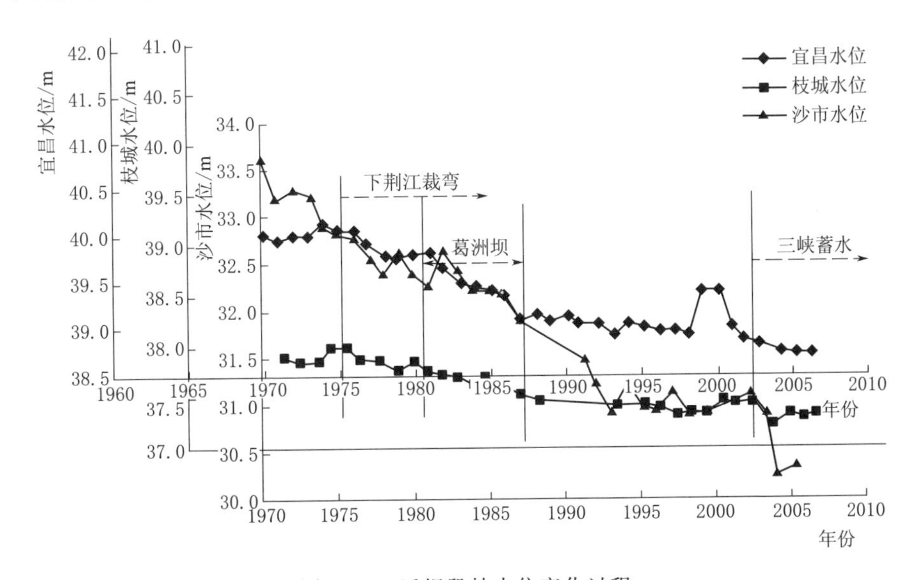

图 6.32 近坝段枯水位变化过程

6.3.2.2 坝下游航道泥沙治理维护技术

1. 航道系统整治思路

针对中下游河段的航道问题，提出通过整治重点碍航浅滩和加强控制守护滩槽格局相结合、改善航道条件与遏制不利变化趋势相结合、提高航道尺度与减少水位下降相结合的航道治理总体思路。基于新水沙条件河床演变特征，提出了适用于不同类型浅滩的航道整治原则。

(1) 分汊型浅滩，需通过整治工程守护江心洲（滩）、稳定并适当缩窄汊道分汇流放宽段边界、调整汊道分流比，集中水流加强主航槽浅区的水动力条件，如图 6.33 所示。

(2) 顺直型浅滩，通过整治工程守护边滩、高滩等河道边界，保持滩体稳定，限制主流摆动幅度，引导水流归槽，如图 6.34 所示。

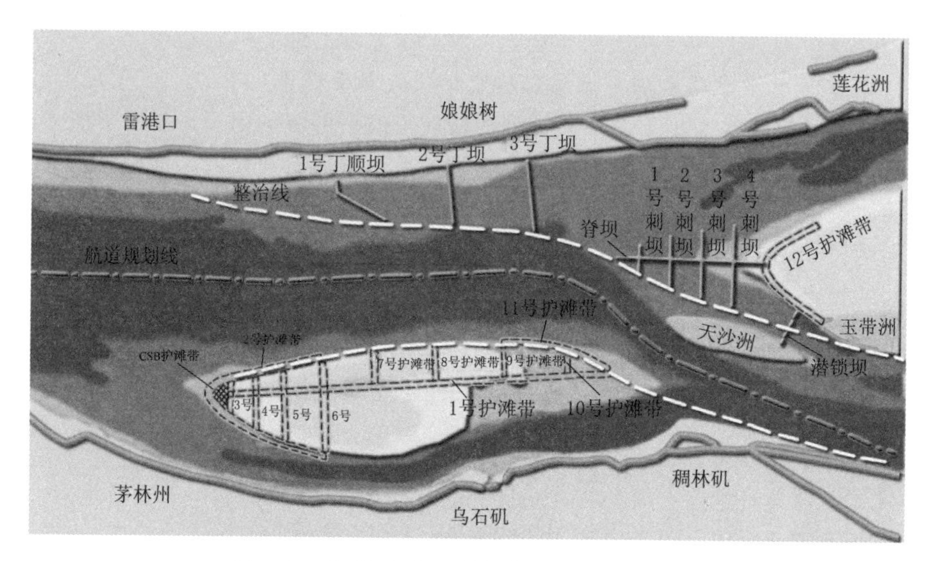

图 6.33 坝下游东流水道航道整治工程平面布置

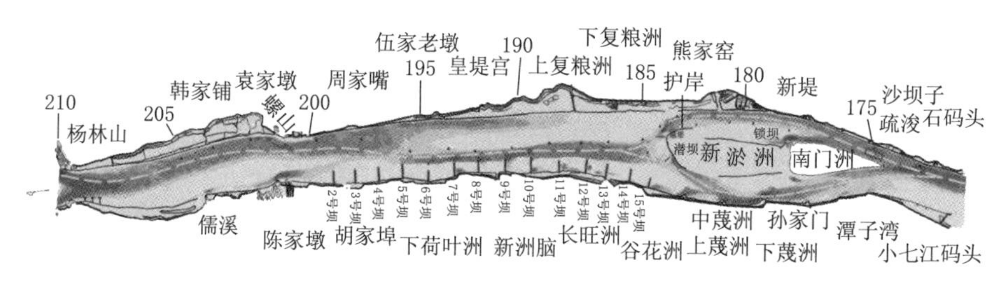

图 6.34 坝下游界牌河段航道整治工程平面布置

(3) 弯曲型浅滩，通过整治工程守护河道岸线稳定，防止凸岸边滩冲刷切割，稳定弯道主流，如图 6.35 所示。

2. 设计水位与整治参数确定方法

定量揭示了流量补偿、河床变形、日调节等因素对设计水位变化的影响，如图 6.36 所示，提出了枢纽运行条件下长江中下游设计通航水位的推求方法，认为大型枢纽运行初期，采用设计流量反求设计水位较为适宜。

按工程性质的不同，分别提出了守护型与调整型工程整治参数确定方法。守护型工程的整治水位宜采用浅滩段边心滩高程控制法，整治线宽度宜采用浅滩优良时期河宽法；调整型工程整治水位由整治流量推求，选择汛后出现频率较高、浅滩冲刷较迅速的流量作为整治流量，同时根据局部时段局部断面输沙不平衡特点，对整治线宽度公式进行了改进：

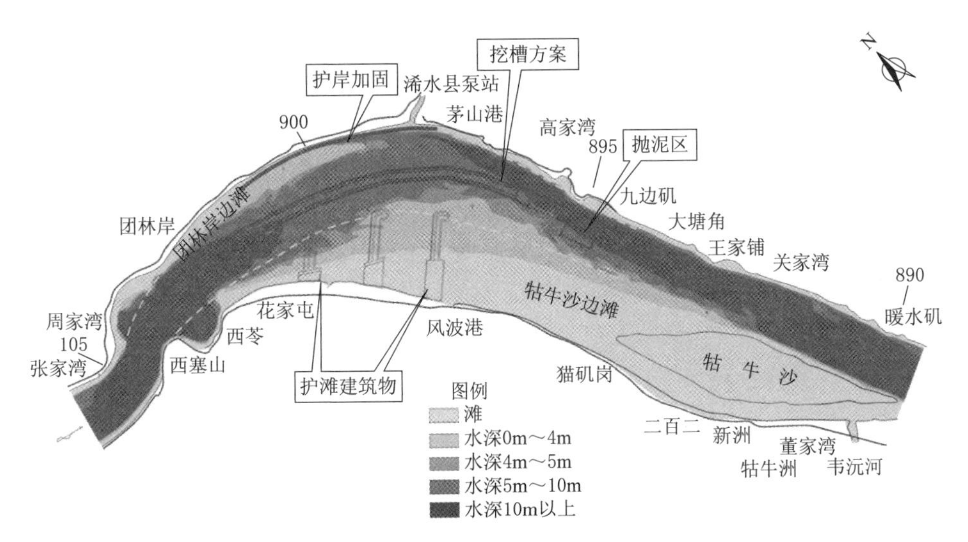

图 6.35　坝下游牯牛沙水道航道整治工程平面布置

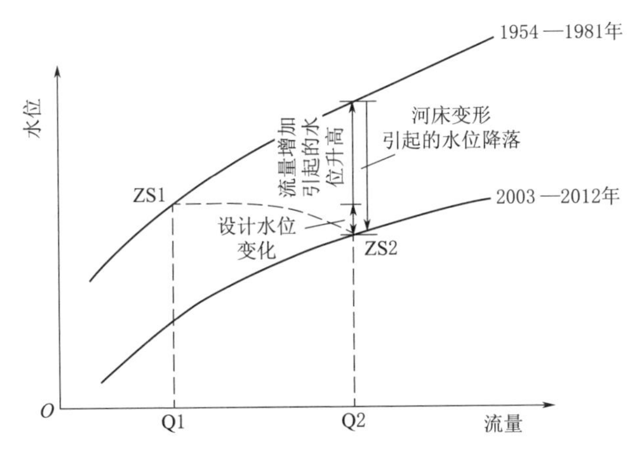

图 6.36　设计水位影响因素

$$B_2=\frac{1}{K^{1/3}}\left(\frac{\beta_2}{\beta_1}\right)^{\frac{1}{3}}\left(\frac{Q_2}{Q_1}\right)^{\frac{4}{3}}\left(\frac{U_{b1}}{U_{b2}}\right)^{\frac{1}{3}}\cdot B_1\left(\frac{H_1}{H_2}\right)^{\frac{4}{3}} \tag{6.1}$$

式中：K 为平衡系数，由 $K\sum G_{S1}=\sum G_{S2}$ 得 $K=\frac{2\Delta H_x}{H_1}+\frac{\lambda_2}{\lambda_1}$，$\Delta H_x$ 为碍航淤积厚度。

3. 新水沙条件下的“固滩稳槽”整治方法

从护底、边滩守护、心滩守护、高滩守护等多种工程类型，系统阐述了新水沙条件下，“固滩稳槽”的洲滩守护方法。对于长江中下游普遍存在的分叉型浅滩，基于新水沙条件下汊道分流的自适应机制，提出了普遍适用于长江中下游分叉型浅滩的通航汊道选择方法。根据分叉型浅滩航道问题的时空属性，基于分叉型浅滩演变的关键性因素，提出了控制与调整相结合的汊道治理方法，其基本途径是控制边心滩冲蚀、促进洲滩淤积塑造良好滩槽形态，如图 6.37所示。

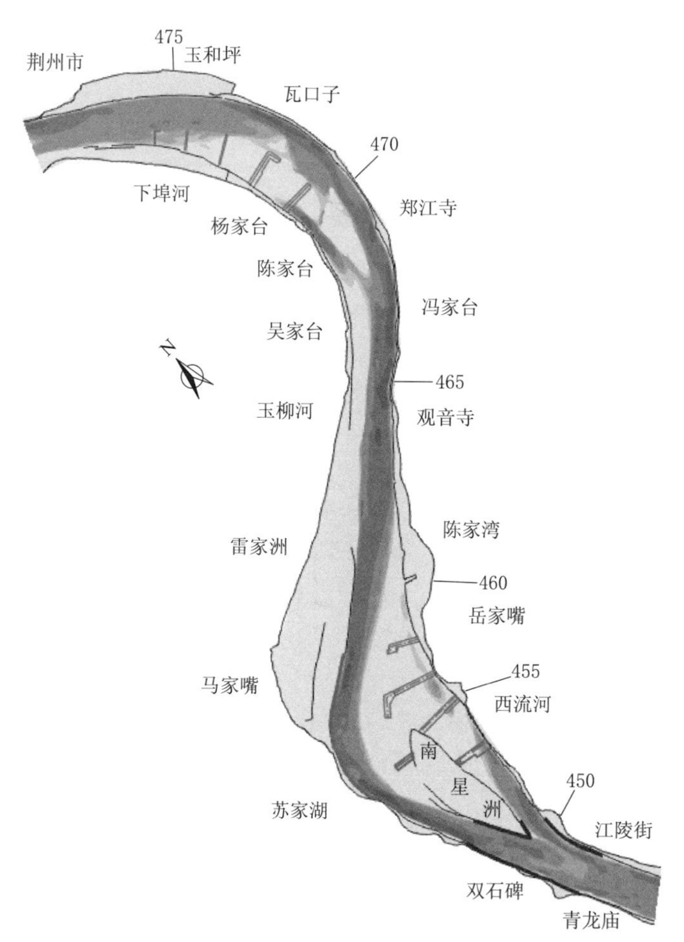

图 6.37 分叉型浅滩整治方法——支叉控制

（瓦口子—马家嘴河段）

4. 整治建筑物可靠度及设计使用年限计算方法

在分析整治建筑物水毁机理的基础上，初步提出了航道整治建筑物可靠度的概念，探索建立了软体排、抛石丁坝可靠性判别模型，并初步提出了软体排、抛石丁坝设计使用年限计算方法，见式（6.2）～式（6.6）。

软体排可靠度计算公式

$$软体排水毁面积\ \frac{S_{毁}}{S_{总}}=k_1(F_r)^{k_2}\left(\frac{L_D}{h}\right)^{k_3}\left(\frac{L_D}{B}\right)^{k_4}\left(\frac{h_s}{h}\right)^{k_5}\left(\frac{r_s-r}{r}\right)^{k_6} \tag{6.2}$$

$$基于模糊数学的可靠度\quad 超安全度\ \gamma=\frac{F_r-\phi\cdot P_r}{P_r} \tag{6.3}$$

抛石丁坝使用年限计算公式

抛石丁坝水毁体积比

$$K=1-\frac{V_{毁}}{V_{总}}=1-0.000069\times\left(\frac{V_m-V_c}{\sqrt{gH}}\right)^{1.1}\times\left(\frac{L_D}{H}\right)^{-0.25}\times\left(\frac{d_{50}}{H}\right)^{-0.7}\times\left(\frac{D}{H}\right)^{-0.9}\times\left(\frac{180-\theta}{90}\right)^{0.11} \tag{6.4}$$

K 阶段不同洪峰流量洪水循环作用下丁坝失效概率

$$P_{fk}(n_1,n_2,\cdots,n_k)=1-\exp\left\{\left[\cdots\left(\left(\frac{n_1-m_1}{a_1}\right)^{\frac{b1}{b2}}+\frac{n_2}{a_2}\right)^{\frac{b2}{b3}}+\frac{n_x}{a_x}\right]^{b_x}\right\} \tag{6.5}$$

经一定洪水循环作用后丁坝剩余寿命：

$$n_r=N_2-n_{1,2e}-n_2 \tag{6.6}$$

6.3.2.3 坝下游航道泥沙治理新结构

三峡水库蓄水运用后，干流来沙量减少了90%以上，整治建筑物受冲加剧。早期工程由于守护范围有限，工程结构强度过低，出现了一定的冲刷破坏。经过近20年的探索实践，航道部门通过总结调研、理论计算、模型试验、现场试验等手段，在揭示不同类型整治建筑物局部冲刷特点、破坏机理及防护效应的基础上，从适应河床变形能力、加强结构强度、促进淤积的角度，提出了单元块D型软体排护底[25]、大型钢丝网笼护底[26]、仿沙波软体排[27]，可控式网箱[28-29]、仿生水草垫促淤等[30]新结构，如图6.38所示，为提高整治

(a) 单元块D型软体排护底

(b) 仿沙波软体排

图6.38（一） 典型防冲促淤新结构

（c）可控式网箱

（d）仿生水草垫

图6.38（二） 典型防冲促淤新结构

建筑物的稳定性、发挥工程整治效果提供了保障。

基于荆江河段水利、防洪与航道整治工程的相互影响，研发了适用于水利、防洪要求的混凝土预制件透水坝[31]及自嵌式挡土墙[32]航道整治工程新结构，如图6.39(a)、图6.39(b)所示。基于河床水生生境、岸滩植被生长与航道整治工程的响应关系，研发植生型钢丝网格护坡结构[33]、新型生态排[34]、鱼巢砖[35]及植入型生态固滩结构[36]等，如图6.40所示。

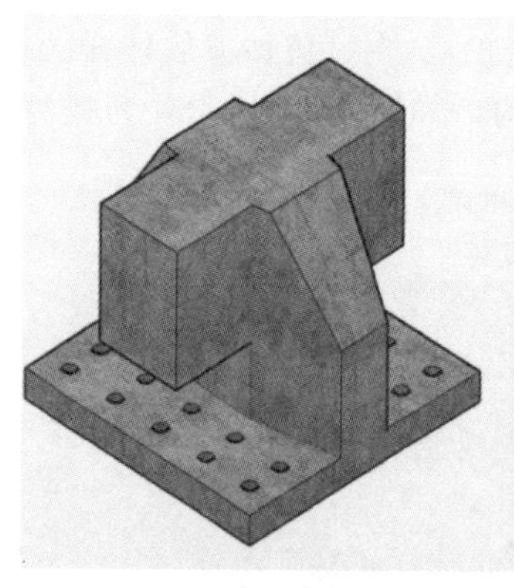
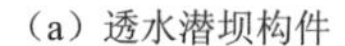
（a）透水潜坝构件

（b）自嵌式挡土墙

图6.39 典型兼顾水利、防洪要求的新结构

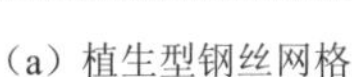

（a）植生型钢丝网格

（b）生态排

（c）鱼巢砖

（d）植入型生态固滩

图 6.40 典型生态结构

6.4 库区与坝下游航道泥沙问题

6.4.1 库区航道泥沙治理的关键问题与难点

三峡水库蓄水运用以来，改善了库区航道条件，为航运发展提供了有力支撑，航运发展促进船舶大型化，对航道条件提出更高要求。据统计 2014 年三峡船闸过闸货船平均吨位由 2003 年的 1040t 提高到 3760t，三峡水库主力货船由以往的 3000t 级提升至目前的 5000t 级，重庆市新增货船载重均在 7000t 级左右，滚装船也出现了大型化的趋势，2011 年“长江黄金 1 号”“长江贰号”“总统旗舰号”等船长在 130m 以上的大型豪华旅游客轮投入运行，见表 6.3。因此，三峡库区航道 4.5m×150m×1000m 尺度标准是实现长江经济带发展的迫切需求[37]。

表 6.3 三峡库区现行船型情况统计表

船　名	总长/m	型宽/m	型深/m	载重/t	满载吃水/m	备　注
巨航 06	94.60	17.20	4.80	4480	4.20	货船
世纪天子	126.8	17.60	4.20	306 人	2.7	旅游船
长江黄金 2 号	149.9	24.0	4.2	570 人	2.7	旅游船
民本	112	17.2	5.8	4300（300 标箱）	3.8	集装箱船
帝豪 1008	118	20.26	5.7	7000（348 标箱）	5.1	集装箱船

新标准下的三峡库区航道治理主要需要解决以下两个方面的关键问题。

1. 变动回水区消落期卵石河段的少量淤积与输移引起的碍航问题

三峡变动回水区涪陵—重庆河段有典型的长寿滩群、洛碛滩群，野土地滩群及广阳坝滩群等 5 个大型卵石滩群，如图 6.41 所示。根据前述库区海损事故分布统计，主要发生在上述卵石滩群段。目前，对该段卵石碍航的认识仅停留在定性认识上，尚难在变动回水区航道条件改善的实际工程中发挥理论技术性指导作用。因此，需对变动库区航道与天然航道转化过程（消落期）中卵石输移过程及回淤机制（包括卵石运动、强度等），特别是三峡库尾重点河段的洪水期、消落期的卵石输移过程、淤积幅度、部位以及相应的卵石滩群发展趋势对航槽影响等问题开展系统机理及碍航响应机制的量化研究。

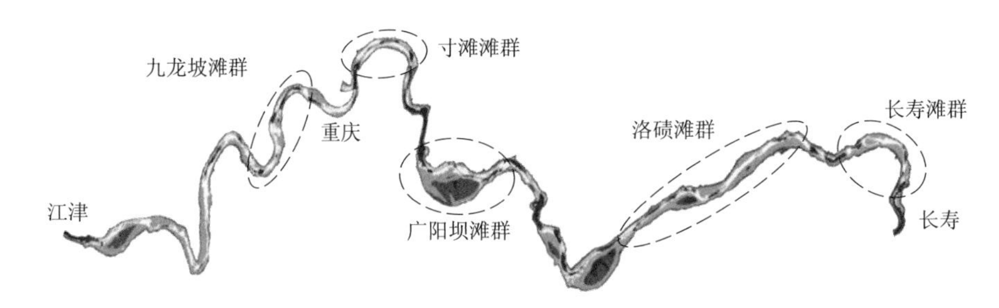

图 6.41　三峡变动回水区卵石滩群分布

2. 变动回水区通航限制河段安全航线规划

三峡水库蓄水运用后，变动回水区消落期水流条件是影响航道条件的主要因素，局部河段在消落期出现航道有效尺度不足，最小水深、弯曲半径不能满足大型船舶航行需求现象，引起通航条件差，限制了大型船舶航行。目前主要通航限制河段有 19 处，限制航道通行效率，船舶等让久；同时横驶区 34 处，引起过河航线交叉，易碰撞，维护困难，航行安全难以保障。图 6.42 为库区典型通航限制河段王家滩段的通航困难特性。因此，在新标准下为确保大型船舶的行驶安全，需要根据船舶航行操纵以及航道水流条件参数，建立适应于船舶适航水力参数的计算方法，并提出船舶安全航行水域的智能判别方法，构建最优航线的智能决策模型。

图 6.42　三峡水库变动回水区典型通航限制河段王家滩段通航现状

6.4.2　坝下游航道泥沙治理的关键问题与难点

三峡水库蓄水运用以来，坝下游航道条件得到了显著改善。随着长江沿线经济的迅速发展，对长江航道的运力提出了更高的要求。为了实现 5000t 级船舶在重庆至武汉河段间直达，更好发挥航运效益，坝下游宜昌至武汉段达到 4.5m×200m×1000m 航道标准是非常必要的[38]。新标准下的坝下游航道治理主要需要解决以下两个方面的关键问题。

1. 兼顾解决“水浅流急”问题与控制宜昌水位下降的工程措施

三峡水库蓄水运用以来，坝下游部分砂卵石河段（芦家河、枝江水道）局部河床高凸难冲、水深有限，随着沿程水位的下降，浅滩水深日益紧张；“坡陡流急”现象仍然存在且有所加剧，船舶通行较为困难，通航效率低，且安全隐患突出；另外，“坡陡流急”处出现冲刷下切，节点有所松动的同时，冲起的卵石输移至放宽处落淤形成浅包，挤压航槽。因上述航道问题，目前砂卵石河段维护 3.5m×150m×1000m 的航道尺度已存在较大难度，要达到新标准还需进一步开展航道治理工程。但后续的航道治理必须确保不对宜昌枯水位的稳定造成不利影响，以维持现阶段葛洲坝枢纽船闸的正常运行；并且工程措施还须充分论证与中华鲟自然保护区的关系，贯彻“生态优先、绿色发展”的要求。总之，要实现该段航道等级的提升，工程措施必须协调兼顾解决“水浅流急”问题与控制宜昌水位下降，并满足生态环保要求。

2. 坝下游沙质河段滩槽形态调整机理及量化关系

三峡水库蓄水运用后，坝下游沙质河段滩槽变化显著，河床不稳定，其航道条件年际、年内变化较大。目前，对于上述滩槽调整的规律仅有定性的描述，对其与来流条件响应关系研究仍不充分。从本质上而言，如何准确描述上述现象的内在机理，把握其间的一致性与差异性，是制定特定河段航道治理思路的关键。从目前航道治理工程开展的实践来看，工程方案的确定多依据经验，相关模型论证成果在定性方面基本可展示一般情况下滩槽调整方向，但滩槽调整及工程方案定量化的描述依然难以得到广泛认可。因此，在构建水沙与滩槽形态调整之间的耦合关系及内在机理的基础上，进一步研究两者之间的量化指标，是科学合理制定航道治理方案的关键。

6.5 小结

(1) 三峡水库蓄水运用以来入库径流量基本不变，入库沙量大幅度减少，库区航道条件得到大幅改善。常年回水区航道维护水深提升至4.5m，局部河段（黄花城、凤尾坝、兰竹坝、平绥坝—丝瓜碛）出现边滩和主航道细沙淤积，将可能引起航宽、水深不足而出浅碍航，增加了维护难度。变动回水区重庆以下河段最小维护水深提升至3.5m，消落期恢复为天然航道期间，部分河段（广阳坝、洛碛、青岩子）航槽内推移质输移与暂时性淤积引起航深不足；部分河段（鱼嘴、木洞、长寿）复杂流态引起通航条件仍然较差。变动回水区重庆以上河段最小维护水深提升至2.9m，随着重庆九龙坡—朝天门河段航道整治工程的实施，猪儿碛、三角碛、胡家滩重点河段航道条件得到改善。

(2) 三峡水库蓄水运用以来，坝下游最枯流量增加明显，河道冲刷明显，水库蓄水对航道条件的影响总体利大于弊。砂卵石河段枯水同流量下水位逐渐下降，因最枯流量提升至6000m^3/s左右，宜昌最枯水位不低于37.12m，维持了葛洲坝枢纽船闸的正常运行。芦家河水道沙泓中段“坡陡流急”加剧，并引发了抗冲层松动冲刷，出现了卵石淤积碍航新问题。枝江及以下受沙质河段水位下降溯源传递影响较为突出，水浅问题日益显现。在沙质河段，分汊型河段呈现“短汊发育”的汊道调整规律，弯曲型河段总体呈现“凸冲凹淤”演变现象，顺直河型河势相对稳定，部分有深槽交错发展的现象。部分浅滩河段航道条件仍不稳定。围绕三峡工程建成后坝下游航道治理问题，近年来在设计水位、整治参数、长河段系统治理、滩槽控制技术、工程结构等方面开展了大量研究工作，取得了丰富成果，已应用于一系列大型航道整治工程实践中，取得了较好的应用效果，坝下游航道条件改善明显，整治建筑物稳定性良好，并呈现了一定的生态效益。

(3) 随着加快长江等内河水运发展和长江经济带建设等国家战略的深入推进，构建深水化、网络化、标准化、智能化的生态友好型高等级航道，提升航道通航能力，更好地实现航道资源高效利用，更充分发挥三峡工程航运效益，是今后长江航道治理和维护的趋势和方向。为了支撑未来航道发展，建议：①开展长江干线美丽生态航道关键技术研究，主要解决生态廊道系统构建中的航道建设与运行全过程生境融入与生态修复问题；②开展强人类活动影响下长江航道长河段系统治理技术研究，主要解决新水沙条件、新航道标准下的长江干线不同类型航道提升通过能力的问题；③开展长江干线航道智能监测预警与信息服务关键技术研究，主要解决构建航道高效运行系统所涉及的智能感知、融合与服务问题。

参考文献

[1] 国务院．长江经济带综合立体交通走廊规划（2014—2020年）[J]. 中国水运，2014(10)：21-25.

[2] 泥沙专家组，长江三峡工程泥沙专题论证报告 [A]//水利水电部科学技术司．三峡工程泥沙问题研究成果汇编（160～180米蓄水方案），1988.

[3] 泥沙专家组，中国长江三峡工程开发总公司三峡工程泥沙专家组．三峡泥沙研究“九五”成果汇编第七卷和第八卷 [A]，2002.

[4] 长江科学院．三峡工程水库泥沙淤积计算综合分析报告 [A]//水利水电部科学技术司．三峡工程泥沙问题研究成果汇编（160～180米蓄水方案），1988.

[5] 长江航道规划设计研究院，长江重庆航运工程勘察设计院．长江三峡工程航道泥沙原型观测2008—2009年度分析报告 [R]. 武汉，长江航道局，2009.

[6] 长江航道规划设计研究院，长江重庆航运工程勘察设计院．长江三峡工程航道泥沙原型观测2009—2010年度分析报告 [R]. 武汉，长江航道局，2010.

[7] 长江航道规划设计研究院，长江重庆航运工程勘察设计院．长江三峡工程航道泥沙原型观测2010—2011年度分析报告 [R]. 武汉，长江航道局，2011.

[8] 长江重庆航运工程勘察设计院．三峡库区航道泥沙原型观测2011—2012年度分析报告 [R]. 武汉，长江航道局，2012.

[9] 长江航道规划设计研究院．长江中游航道泥沙原型观测2011—2012年度分析报告 [R]. 武汉，长江航道局，2012.

[10] 长江重庆航运工程勘察设计院．三峡库区航道泥沙原型观测2012—2013年度分析报告 [R]. 武汉，长江航道局，2013.

[11] 长江航道规划设计研究院．长江中游航道泥沙原型观测2012—2013年度分析报告 [R]. 武汉，长江航道局，2013.

[12] 长江重庆航运工程勘察设计院．三峡库区航道泥沙原型观测2013—2014年度分析报告 [R]. 武汉，长江航道局，2014.

[13] 长江航道规划设计研究院．长江中游航道泥沙原型观测2013—2014年度分析报告[R]. 武汉，长江航道局，2014.
[14] 长江重庆航运工程勘察设计院．三峡库区航道泥沙原型观测2014—2015年度分析报告[R]. 武汉，长江航道局，2015.
[15] 长江航道规划设计研究院．长江中游航道泥沙原型观测2014—2015年度分析报告[R]. 武汉，长江航道局，2015.
[16] 长江重庆航运工程勘察设计院．三峡库区航道泥沙原型观测2015—2016年度分析报告[R]. 武汉，长江航道局，2016.
[17] 长江航道规划设计研究院．长江中游航道泥沙原型观测2015—2016年度分析报告[R]. 武汉，长江航道局，2016.
[18] 长江重庆航运工程勘察设计院．三峡库区航道泥沙原型观测2016—2017年度分析报告[R]. 武汉，长江航道局，2017.
[19] 长江航道规划设计研究院．长江中游航道泥沙原型观测2016—2017年度分析报告[R]. 武汉，长江航道局，2017.
[20] 长江重庆航运工程勘察设计院．三峡库区航道泥沙原型观测2017—2018年度分析报告[R]. 武汉，长江航道局，2018.
[21] 长江航道规划设计研究院．长江中游航道泥沙原型观测2017—2018年度分析报告[R]. 武汉，长江航道局，2018.
[22] 刘怀汉，杨胜发，曹民雄．长江黄金航道整治技术研究构想与展望[J]. 工程科学与技术，2017，49（2）：17-27.
[23] 刘怀汉，尹书冉．长江航道泥沙问题与治理技术进展[J]. 人民长江，2018，49（15）：18-24
[24] 杨胜发，黄颖．三峡水库常年回水区水沙输移规律及航道治理技术研究[M]. 北京：科学出版社，2015.
[25] 刘林双，柴华锋，赵凤亚．新型混凝土单元块D型软体排结构计算及稳定性分析[J]. 水运工程，2018（9）：1-8.
[26] 李冬，潘美元．生态护坡技术在长江航道工程中的应用[J]. 中国水运月刊，2013（7）：168-170.
[27] 黄召彪，付中敏，耿嘉良，等．一种仿沙波式软体排结构[P]. CN204570597U，2015-08-19.
[28] 刘怀汉，刘奇，雷国平，等．长江生态航道技术研究进展与展望[J]. 人民长江，2020，51（1）：11-15.
[29] 李思伟，张凌君．可控式网箱结构促淤效果分析[J]. 水运工程，2017（S2）：28-32，35.
[30] 刘怀汉，雷国平，尹书冉，等．长江干线航道治理生态措施及技术展望[J]. 水运工程，2016（1）：114-118.
[31] 李伟．荆江河段航道整治工程高流速下透水构件安装工艺的改进[J]. 珠江水运，2019（5）：30-32.
[32] 肖庆华，谷祖鹏，雷国平，等．自嵌式挡土墙在长江航道整治工程中的应用[J]. 水运工程，2017（1）：143-146.
[33] 熊小元，余新明，李明，等．一种新型植生型铜线网格护坡结构研究[J]. 水道港

口，2018，39（5）：567-572.

[34] 林武．长江南京以下 12.5m 深水航道工程生态型软体排结构的研发及应用 [J]. 中国水运．航道科技，2019（4）：50-55.

[35] 张亮．生态型人工鱼巢段在长江下游航道整治工程中的应用 [J]. 中国水运月刊，2017（11）：155-156.

[36] 李明．河流心滩守护中的生态固滩方法研究：以长江倒口窑心滩植入型生态固滩工程为例 [J]. 中国农村水利水电，2018（7）：78-83.

[37] 杨胜发，胡江．山区河流水沙运动规律及航道整治技术研究 [M]. 北京：科学出版社，2014.

[38] 国家发展和改革委员会综合运输研究所，长江航道规划设计研究院．长江宜昌至安庆段航道整治模型试验研究成果总报告 [R]. 北京，2015.

第7章

三峡工程运行后长江与两湖关系调整

长江中游自古湖泊密布，洞庭湖和鄱阳湖至今仍与长江连通，干支流之间水量、沙量通过湖泊交换。干流和湖泊来流共同作用下的江湖系统蓄泄特性，是制约两湖水文、水动力过程的关键因素，而干流与湖区之间密切的冲淤联动，对长江干流和两湖湖区的长期演变均产生深远影响。三峡工程运行后，干流来水来沙条件变异和河床冲刷下切导致的河道水位下降，将引起江湖之间水沙分汇调整，明确这种调整在不同时间和空间尺度上导致的各种效应，并揭示其发生机理和发展趋势，对于江湖区域的水安全、水生态格局至关重要。本章对三峡水库蓄水运用以来洞庭湖、鄱阳湖的水沙情势、河湖冲淤、干支分汇关系以及洪水蓄泄能力、年内水文节律等方面的主要变化进行了归纳分析，并对下一阶段研究提出建议。

7.1 江湖关系内涵

除长江之外，世界上许多大河流域存在与干流连通的大型湖泊，均有调节河道径流过程的重要作用。但其他河流的大型湖泊多形成于地质凹陷，且含沙量小，基本不受冲积过程影响，如北美圣劳伦斯河流域的五大湖形成于冰蚀洼地，深度超200m；尼罗河上游维多利亚湖形成于构造沉降带，平均深度超40m，这些湖泊与河道之间水量交换仅受连通关系制约。长江中游洞庭湖与鄱阳湖形成于干支流之间的洼地，10000～6000年前，海平面上升导致的河道溯源淤积和水位抬升使江湖格局基本形成，此后的江湖演变是自然演变与人类活动共同作用的结果，湖盆缓流区导致的累积性泥沙淤积，以及泥沙淤积诱发的筑堤、围垦等人类活动，驱动湖泊形态和江湖蓄泄能力不断调整[1]。水沙交换与江湖形态之间的强烈耦合作用，导致长江中游江湖系统远比世界其他河湖系统更为复杂[2]。

20 世纪 90 年代长江中游洪灾频发，湖泊调蓄洪水能力的变化及长江与两湖之间的相互作用关系成为水利、地学领域的研究焦点之一。三峡水库蓄水运用以来，两湖地区频现低水位和季节性干旱，由此导致的水资源和水生态环境问题更吸引了广泛关注[3]。在此过程中，众多研究者从不同的出发点给出了江湖关系的各种诠释[2,4]，但公认的是：水文泥沙情势变化引起江湖水沙输移与形态调整的耦合作用，是水资源时空分配、洪水调蓄功能和生态系统调整的原始驱动力，也是江湖关系研究的核心问题。

针对三峡工程运行后的两湖水沙输移和冲淤调整趋势，三峡工程论证阶段就组织了多家机构开展科技攻关，通过实测资料分析、理论探索和数学模型等多种手段研究清水下泄后的江湖水沙分汇、湖泊容积等变化以及由此伴生的湖区水文、水动力调整趋势等。然而，限于问题本身的复杂性，加之近 30 年来气候变化和人类活动导致长江上游以及两湖流域上游来水偏枯、来沙大幅减少，三峡水库蓄水运行后两湖区域水沙情势及冲淤变化与预期有所偏差，出现了严重的干旱和生态问题。这些问题究竟是由降雨径流变化还是水库径流调节或坝下江湖冲淤引起，如何通过科学调控应对湖区的水资源与生态环境需求并实现江湖两利，近 10 余年来从各种角度开展的研究探索层出不穷[5-9]。这些研究在某些方面相互印证、认识比较明确，在一些方面则仍存在争议，有必要进行归纳总结。尤其是，泥沙冲淤引起的调整是个缓慢过程，三峡水库蓄水运用十余年来江、湖冲淤不断发展，观测资料不断累积，趋势规律较前一阶段更趋明确，将已有主要工作进行归纳，便于为下阶段的研究提供参考。

在水沙输移与江湖冲淤的范畴内，长江与洞庭湖、鄱阳湖的江湖关系所包含的具体内容，以往认识已较为明确，只是各家表述方式不同，本章将其归纳如图 7.1 所示。其中，水沙情势变化是驱动各种调整的输入条件，荆江与洞庭

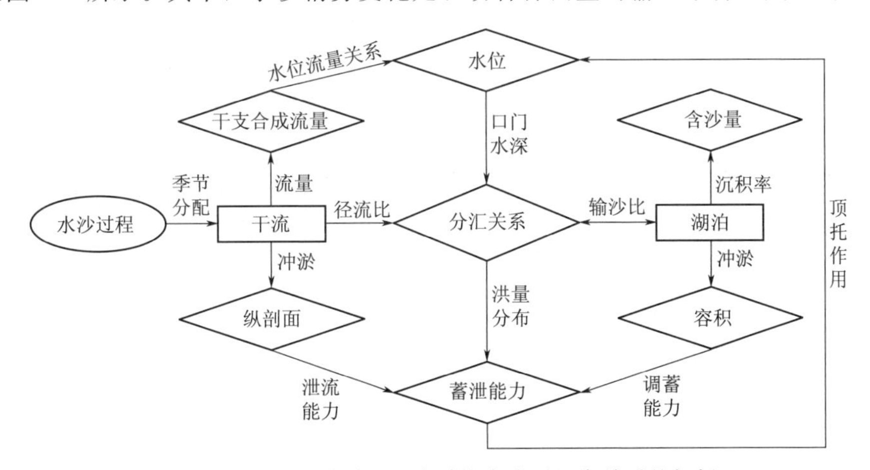

图 7.1　从水沙输移和江湖冲淤角度对江湖关系的解析

湖关系包括三口分流分沙变化、湖区冲淤变化、汇流条件变化，长江与鄱阳湖关系包括顶托和水沙交换关系、湖区冲淤变化等。以往研究中普遍认为20世纪90年代至三峡水库蓄水运用前江湖关系处于相对稳定时期，因而三峡运行后的变化主要以1990—2002年为对比基准。对前人的成果引述，也以近10余年为主。

7.2 三峡工程运行后江湖水沙情势变化

7.2.1 两湖来水来沙变化

7.2.1.1 长江上游来水来沙变化

相对于长江丰沛的水量，三峡水库调节库容较小，仅改变下泄流量年内过程而不改变年径流总量。从年际变化来看[10]，相比于1956—2002年，三峡水库蓄水运用后的2003—2014年宜昌和枝城站平均年径流量分别减少319亿m^3和334亿m^3，减幅分别为7.4%和7.5%。出库径流量的减少主要由入库径流减少所致。从年内变化来看，与1956—2002年相比，宜昌站2003—2014年9—11月各月径流量平均值分别减少82亿m^3、153亿m^3、26亿m^3，减幅分别为12.6%、32%、10.3%，9—11月径流量总减幅为18.9%，枯季1—3月径流增加95亿m^3，增幅29.1%。显然，在径流总体偏小的情况下，三峡水库发挥了明显的蓄丰补枯作用。

三峡水库蓄水运用后，宜昌站汛期40000m^3/s以上流量频次明显削减，流量还原计算表明[11]，出库洪峰频次减少除了受水库拦蓄作用之外，入库洪峰减少也是原因之一，在入库径流变化和水库拦蓄综合作用下，20000m^3/s以下流量频次明显增多，20000～40000m^3/s流量频次虽较入库增多，但仍小于2003年以前的情况。

从1990年代开始，宜昌站出现来沙量减少的现象[10]，三峡水库蓄水运用后的2003—2014年，宜昌站年平均输沙量已由2002年前的4.92亿t/a减至4350万t/a，尤其是2010年后金沙江中下游梯级水库相继建成后，2014年开始宜昌站输沙量不足1000万t/a，2014年、2015年分别为940万t/a、371万t/a。2003—2014年宜昌站悬沙中值粒径为0.006mm，与蓄水前的0.009mm相比，出库泥沙粒径明显偏细。

7.2.1.2 洞庭湖四水来水来沙变化

据1956—2014年实测资料[12]，洞庭湖湘、资、沅、澧四水径流占总入湖径流量约60%，其主汛期为4—7月。与1956—2002年相比，2003—2014年四水年平均径流量减少了125亿m^3，减幅为7.5%。从季节变化来看，枯季

12—2月增加26.3亿m^3，增幅14.4%；4—11月各月径流量均减少，秋季的9—11月径流量减少30.8亿m^3，减幅12.3%，其中10月份减幅达27.9%。

从1956—2015年多年平均情况来看[13]，四水来沙仅占洞庭湖入湖泥沙总量（荆江三口加四水）的19.5%，但这一比例在近些年来呈增大趋势。2003—2015年，受流域来水量偏少的影响，四水年平均输沙量仅为816万t，但占入湖总沙量的比例增至44.5%。

7.2.1.3 鄱阳湖五河来水来沙变化

鄱阳湖入湖径流主要由五河入流补给，其主汛期为4—8月。据1956—2014年数据[14]，五河合计水资源量占总入湖量约83.4%，以赣江所占比重最大，达46.2%。受降雨减少和用水量增大等因素影响，2003—2014年五河入湖年径流量相比于1956—2002年减少98.69亿m^3，减幅为7.98%。从年内各月来看，2—11月整体减少约114.74亿m^3，以4月减少量最多，达32.01亿m^3（减幅18.5%），7月相对减幅最大，为19.6%（约27.13亿m^3），秋季9—10月分别减少10.8%和28.4%。枯期12月至次年1月增加16.05亿m^3，其中，12月增幅最大，为29.4%（10.69亿m^3）。

鄱阳湖各支流的输沙量显著受到降水和径流影响[15-16]。从年际变化来看，入湖泥沙与径流量的年际变化一致，2003年以来由于径流减少，五河年平均输沙量由1985—2002年的1070万t减至2003—2015年的569万t，减幅达46.8%。从年内变化来看，五河输沙量的季节分配与来流一致，主要集中在4—8月，占全年的67.4%。与1956—2002年的平均情况相比，2003—2015年五河总输沙量除12月略有增大以外，其他各月输沙量减幅在3.9%～77.3%。

7.2.2 长江干流冲淤及江湖分汇口水位变化

三峡水库蓄水运用后，来沙量减少引起了坝下游河道沿程冲刷，并呈现上段较下段先冲刷，上段冲刷多、下段冲刷少甚至不冲刷的特征。据长江委水文局地形法统计[10]，2002—2015年荆江、城陵矶—汉口、汉口—湖口河段平滩河槽的平均冲刷强度分别为$18.4\times10^4 m^3/(km \cdot a)$、$10.9\times10^4 m^3/(km \cdot a)$、$9.9\times10^4 m^3/(km \cdot a)$，其中92%的冲刷量发生于枯水河槽。

由于冲刷量在洪、中、枯各级河槽以及沿程的不均匀分布，各站点水位流量关系呈现了不同的调整态势。从枯水位变化来看，当流量为7000m^3/s时，枝城站2015年水位较2003年累计降低0.59m左右；当流量为6000m^3/s时，沙市站2015年水位较2003年累计降低1.74m左右；当流量为10000m^3/s时，螺山站2015年水位较2003年累计降低0.91m左右，汉口站降低约1.10m。但从洪水位来看，各站并未显示明显下降趋势，例如荆江段明显的水位下降仅发生于枝城流量30000m³/s以下。在河床明显下切的情况下，洪水位并未明显下降，甚至有研究认为略有抬升，这可能与洪水河槽冲刷量小，并且三峡水库运用后大洪水频次减少导致的滩地阻力增大有关。

水位流量关系反映了河槽的泄流能力，但水位的季节变化还与来流过程有关。由于2003年后来水偏枯，相比于1956—2002年，2003—2014年枝城站、沙市站多年平均水位分别降低0.93m、1.59m，各月水位均降低（枝城站2月除外），其中10月水位降幅最大，分别降低2.63m、3m，9月分别降低1.55m、1.47m，11月分别降低1.31m、2.17m；螺山站、汉口站、大通站7—11月各月水位均降低，以10月降幅最大，分别为1.83m、2.08m、1.59m，1—3月各月水位均升高，增幅分别为1.31～1.46m、0.75～0.94m、0.36～0.5m。由此可见，在水量总体偏枯的情况下，三峡水库汛后蓄水加剧了9—10月的低水位，而三峡水库枯期向下游河道补水所产生的水位抬高效应在荆江河段已被河床下切的作用所抵消。

7.3 三峡工程运行后长江与洞庭湖关系变化

7.3.1 荆江三口分流分沙变化

7.3.1.1 分流河道冲淤与分流能力变化

不同时期三口洪道的分流能力变化，可用同样枝城流量下的分流比加以衡量。针对松滋、太平和藕池三口分流的大量已有研究表明[17]，口门处干流水位与分流河道底部高程是决定三口洪道分流能力的关键因素，三峡水库蓄水运用前的1990—2002年，三口分流比之所以能保持较为稳定的态势，就是因为三口洪道和荆江河道均处于缓慢冲淤状态。因此，三峡水库蓄水运用后分流能力的调整，主要取决于干流的水位流量关系变化与分流洪道冲淤变化。

1995年以来几次地形观测表明[18]，1995—2003年，三口洪道除松虎洪道略有冲刷外，总体呈淤积态势，总淤积量为4676万m³；三峡水库蓄水运用后，三口洪道全面冲刷，2003—2011年三口洪道总冲刷量为5147万m³，以藕池河最为明显，占总冲刷量的62%；2011—2016年三口洪道总冲刷量达0.99亿m³，以松滋河冲刷最为明显，占总冲刷量的67%，扣除采砂影响，该时段三口洪道冲刷量约为0.79亿m³。从沿程变化来看，三口洪道冲刷量大部分在靠近口门的上段，2003—2016年松滋河口门内10km长河段内深泓平均冲刷下切已达10m，虎渡河口门附近4km、藕池河口门段9km范围内平均冲刷深度分别达1.2m和1.3m。

据以往研究，三口洪道淤积主要发生于汛期，由两种原因导致[4]：一是干流水位下降导致分流比减小，但由于挟沙力与流量高次方成正比，因而分流量减少将导致同等含沙量情况下沿程淤积；二是由于三口洪道下段处于洞庭湖变动回水区的淤积三角洲之上，湖区水位顶托导致溯源淤积。从三峡工程运用后情况来看，三口分流量较为集中的汛期，口门附近干流水位并未下降，而含沙量的剧减将导致洪道冲刷下切。此外，实测资料统计表明7月、8月枝城—城陵矶河道水位平均落差已由1993—2003年的平均值14.02m增大至2004—2014年的14.55m[19]，这在一定程度上说明三口尾闾的汛期比降加大，溯源淤积将大为缓解甚至转为冲刷。实际上，2003—2016年的观测资料表明，三口洪道呈现的是自口门至尾闾的全面冲刷，新江口、管家铺等站点水位流量关系已略呈下降趋势[19-20]，如图7.2所示。

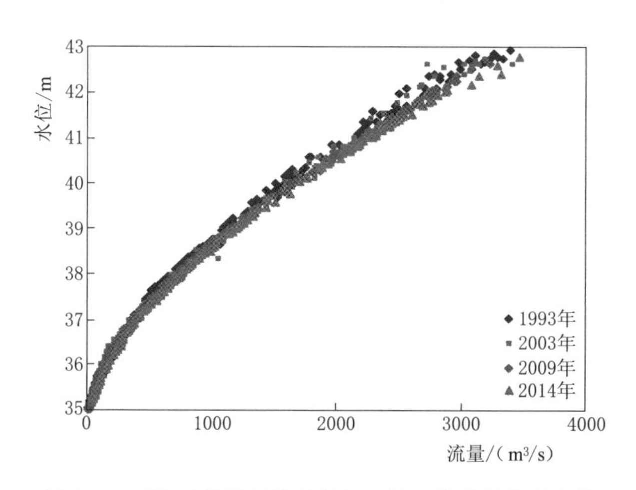

图7.2 三峡工程运行前后新江口站水位流量关系变化

综上所述，三峡水库蓄水运用后的水沙情势已使三口洪道转淤为冲，在此情况下，虽然口门附近枯水位下降与洪道冲刷的效应相抵消，枯期分流比减小，但在分流集中的汛期，干流水位并未下降，同等洪水流量下三口分流比不可能减小，如图7.3所示。显然，枝城流量越大，这种效应越明显。对1993—2012年13个洪峰流量下的实测分流比对比表明，洪峰流量基本相同的情况下，三口分流比由20%左右增加到了25%左右[21]。

7.3.1.2 分流分沙量与断流天数变化

长期观测资料统计表明，三口年分沙比基本维持与年分流比同步变化，因而分沙量主要取决于分流量[17]。三口年分流量除了受制于三口分流能力之外，还取决于来流过程[11,20,22]。这是由于三口分流量与枝城流量之间并非线性关系，当枝城流量低于10000m^3/s时，三口基本处于断流状态；当枝城流量处

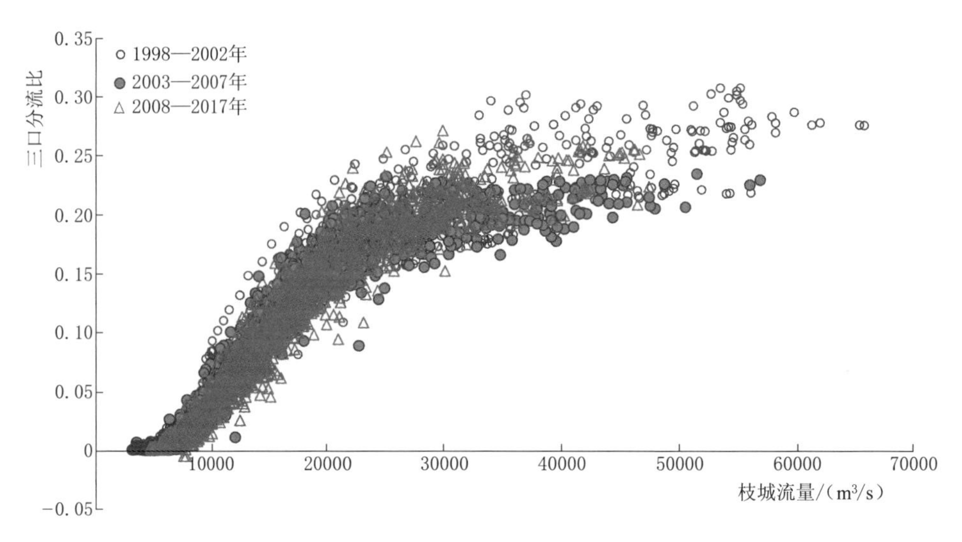

图7.3 三峡水库运行前后三口分流比变化

于10000～30000m³/s时，三口分流比随枝城流量增加而呈线性增大；当枝城流量大于30000m³/s时，三口分流比增长缓慢，甚至接近定值。三峡水库蓄水运行后，虽然荆江和三口航道河床发生冲淤，但这种临界特性并未明显变化[20]。

三峡水库在汛前、汛期、汛后和枯水期对三口分流的影响，取决于水库调节前后的流量变幅。多个计算分析均表明[20,22]，枯水期的水库补水与荆江冲刷下切引起的水位下降相抵消，三口分流量变化不大；汛前水库下泄流量增大，使分流比略有增加；汛期流量虽然被水库调蓄，但调蓄前后一般都在30000m³/s以上，分流比近似定值，分流过程改变但总分流量基本不变；汛后9—10月，枝城来流被削减导致分流量减小。因此，三峡水库仅能在汛前和汛后较短时期对三口分流比产生有限影响，虽然三峡水库蓄水运用以来，三口分流比由1986—2002年的14.5%减至2003—2016年的12%左右，但主要由长江上游径流偏枯引起[20,22-23]。

三峡水库蓄水运用前，除了松滋河新江口站能够常年不断流之外，其他各站一年之内均有近一半天数处于断流状态。三峡水库蓄水运用后，虽然三口洪道冲刷有利于分流，但这种作用被荆江下切导致的枯水位下降所抵消，各分流口门断流所对应的临界枝城流量有增有减，并未有趋势性变化[24]，见表7.1。三峡水库在枯期向下游补水，但即使考虑补水之后，补水期的流量仍大多处于断流临界流量之下，因此也不会减少断流天数。多数统计认为，由于来流偏枯加之水库汛后蓄水，三口断流时机有所提前、天数略有增多[22,24]。

表 7.1 三峡水库运行前后三口断流特征流量统计表[24]

时段	各年平均断流天数/d				断流相应枝城流量/(m^3/s)			
	沙道观	弥陀寺	管家铺	康家岗	沙道观	弥陀寺	管家铺	康家岗
1981—2002 年	172	155	167	252	8920	7676	8665	17390
2003—2014 年	199	178	186	267	9370	7570	9010	15800

三峡水库蓄水运用前，1986—2002 年三口年平均分沙量为 7160 万 t，由于长江来沙较来流更集中于汛期，因而三口分沙比略大于分流比，为 17.2%。三峡水库蓄水运用后，2003—2015 年三口年平均分沙量减至 956 万 t，但三口分沙比增大为 19.5%。考虑到同时段内分流比减小的事实，分沙比与分流比的差异进一步增大。有研究认为，水库蓄水运用后三口分沙比的增大主要归因于口门洪道的冲刷[17]。

7.3.2 湖区泥沙输移与冲淤变化

7.3.2.1 入湖沙源及比例变化

洞庭湖入湖泥沙来源于荆江三口与湘、资、沅、澧四水。三峡水库蓄水运用前，三口来沙量随分沙比减小而衰减，1986—2002 年三口年平均来沙量为 7160 万 t，占入湖总沙量 78.6%。三峡水库蓄水运用后的 2003—2015 年，三口年平均输沙量大幅减至 956 万 t，减幅达 86.7%，但仍占入湖总沙量 55.5%[15,25]。由于四水上游水利工程和水土保持工程影响，四水来沙也呈衰减趋势，1985—2002 年年平均输沙量减至 1920 万 t，2003—2015 年受流域来水量偏少的影响，其年平均输沙量仅为 816 万 t，相比于 1980—2002 年减少 61.7%，占入湖总沙量的比例增至 44.5%。从季节分配来看，三口、四水来沙与其各自流量丰枯涨落一致。三口来沙主要集中于 7—9 月，四水来沙集中于 5—7 月。总体而言，入湖总沙量大幅减少以及三口所占比例减少是三峡水库蓄水运行后洞庭湖来沙的主要特征。

7.3.2.2 出湖沙量与湖区冲淤变化

洞庭湖入湖的泥沙大部分经湖区沉积作用后，小部分经由城陵矶汇入长江干流。三峡水库蓄水运用前，出湖沙量随着入湖沙量保持同步减少，湖区淤积率一般在 70%～75%，湖区呈淤积态势，按面积平滩，湖区年平均淤积厚度约 2.82cm。由于三口来沙占绝大比重，淤积以西、南洞庭湖区最为严重。从年内过程来看，出湖沙量与来沙以及湖区水动力条件紧密联系：在长江主汛期的 5—10 月，三口分入大量泥沙，加之城陵矶处于高水位期，出流受到顶托，湖区处于淤积状态，其中以 7 月淤积量最大；在汛后的 11 月至来年 3 月来沙较少，且长江干流水位偏低，湖区由湖相转为河相，一般为冲刷态势；在四水涨水的4—6月，长江仍处于较低水位，此时是城陵矶输沙最大的时期，尤以4月份最大。

三峡水库蓄水运用后，随着入湖沙量大幅减少，城陵矶的年平均输沙量由1981—2002年的2785万t/a减至2003—2015年的1927万t/a，2008年后历年出湖沙量持续大于入湖沙量，2003—2015年的淤积率为－8.04%。从年内过程来看，3—8月丰沙期的城陵矶输沙量占比始终维持在66%～70%，输沙最大月份也由三峡水库运用前的4月变为5月[26]。1999—2002年平均情况显示湖区在6—10月淤积，淤积量为5500万t/a，而2008—2011年期间仅7—8月淤积，淤积量为507万t/a，两个时段内冲刷期的冲刷量却由668万t/a增大为1191万t/a。因此，淤积期缩短、淤积量减小以及冲刷期延长、冲刷量增大，导致洞庭湖在三峡水库运用后由淤转冲。

针对洞庭湖冲淤规律的研究认为[15,25]，洞庭湖的冲淤分布具有明显的时空分异性，这是由几方面原因造成：首先，三口来沙在湖区总来沙量中绝对占优，但四水在径流量中占较大比重，并且三口与四水汛期存在前后错位；其次，城陵矶出口水位受长江来流顶托，其对湖区水动力条件的影响在汛枯期差异明显，并且这种影响对于东、南、西洞庭湖区也存在差异。三峡水库蓄水运用前，尽管湖区年淤积量与年入湖沙量总体呈正相关，但出湖径流量与出湖沙量之间关系散乱，年内冲、淤时机与来流的沙峰、洪峰出现时机差异大，各湖区淤积幅度的差异也较大[15,26-27]。这说明，湖区冲淤的时空分配不仅受制于三口、四水来水来沙的量级和时机，还受到干流水情、湖区地形等因素综合作用下的水动力条件的影响。三峡水库蓄水运用后，干支流水沙情势均发生了明显变化，湖区冲刷虽然历时较短，但观测资料已显示了各湖区之间显著的空间差异。然而，关于水沙情势与湖区冲淤调整之间较为详细的响应机制，目前认识仍不够充分。

7.3.3 汇流特性及湖区水位变化特征

7.3.3.1 江湖顶托关系调整

受长江干流顶托影响，城陵矶站水位流量关系存在多值性，但城陵矶水位与干流螺山站水位相关性良好，螺山站水位可用以判断城陵矶站水位变化。三峡水库蓄水运用后，城陵矶—汉口河段冲刷幅度较小，螺山站水位仅在枯水流量下有所下降，如图7.4所示，当流量大于25000m^3/s时，同流量下水位并未有明显变化[9]。实测资料显示，洞庭湖出口洪道在近20年也未有明显冲淤变化[28]。因此，三峡工程运行暂未对城陵矶附近中、洪水期的水位流量关系产生明显影响。

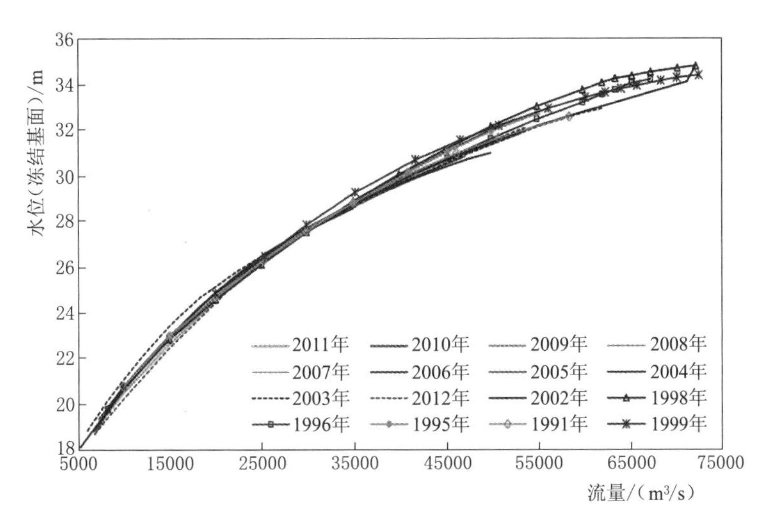

图 7.4 坝下游螺山水位流量关系变化

城陵矶站水位对洞庭湖区水位具有重要影响，但东、南、西各湖区水位与城陵矶水位之间关联性不同。多个角度开展的研究表明，东洞庭湖与城陵矶距离相近，水位相关性强，西、南洞庭湖区仅在城陵矶水位超过 26m 时才会受到下游顶托，而城陵矶水位低于 26m，西、南湖区水位仅决定于湖区来流大小，与城陵矶水位基本无关[20,29,35]。近 60 年内长系列实测资料统计表明，三峡水库蓄水运用前整个洞庭湖区水位都呈缓慢抬高，而三峡水库运行后，由于湖区冲淤幅度小，同流量下水位基本不变[30-31]。

因此，三峡水库蓄水运用以来，长江干流与洞庭湖之间，以及洞庭湖内部与城陵矶之间，同流量下的水力关联性并未发生明显变化，干流冲刷引起的枯水位下降效应仅对东洞庭湖区略有影响。

7.3.3.2 湖区水位年季变化

天然情况下，洞庭湖高水湖相、低水河相，水位在年内具有涨（4—6 月）、丰（7—9 月）、退（10—12 月）、枯（1—3 月）的明显节律变化，枯水期受四水影响大，丰水期受长江影响大[31]。三峡水库蓄水运用后，由于长江上游和四水来流同时偏枯，加上三峡水库对各月流量调节幅度不同，年内不同时期的干流、湖区流量变化引发了湖区水位的明显调整。

从宏观上来看，由于来流偏枯，三峡水库蓄水运用后的 2003—2015 年洞庭湖区水位平均下降约 0.31～0.58m，除了城陵矶站之外，湖区各站在 2003 年后均出现了近 60 年来的年平均水位最小值[32-33]。与此同时，由于缺乏较大的洪峰流量，湖区年内水位变幅也具有减小趋势[30]。

从2003—2015年各月水位变化来看[31-32]，城陵矶水位在三峡水库补水调度期（12月至次年3月）略有抬高，其他月份均下降，7—10月减幅明显，尤其以10月份降幅最大。湖区内部水位变化存在空间异质性，东洞庭湖区水位与城陵矶水位变化具有类似性，枯期水位略有抬升，汛后降幅较大，10月份降幅近2m；西、南洞庭湖区仅在丰水期受城陵矶水位影响较为明显，汛后及枯期水位偏低主要由三口和四水来流偏枯引起，由于四水最枯来流在2003年后变化不大，因而西、南湖区最低水位抬升不如东洞庭湖区明显，如图7.5所示。

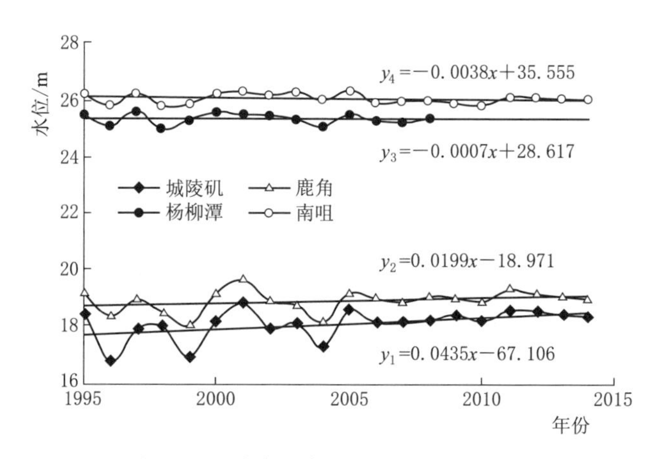

图7.5 洞庭湖区各站历年最低水位变化

综上所述，三峡工程运行后，洞庭湖区年内平均水位明显降低是主要由水文条件偏枯引起，东洞庭湖区和城陵矶附近枯期水位略有抬升，汛后水位大幅降低，西、南洞庭湖区水位偏低主要由三口、四水来流共同偏枯导致，城陵矶水位的影响是次要作用。一些量化分析表明，三峡水库调蓄作用对水位的影响当前主要反映在东洞庭湖区[36]。

7.3.4 江湖关系调整引起的水安全水生态问题

7.3.4.1 对防洪的影响

长江干流通过三口向洞庭湖的汛期分流对荆江洪水起到重要调蓄作用，而城陵矶附近高洪水位则对湖区出流造成阻滞作用。三峡水库蓄水运行前的研究已表明，城陵矶—螺山河段泄流能力是制约洞庭湖调洪功能的核心要素。而近期的分析表明，三峡水库蓄水运用后洞庭湖的调蓄洪峰的能力并未有明显变化，影响汛期调蓄作用的仍然是城陵矶—螺山的过流能力[34-35]。由于螺山附近汛期水位流量关系未有明显调整，因而三峡蓄水运用后湖区冲淤变形不会对湖泊调洪功能造成明显影响，遇到四水来水偏大的中游型洪水或1954年流域型洪水，洞庭湖区洪灾形势依然严峻[7]。2017年6月下旬，湘江、资水、沅水几乎同时发生特大洪水，入湖组合流量达81500m^3/s，为有资料记载以来最大值，远大于1954年、1998年入湖最大流量64400m^3/s、61100m^3/s，洞庭湖区水位迅速上涨。经长江防总调度，三峡水库出库流量由28000m^3/s锐减至最低8000m^3/s，城陵矶附近水位明显降低，出湖流量增大至49400m^3/s，为1949年以来最大值，有效缓解了湖区防洪压力。

三峡水库蓄水运用后，水库有效拦截了上游洪水，2008年以来枝城最大流量基本在45000m^3/s以下。随着枝城洪峰削减，三口洪峰流量在2004年后也已发生趋势性衰减，2003—2010年间三口最大1d分洪量占枝城比例仅为21.7%，最大3d分洪量占枝城比例为21.9%，三口分洪对洞庭湖的威胁已大为缓解[19]。通常情况下，荆江三口径流由口门流向洞庭湖，但若遇到荆江汛期来水较迟使得三口洪道进口水位偏低，而同时期洞庭湖四水来流较大，三口洪道处水位偏高，此时洪道内将发生罕见的倒流现象，1967年、1974年和1979年藕池河均曾发生倒流，2017年汛期三口洪道也一度出现负流量。在三峡水库调蓄洪水的情况下，荆江水位低而洞庭湖区水位高的现象将比水库运行前更易出现，而三口洪道又面临冲刷下切，三口倒流现象的频度、幅度是否会加大，值得进一步关注。

7.3.4.2 对枯期水资源的影响

2003年以来的干支流来水整体偏枯以及三峡水库汛末蓄水，共同导致了洞庭湖区连年干旱与水资源短缺，随着多方面观测分析的逐步累积，规律特征和因果关系已逐渐明晰[36-37]。对于三口洪道而言，水库汛前补水仅增大分流量8亿m^3/a，而汛末蓄水减少三口分流量29亿m^3/a，这一方面导致三口河系区域灌溉用水困难，另一方面也使西、南洞庭湖区汛末水位下降，水面萎缩。对于西、南洞庭湖区而言，四水来流偏少还导致了明显的涨水期水位偏低（春旱）。城陵矶水位的汛后提前回落导致了湖区提前1月入枯甚至夏秋连旱的现象，据估算[20]，汛末蓄水期城陵矶水位较水库运用前偏低近2m，对湖区产生拉空效应，导致湖区多排出的水量达29亿m^3。除此之外，洞庭湖低水位持续时间增长，引起四水流量下泄加快，尾闾水位降低，对四水尾闾沿岸尤其是长株潭城市群供水和湘江航运也带来风险[38-40]。

7.3.4.3 对湖区生态环境影响

洞庭湖区水文水动力条件也对水体自净能力产生了较大影响，由于来水量偏枯，导致湖区换水周期长，而湖区长期维持低水位导致水体减小，水环境容量也相应减少。据实测资料统计[38-39]，2003—2015年洞庭湖水质已呈加速下降趋势，除2011年为零星水华之外，其他年份均出现局部性水华现象，其中最大水华面积达到250km²，占比超过10%。主成分贡献率分析显示，水文情势变化是导致自净能力下降的重要原因之一。

洞庭湖区的水沙变化、形态调整与生态系统变化之间存在明显的因果链，如钉螺孳生、东方田鼠种群膨胀等[40]。三峡水库蓄水运用后，湖区冲淤虽然尚不明显，但由于来流导致湖区水位变化节律产生明显调整，而湖区洲滩和水面面积与城陵矶水位相关性甚高（$R_2=0.878$），因而洲滩淹水时机及淹没时间长短发生明显调整，这些将对滩地植被和湿地生态演替产生深刻影响[41-43]。

7.4 三峡工程运行后长江与鄱阳湖关系变化

7.4.1 江湖水沙交换关系变化

7.4.1.1 湖口水量交换的年季变化

由于2003年以来五河来流偏枯，2003—2014年鄱阳湖出湖年径流量与1956—2002年相比减少63.72亿m³，减幅4.31%。从年内变幅来看，汛期5—10月中，除6和8月略增之外，其他月份均减小，其中以7月减幅最大，为15.0%，9月和10月分别减少4.5%和9.5%。非汛期11月至次年4月中，除4月和11月减少外，其他月份均增加，其中4月和11月共减少47.28亿m³，其他月份共增加41.10亿m³。由此可见，虽然受湖区调蓄与干流顶托双重影响，鄱阳湖出流的年、季变化与入湖径流一致，水库运用并未改变鄱阳湖的出流年内分配特征。

7.4.1.2 湖口沙量交换关系变化

对鄱阳湖实测年输沙量的统计表明，1955—2005年鄱阳湖出湖沙量年平均为1.02万t/a，略小于入湖沙量的年平均值1.33万t/a。在三峡水库蓄水运行前，因五河流域水利工程和水土保持工程影响，入湖与出湖沙量显示了同步减小的变化过程，1985—2002年五河年来沙量为1070万t/a，湖口出湖沙量年平均值为782万t/a。在2003—2015年期间，五河入湖沙量进一步减少至年平均569万t/a，但出湖沙量却显示了相反的变化态势，湖口年平均输沙量增为1220万t/a，甚至大于年平均入湖沙量[15-16]。

从长期平均情况来看，鄱阳湖出湖沙量年内过程与湖区水动力条件周期变化有关[16]。在4月之前鄱阳湖为河相，比降、流速较大，发生冲刷；4月之后开始涨水，湖区发生淤积，但淤积速率仍较缓；7—9月湖区受长江干流水位顶托，流速减缓，甚至发生湖口倒灌，湖区泥沙沉积急剧增多；10月后长江水位回落，湖区又开始冲刷。这种水动力条件的变化导致出湖沙量与出湖径流季节特征不一致，4—8月丰水期，出湖流量占61.9%，出湖沙量仅37.4%，2—4月输沙高达60.5%。三峡水库蓄水运用后，湖口的年内输沙规律发生了较大变化，1—6月的输沙量占比均有所减小，7—12月输沙量占比则一致增大。1956—2002年间7—9月输沙率为负值，即长江倒灌的沙量大于出湖沙量，但2003—2015年出湖输沙率均为正值，主要原因在于干流含沙量大幅减少。

7.4.1.3 江湖顶托作用及湖区水位的年季变化

鄱阳湖的水位周期涨落受长江干流水位影响，但存在季节差异。平均情况下，鄱阳湖月平均入湖流量以9月至次年2月最小，但期间的9—11月，长江水量仍较大，湖口可维持较高水位，而枯季湖口流量只占九江流量的1/6，因而汛后至枯期，湖口是否出现低水位，由干流来流丰枯所决定[31,44]。2003年三峡水库蓄水运用后，湖口1—3月平均水位分别增加0.34m、0.33m、0.57m，其余各月水位则降低，尤以10月降低最为显著，达1.85m，其次为11月降低1.68m，水位升降与干流来流变化是一致的。

与洞庭湖“高水成湖、低水成河”的特征相类似，鄱阳湖区内部的水位与湖口水位的关联性也随季节而变。当湖口水位在14m（对应大通流量约25000m^3/s）以下时，湖区南部显示河道特性，康山水位基本不受湖口水位影响，湖口水位在15m以上（对应大通流量约35000m^3/s）时则基本显示出湖泊特性[44]。因此，三峡水库汛后至枯水期调蓄作用对湖区水位影响存在空间差异。汛后9—10月大通流量一般在35000m^3/s以下，水库蓄水对湖区中部和北部影响较大；枯水期三峡水库补水可抬高湖口水位，但此时干流流量一般小于15000m^3/s，湖口水位已低于9.3m，对湖区南部的康山、棠荫等站已无影响，对都昌影响也很小，因此，三峡水库补水对鄱阳湖水位的抬高作用仅局限于湖口附近区域[44]。

三峡工程运行以来，鄱阳湖连续出现持续干旱和季节性缺水，结合水文观测数据，一些研究量化分析了各种影响因素的贡献率。对特枯年2006年水文过程的计算表明[45]，长江上游来水偏少对星子站水位降幅的最大影响达3.10m，五河来水偏少对星子站水位降幅的最大影响达3.24m，9—10月三峡水库蓄水的影响最大为0.91m，相对于来流偏枯的影响，三峡水库所起作用较小。许继军等[46]选取1998年，2000年，2004年和2006年分别代表丰、平、枯等各种水文年，计算了湖口及湖区的水位变化，结果显示10—11月三峡水库调蓄作用降低湖口水位0.4～1.6m，湖区星子站水位下降0.3～1.2m。

7.4.2 湖区冲淤特征及成因

三峡水库蓄水运用前，鄱阳湖多年呈淤积态势，平均淤积率2.6mm/a

(1952—1984年)，南部淤积大于北部，以五河尾闾和入湖三角洲淤积率最大，大于20mm/a[15]。但2000年以来的入出湖沙量统计显示，鄱阳湖区的冲淤模式在2001年后已发生了由净淤积向净冲刷的逆转。20世纪90年代湖口输沙年平均为627万t，2000—2010年期间，在入湖沙量进一步减小的情况下，出湖沙量增加为1209万t[16]。地形观测也显示，2000年以来鄱阳湖区显示了明显冲刷，入江通道在1998—2010年期间最大下切速率达0.61m/a。

对于鄱阳湖区近期的明显冲刷和出湖沙量增大现象，一些研究认为是采砂的影响[47]。由于长江干流采砂在2000年后被全面禁止，鄱阳湖区2000年开始有采砂，2007年前主要集中于松门山以北的入江通道，2007年后扩张到鄱阳湖中部。2000—2010年的采砂量在体积上相当于使鄱阳湖湖容增加了6.5%，重量上相当于1955—2010年鄱阳湖自然淤积量的6.5倍。采砂活动对湖床的扰动导致湖口平均含沙量显著大于2000年前，甚至大于入湖含沙量[15-16]。采砂降低了湖床主槽，扩大了入江通道的过水面积，可能会引起枯水位下降。鄱阳湖与洞庭湖流域纬度相近，降雨气候类似，相比于洞庭湖，鄱阳湖距离三峡工程更远，受到三峡汛后蓄水影响理应较小，但观测显示2003年后鄱阳湖各个季节各个湖区水位减幅均大于洞庭湖[31]，这可能与来水情况及鄱阳湖区大规模采砂有关。鄱阳湖出湖沙量增大，有可能引起大通含沙量变化，应引起关注。

7.4.3 湖区水位变化引起的水生态问题

由于干支来水整体偏枯，加上三峡水库汛后蓄水导致退水加快以及湖区采砂引起的水位下降效应，鄱阳湖区各月水位降幅均超过洞庭湖[31]。尤其是汛后干流水位的提前回落对鄱阳湖产生拉空效应，根据计算，在三峡水库汛后蓄水的初期，鄱阳湖向干流的出流增加，平水年多出水量约23亿m^3，枯水年多出水量约12亿m^3[44]。

鄱阳湖水位的涨落变化，是洲滩植被生长和演变的主导因素之一，其影响程度之大小取决于水位涨落幅度及其持续历时，影响内容包括植被类型、物种组成、分布范围和生物量的增减等。据分析，低水位提前出现和持续时间延长将对沉水植物和鸟类栖息地产生不利影响。此外，鄱阳湖枯水期提前出现，将加重湖区灌溉难度和提高城镇取水成本，甚至一些研究认为水位下降会导致一些提水和引水工程失效，导致抗旱能力降低[46]。

7.5 小结

在长江与两湖之间复杂作用关系的影响下，如何实现江湖两利的综合治理，一直是长江流域规划中的难题。2003年三峡水库蓄水运用后，上游水库与中游干流、湖泊之间的相互作用使得江湖系统的水文、水动力特性调整相互交织，也使冲积过程复杂程度进一步升级，揭示它们之间的作用机制是判断变化趋势的前提，也是协调上游与中游、干流与湖区之间矛盾的核心难题。通过三峡工程运行10余年来的观测研究，可得到如下认识：

（1）水文情势是引起江湖关系变化的主因，三峡工程运行在一些时段和范围加剧了这种变化。三峡水库蓄水运用后，枯季补水使得两湖出口的城陵矶、湖口附近最枯水位有所抬高，但水库汛后蓄水提前加剧了两湖出口的水位下降，并导致了三口分流的减少。整体而言，在来流减少和水库综合作用下，两湖的枯水期提前、枯水位延续时间加长，三峡水库的作用在湖区内靠近出口的下游湖区较为显著。

（2）目前，虽然长江干流已经历剧烈冲刷，并出现同流量下枯水位显著下降情况，但洪水位并未显著变化，三口洪道和两湖湖区均已出现了由蓄水前的累积淤积向趋势性冲刷的逆转，但由于冲刷幅度较小，尚未对江湖之间的水动力联系产生明显影响。三口分流比的减小主要是由干流来流变化引起，汛后来流减小影响较大。洞庭湖调蓄洪水能力依然由城陵矶螺山附近泄流能力决定，三峡工程运行后变化不明显，汛期洞庭湖区高洪水位和荆江较低水位可能导致三口倒流频率加大。

（3）三峡水库蓄水运用后，长江中下游干流存在上段冲刷量大，下段冲刷量小的不均匀性，三口洪道以及两湖湖区也显示了冲淤量分布的非均质性。对于三口洪道，这是由于长江干流洪水位变化小，而含沙量剧烈减少所致。对于洞庭湖区，是由于东、南、西各湖区在年内不同季节受到三口、四水来流来沙和城陵矶水位顶托的不同影响所致。在鄱阳湖区，除了来流来沙与湖口顶托的交替影响导致冲淤不均匀之外，人为采砂也是重要原因之一。

（4）在三峡水库蓄水运用后江湖关系演变过程中，支流以及湖区的人类活动，起到了不可忽视的作用。在水文条件方面，洞庭湖四水支流水利工程调蓄作用，鄱阳湖流域用水量增加，都对枯季来水增加、汛期来水减少等变化产生了明显影响。在来沙量和泥沙输移方面，两湖流域的水土保持工程以及鄱阳湖区采砂，对于入湖沙量和湖区冲刷量，均起到了显著的影响作用。

尽管江湖关系研究已取得了一些成果，但应该看到，一方面，三峡工程运行仅有10余年，尤其是冲淤调整的效应尚未完全显现，需要在已有研究的薄弱环节继续深化；另一方面，目前显示的变化已给湖区用水和生态环境带来了一定影响，面对这些问题需要提出相应对策和措施。这两方面将是未来江湖治理研究的重点，建议：

1）江湖关系调整的影响因素和作用机制解析。自荆江大堤形成以来，江湖关系就是在自然因素和人类活动共同影响下不断演变。三峡工程运行以来，干支流上游来水偏枯并且年内各月变幅不同，三峡水库调控作用是在此基础上的叠加，而鄱阳湖等一些区域还经受了大规模采砂等其他人类活动影响。这些因素交织作用下，需要理清各种因素的影响效应。

目前，通过10余年来大量工作已基本可以从宏观上确定来流偏枯是导致两湖干旱的主因，三峡调控起到加剧作用。然而，两湖范围较大，洞庭湖区内部的东、南、西各湖区以及鄱阳湖南、中、北各段，与支流、干流的水文水动力联系存在差异，对于不同区域出现的春旱、秋旱等各种现象形成机制，还需开展更为细致的量化分析工作。此外，两湖出口沙量过程与湖区来流明显不同步，三峡水库蓄水运用后湖区输沙受到来流来沙量、出口水位等多种因素影响，而它们在年内均随季节而变。在这些动态因素作用下，湖区的冲刷范围与幅度，出湖沙量过程与水文条件的响应关系，都是值得进一步研究的问题。

2）江湖冲淤对蓄泄特性的长期累积效应。泥沙冲淤导致的河道、湖床变形存在累积过程，尤其是长江干流、分流洪道以及湖区的不同部位，目前显示了不同冲刷速率，这些将会对分汇流条件产生明显影响。对于长江干流而言，三峡水库蓄水运用以来干流洪水位并未下降，而三口洪道却显示了冲刷下切和同流量下水位下降的迹象，在未来的冲刷过程中，三口分流能力取决于干流和分流河道冲刷下切速率对比，目前趋势仍不明朗，需进一步加强研究。此外，城陵矶—螺山附近汛期泄流能力并未改善，即使洞庭湖区发生冲刷和湖容增大，湖泊的调洪能力也不会明显改变。随着三峡水库实施中小洪水调度，三口分入洪量减少有利于湖区防洪，但由此是否引起螺山以下河道萎缩和洪水位抬高，尚待深入研究。对于湖区内部，不同位置冲淤性质或冲刷幅度差异，会导致枯水位不同变幅，但由于湖区水文水动力条件空间异质性强，目前对于该问题的研究尚较为缺乏。

3）江湖关系调控的工程和非工程措施。两湖工农业用水需求量大，同时也是我国重要生态湿地。三峡水库运行以来两湖频繁的干旱引起了对水资源和生态环境需求的重视，但如何科学量化给出用水需求的临界阈值，目前的工作还不充分。

对于两湖区域季节性水资源短缺已提出了分流口建闸、湖口建闸等各种措施，并对闸门建设和调度方案开展了各种论证[48-51]。这些工程修建无疑能够调控江湖之间的水量交换，但建闸也会改变湖泊出口的泥沙输移并导致湖区冲淤变化，其长期累积效应予以关注。另外，建闸可能引起的生态效应，也需加以考虑。

三峡工程运行以来，水库汛后蓄水加剧两湖旱情已是公认的事实。随着上游向家坝、溪洛渡等大型梯级水库陆续建成，上游水库群的调蓄库容进一步增大。如何优化这些水库的蓄水方案使坝下游水位退落更为平缓，或者通过洞庭湖四水、鄱阳湖五河上的水库群与长江上游水库相互配合以便塑造更为合理的流量过程，是值得探索的问题。

参 考 文 献

[1] 仲志余，胡维忠．试论江湖关系［J］．人民长江．2008，39（1）：20－22.

[2] 万荣荣，杨桂山，王晓龙，等．长江中游通江湖泊江湖关系研究进展［J］．湖泊科学，2014，26（1）：1－8.

[3] 胡春宏，王延贵．三峡工程运行后泥沙问题与江湖关系变化［J］．长江科学院院报，2014，31（5）：107－116.

[4] 韩其为．江湖关系变化的内在机理［J］．长江科学院院报，2014，31（6）：104－112.

[5] 胡春宏．三峡水库和下游河道泥沙模拟与调控技术研究［J］．水利水电技术，2018，49（1）：1－6.

[6] 江丰，齐述华，廖富强，等．2001—2010 年鄱阳湖采砂规模及其水文泥沙效应［J］．地理学报，2015，70（5）：837－845.

[7] 周柏林，栾震宇，刘晓群，等．变化环境下七里山水域高洪水位研究［J］．水利学报，2018，49（4）：456－463.

[8] 张振全，黎昔春，郑颖．洞庭湖对洪水的调蓄作用及变化规律研究［J］．泥沙研究，2014（2）：68－74.

[9] 从振涛，肖鹏，章诞武，等．三峡工程运行前后城陵矶水位变化及其原因分析［J］．水力发电学报，2014，33（3）：23－28.

[10] 水利部长江水利委员会．长江泥沙公报 2016［M］．武汉：长江出版社，2017.

[11] 王冬，方娟娟，李义天，等．三峡水库调度方式对洞庭湖入流的影响研究［J］．长江科学院院报，2016，33（12）：10－16.

[12] 胡光伟，毛德华，李正最，等．60 年来洞庭湖区进出湖径流特征分析［J］．地理科学，2014，34（1）：89－96.

[13] 代稳，吕殿青，李景保，等．1951—2014 年洞庭湖水沙阶段性演变特征及驱动因素分析［J］．水土保持学报，2017，31（2）：142－150.

[14] 原立峰，杨桂山，李恒鹏，等．近 50 年来鄱阳湖流域降雨多时间尺度变化规律研究［J］．长江流域资源与环境，2014，23（3）：434－440.

[15] 朱玲玲，陈剑池，袁晶，等．洞庭湖和鄱阳湖泥沙冲淤特征及三峡水库对其影响［J］．水科学进展，2014，25（3）：348－357.

[16] 齐述华，熊梦雅，廖富强，等．人类活动对鄱阳湖泥沙收支平衡的影响［J］．地理科学，2016，36（6）：888－894.

[17] 郭小虎，李义天，朱勇辉，等．松滋口口门分流分沙比变化特性［J］．应用基础与工程科学学报，2014，22（3）：457－468.

[18] 沈健．荆江水沙过程变异与三口洪道演变响应研究［D］．武汉：武汉大学，2018.

[19] 孙思瑞，谢平，赵江艳，等．洞庭湖三口洪峰流量和水位变异特性分析［J］．湖泊科学，2018，30（3）：812－824.

[20] 方春明，胡春宏，陈绪坚．三峡水库运用对荆江三口分流及洞庭湖的影响［J］．水利学报．2014，45（1）：36-41.
[21] 秦凯，彭玉明，陈俭煌．荆江三口分流能力变化分析［J］．人民长江，2015，46（18）：34-39
[22] 朱玲玲，许全喜，戴明龙．荆江三口分流变化及三峡水库蓄水影响［J］．水科学进展，2016，27（6）：822-831.
[23] 渠庚，郭小虎，朱勇辉，等．三峡工程运用后荆江与洞庭湖关系变化分析［J］．水力发电学报，2012，31（5）：163-172.
[24] 李景保，何霞，杨波，等．长江中游荆南三口断流时间演变特征及其影响机制［J］．自然资源学报，2016，31（10）：1713-1725.
[25] 周永强，李景保，张运林，等．三峡水库运行下洞庭湖盆冲淤过程响应与水沙调控阈值［J］．地理学报，2014，69（3）：409-421.
[26] 于亚文，戴志军，梅雪菲，等．近60年来洞庭湖出湖泥沙动态变化与影响机制［J］．华东师范大学学报（自然科学版），2018，4（4）：159-170.
[27] 毛德华，曹艳敏，李锦慧，等．洞庭湖入出湖径流泥沙年内变化规律及成因分析［J］．水资源与水工程学报，2017，28（1）：32-39.
[28] 余蕾，李凌云，卢金友，等．洞庭湖入江水道断面调整模式研究［J］．长江科学院院报，2016，33（12）：1-5.
[29] 孙昭华，李奇，严鑫，等．洞庭湖区与城陵矶水位关联性的临界特征分析［J］．水科学进展．2017，28（4）：496-506
[30] 程俊翔，徐力刚，王青，等．洞庭湖近30a水位时空演变特征及驱动因素分析［J］．湖泊科学，2017，29（4）：974-983.
[31] 戴雪，何征，万荣荣，等．近35a长江中游大型通江湖泊季节性水情变化规律研究［J］．长江流域资源与环境，2017，26（1）：118-125.
[32] 周蕾，李景保，汤祥明，等．近60a来洞庭湖水位演变特征及其影响因素［J］．冰川冻土，2017，39（3）：660-671.
[33] 史璇，肖伟华，王勇，等．近50年洞庭湖水位总体变化特征及成因分析［J］．南水北调与水利科技，2012，10（5）：18-22.
[34] 黄群，孙占东，赖锡军，等．1950s以来洞庭湖调蓄特征及变化［J］．湖泊科学，2016，28（3）：676-681.
[35] 邓金运，范少英，庞灿楠，等．三峡水库蓄水期长江中游湖泊调蓄能力变化［J］．长江科学院院报，2018，35（5）：147-152.
[36] 孙占东，黄群，姜加虎，等．洞庭湖近年干旱与三峡蓄水影响分析［J］．长江流域资源与环境，2015，24（2）：251-256.
[37] 周慧，毛德华，刘培亮．三峡运行对东洞庭湖水位影响分析［J］．海洋湖沼通报，2014，4（4）：180-186.
[38] 王婷，王坤，王丽婧，等．三峡工程运行对洞庭湖水环境及富营养化风险影响评述［J］．环境科学研究，2018，31（1）：15-24.
[39] 王艳分，倪兆奎，林日彭，等．洞庭湖水环境演变特征及关键影响因素识别［J］．环境科学学报，2018，38（7）：2554-2559.
[40] 欧朝敏，李景保，余果，等．水沙过程变异下洞庭湖系统功能的连锁响应［J］．地

理科学.2011，31（6）：654－660.
［41］ 柯文莉，陈成忠，吉红霞，等.洞庭湖水面面积与城陵矶水位之间的绳套关系［J］. 湖泊科学，2017，29（3）：753－764.
［42］ 蔡青，黄璐，梁婕，等.基于MODIS遥感影像数据的洞庭湖蓄水量估算［J］. 湖南大学学报（自然科学版），2012，39（4）：64－69.
［43］ 彭佩钦，童成立，仇少君.洞庭湖洲滩地年淹水天数和面积变化［J］. 长江流域资源与环境，2007，16（5）：685－689.
［44］ 方春明，曹文洪，毛继新，等.鄱阳湖与长江关系及三峡蓄水的影响［J］. 水利学报，2012，43（2）：175－181.
［45］ 李世勤，闵骞，谭国良，等.鄱阳湖2006年枯水特征及其成因研究［J］. 水文，2008，28（6）：73－76.
［46］ 许继军，陈进.三峡水库运行对鄱阳湖影响及对策研究［J］. 水利学报，2013，44（7）：757－763.
［47］ 江丰，齐述华，廖富强，等.2001—2010年鄱阳湖采砂规模及其水文泥沙效应［J］. 地理学报.2015，70（5）：837－844.
［48］ 田泽斌，王丽婧，郑丙辉，等.城陵矶综合枢纽工程建设对洞庭湖水动力影响模拟研究［J］. 环境科学学报，2016，36（5）：1883－1890.
［49］ 向锋，施勇，金秋，等.洞庭湖枢纽调度方案比对分析［J］. 水利水运工程学报，2018（2）：19－25.
［50］ 孙思瑞，谢平，陈柯兵，等.三峡水库蓄水期不同调度方案对洞庭湖出口水位的影响［J］. 长江流域资源与环境，2018，27（8）：1819－1826.
［51］ 王大宇，关见朝，方春明，等.水利枢纽运用对江湖关系影响的模拟［J］. 泥沙研究，2018，43（1）：1－8，80.

第8章

三峡工程运行后长江河口演变

广义的长江河口区是指安徽大通（枯季潮区界）向下至口外水下三角洲前缘，长700多km。根据动力条件和河槽演变特性的差异，长江河口区可分为河流近口段、河流河口段和口外海滨段三个区段。河流近口段为大通至江阴，长400km，河槽演变受径流和河道边界控制，多为江心洲河型；河流河口段为江阴至口门（拦门沙滩顶），长240km，径流与潮流共同作用，河槽分汊多变；口外海滨段为口门向外至水下30～50m等深线附近，以潮流作用为主，水下三角洲发育。狭义的长江河口指徐六泾至原口外50号灯标，全长约181.8km。1998年以来，长江口实施了深水航道治理工程、青草沙水源地建设工程、南京以下12.5m深水航道整治工程等，积累了大量的地形和水文测量资料。本章简要介绍三峡水库蓄水运行以来大通水文站入海水沙变化和河口工程实施概况，基于实测资料，分析南京以下各河段的水沙和河床冲淤变化、长江口典型滩涂演变和长江口盐水入侵情况，提出今后需要重点关注的问题和相关建议。

8.1 长江河口自然条件

8.1.1 长江南京以下河段概况

长江南京以下河段位于长江流域下游河口地区，从苏皖省界的猫子山到徐六泾，总长334.3km，从上至下分为南京河段、镇扬河段、扬中河段、澄通河段等四个河段，河道平面形态呈藕节状、江心洲发育、宽窄相间的分汊型河段。全境处于潮区界内，受上游径流以及外海潮汐、台风共同影响，水动力条件较为复杂，河段汊道众多、滩槽交错，如图8.1所示。

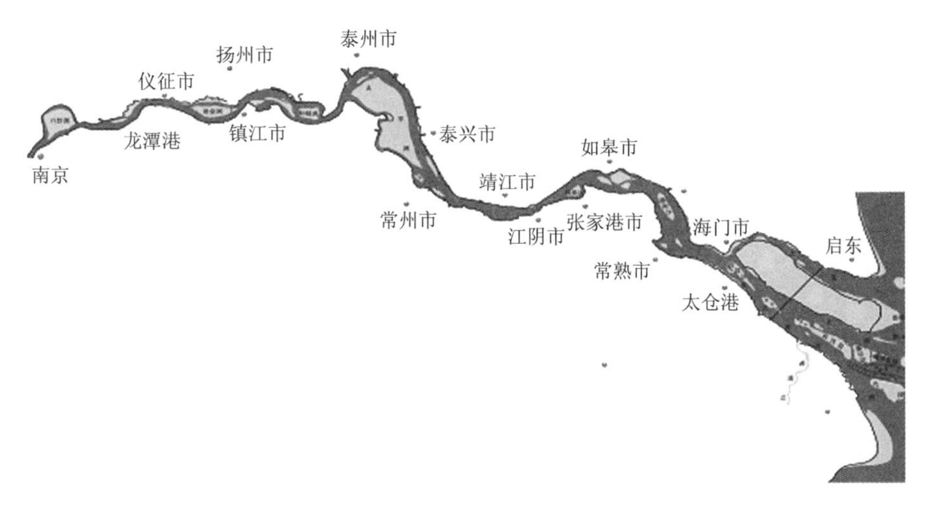

图 8.1　长江南京以下河道形势图

8.1.2　长江口河段概况

徐六泾至原口外 50 号灯标全长约 181.8km。长江口河段平面为喇叭形，呈三级分汊、四口入海的河势格局，北支、北港、北槽、南槽为四个入海通道，如图 8.2 所示。

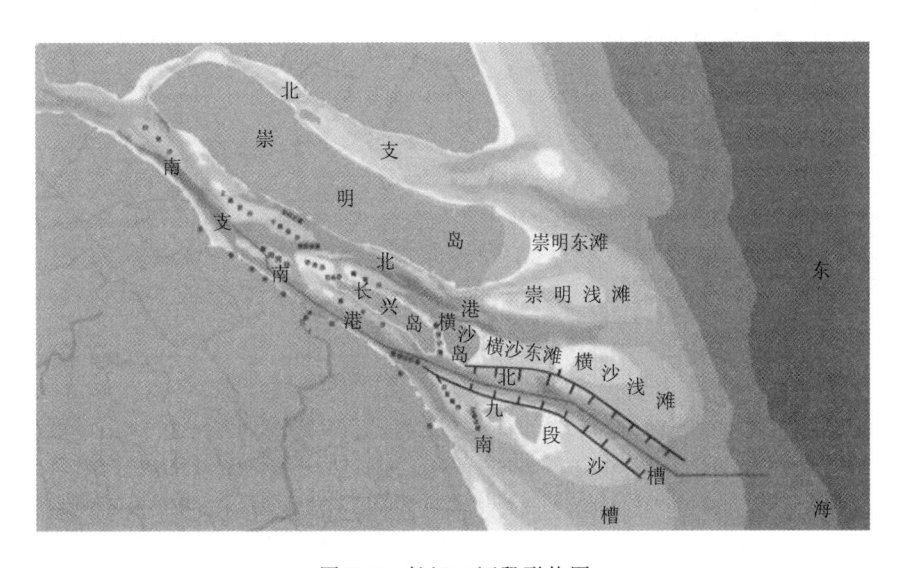

图 8.2　长江口河段形势图

长江在白茆河口被崇明岛分为南、北两支，北支为支汊，南支为主汊。新石洞水闸以下，中央沙和长兴岛将南支分为南港和北港，南港自中央沙头至南北槽分汊口长约31km，北港自中央沙头至拦门沙外长约80km，南、北港皆为顺直河槽，分流比约各占50%。在横沙岛东南，九段沙将南港分为南、北两槽，南槽自南北槽分汊口至南汇嘴长约45km，北槽自南北槽分汊口至深水航道北导堤头长约59km。目前，长江口南支一南港一北槽为主要通海航道。

北支河段是长江出海的一级汊道，西起崇明岛头，东至连兴港，全长约83km。上口崇头断面宽约3.0km，下口连兴港断面宽约12.0km，河道最窄处在崇明庙港北闸上游约800m附近，河宽仅1.6km。

8.1.3 长江口水文泥沙条件

8.1.3.1 大通水文站

据统计，大通站以下干流区间入江流量约占大通站流量的3%左右，大通水文站的流量、泥沙特征基本代表长江下游来水、来沙特征。

从年内分配来看，大通站来水来沙主要集中在汛期，沙峰略滞后于洪峰。从年际变化看，进入20世纪90年代中后期，长江连续出现几次大水，大通站1995年洪峰流量74500m³/s，1996年洪峰流量75000m³/s，1998年、1999年洪峰流量分别为81700m³/s、84500m³/s。但三峡水库蓄水运用后，长江上游来水来沙出现小水少沙年，大通站2006年后平均径流量和输沙量与三峡水库蓄水运用前多年平均值相比，分别减小9.8%和64.0%，如图8.3和图8.4所示，2011年大通站年输沙量仅为0.718亿t，2011年大通站年平均流量为21200m³/s，是五十年代以来最小的一年。

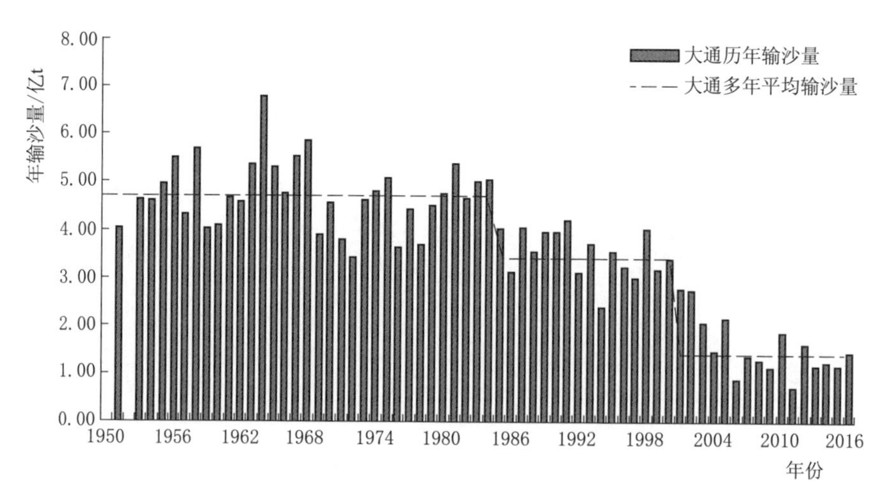

图8.3 1951—2016年长江大通站历年输沙量变化过程

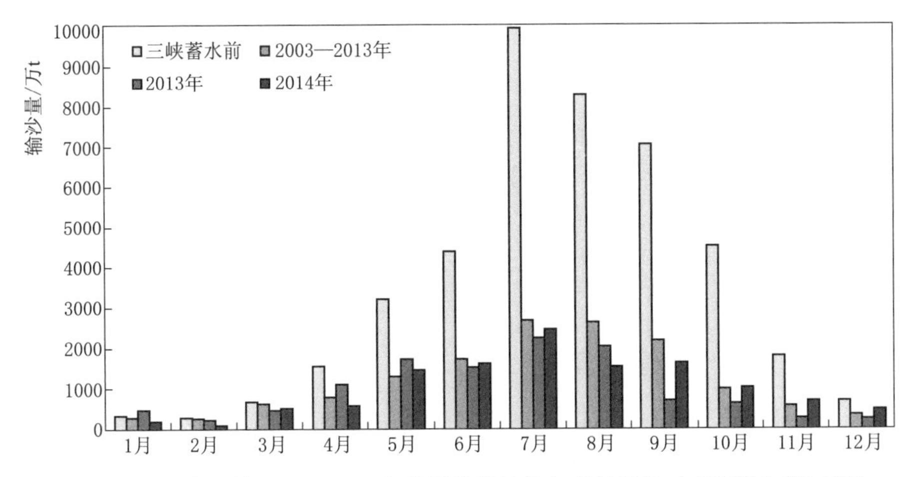

图 8.4 长江大通站 2003—2014 年月平均输沙量与多年平均（三峡蓄水前）对比

2003 年三峡水库蓄水运用以来，大通站流量过程平坦化，削峰作用明显；中水流量出现频率大大增加，枯水及高水频率减小；同流量下枯水位下降明显；年内汛期输沙率减小幅度明显大于水量的减小。从年内分配来看，三峡水库蓄水运用前，1—7 月间月均流量呈递增，7 月份达最大，7 月以后呈不断递减；1—7 月间沙量总体呈增加趋势，尤其是 6—7 月间增幅最为明显。蓄水运用后，1—7 月间各月沙量也不断增加，但增幅有所减小。由此可见，三峡水库蓄水运用后沙量的大幅减少主要发生在汛期 5—10 月间，尤其是主汛期。

8.1.3.2 徐六泾水文站

徐六泾水文站位于长江河口“三级分汊、四口入海”的起点，是长江干流距离入海口门最近的综合性水文站，集水面积约 180 万 km^2。上距大通水文站 515km，下距吴淞口约 70km，距长江口原 50 号灯标 182km，断面宽约 6km，断面形状呈不对称“W”型，断面最大水深达 50 余 m，上游河势有大角度的弯曲，下游为分汊河道。

1. 潮流量

徐六泾水文站从 2005 年开展潮流量自动观测，根据徐六泾站 2005—2016 年实测资料统计其潮量、潮流量等主要特征值变化。2005—2016 年涨、落潮和净泄潮量在历年平均潮量上下波动，近年来未出现趋势性的变化，但近 9 年中出现了两个特枯水年，水量总体上偏枯。

徐六泾站多年平均（2005—2016 年）涨潮量 4140 亿 m^3，多年落潮量为 12829 亿 m^3，多年净泄量为 8687 亿 m^3。徐六泾站多年净泄潮量中 97%来自大通径流量。三峡工程运行后，徐六泾断面长江来水呈一定幅度的上下波动，近年来水量略有增大趋势。

2. 含沙量

徐六泾断面枯季一般涨潮含沙量大于落潮含沙量，且枯季含沙量一般较大通含沙量低；洪季徐六泾断面含沙量大多大于枯季含沙量（2006 特枯水年除外），且三峡工程蓄水运用后，洪季含沙量减小趋势较为明显。

徐六泾断面洪季中值粒径与大通站年平均中值粒径较为接近，但枯季中值粒径一般都比洪季中值粒径大，这与徐六泾断面枯季受长江口潮汐和寒潮风暴影响有关。

8.1.4 长江口河道整治工程

20 世纪 90 年代以来，长江口开展了大量河道整治工程、航道整治工程等，主要涉水工程见表 8.1 和表 8.2。

表 8.1 长江口河段已建河道治理工程统计表

时　间	河道整治工程
1991—1998 年	海门港至青龙港圩角沙圈围、灵甸港至三和港老灵甸沙圈围
1997—2013 年	太仓边滩一～七期整治工程
2004 年	灵甸港灯杆港上游圈围
2006—2007 年	海门港附近岸线调整
2006—2008 年	崇明北沿圈围
2008—2010 年	崇明北沿圈围三期
2006—2010 年	三条港至连兴港岸线调整圈围
2007—2010 年	徐六泾节点段综合整治工程
2011 年	北支新村沙综合整治工程
2012 年	白茆沙整治工程
2013 年	北支海门中下段岸线整治工程
1998—2011 年	长江口深水航道一～三期工程
2010—2011 年	长江口 12.5m 深水航道向上延伸建设工程
2012—2013 年	长江南京以下 12.5m 深水航道治理一期工程

表 8.2 近期长江口主要涉水工程统计表

序号		工程名称	主要建设内容	实施时间	备注
航道治理	1	长江口深水航道治理三期工程	（1）YH101 减淤工程：加长北侧 N1～N6 丁坝、南侧 S3～S7 丁坝等 11 座丁坝，累计加长 4621m；	2008 年 12 月底开工，2009 年 4 月主体工程完工。	航道设计底宽为 350～400m，设计深度 12.5m，长 92.2km。

续表

序号		工程名称	主要建设内容	实施时间	备注
航道治理	1	长江口深水航道治理三期工程	(2) 南坝田挡沙加高工程：在S3～S8南坝田区段新建21.22km长的挡沙隔堤	2009年6月开工，2009年11月主体工程完工	2011年5月三期工程通过竣工验收
	2	长江口12.5m深水航道向上延伸建设工程	在已建新浏河沙护滩南堤尾部向下游延长2.7km堤身	2010年9月开工，2011年1月主体工程完工，2013年6月通过竣工验收	
	3	长江口南槽5.5m航道疏浚工程	疏浚工程量212万m^3（疏浚区段位于南槽航道中下段，长约19km）	2013年2月开工，4月完工，2014年8月通过竣工验收	航道设计底宽为250m
	4	长江南京以下12.5m深水航道一期工程	在白茆沙和通州沙两个沙体部位新建潜堤34.95km，丁坝11座，护堤坝4座	2012年8月开工，2013年8月完成全部护底，2014年7月通过交工验收，2015年12月通过竣工验收	期间还对通州沙北侧两处区域和白茆沙南侧两处区域进行疏浚
	5	长江口12.5m深水航道减淤工程南坝田挡沙堤加高工程	总长度约为23.8km，分为加高段和新建段：加高段长19.2km，为在S4～S8已建南坝田挡沙堤上加高；新建段长约4.6km，在S8～S9丁坝间新建挡沙堤，设计顶标高+3.5m（吴淞基面）	2015年10月底开工，2016年7月主体工程完工，2016年12月通过交工验收	
滩涂围垦	6	横沙东滩促淤圈围工程（一～六期）	横沙东滩一期、二期促淤工程及三期圈围吹填工程，共促淤面积10.1万亩，圈围面积2.6万亩；横沙东滩四期促淤2.26万亩；横沙东滩六期圈围工程圈围面积约4.8万亩	工程始于2003年12月，2016年11月通过竣工验收	
	7	横沙东滩促淤圈围工程（七～八期）	(1) 七期工程位于四期东促淤坝及六期东堤以东，东至N23潜堤，南至五期大堤，北至长江口治导线以内230～700m，围垦面积2.02万亩；(2) 八期工程位于三期圈围区以东，六期和七期圈围区以北，N23护滩堤以西区域，圈围面积6.36万亩	七期工程于2015年11月开工，2017年12月完工；八期工程于2016年9月底开工，预计2020年完工	其中，八期工程是上海市利用疏浚土方量最大的滩涂造地工程
	8	浦东机场外侧滩涂促淤圈围工程	工程北起白龙港顺堤，南至浦东机场薛家泓泵闸，东至浦东机场大堤外侧的－1m～－2m滩地。围堤总长21.35km，圈围面积15.68km^2，分三个围区。工程采用先促淤再圈围的方式实施	促淤工程于2008年开工。3号围区吹填工程于2013年4月开工，2015年4月通过竣工验收	

续表

序号		工程名称	主要建设内容	实施时间	备注
滩涂围垦	9	南汇东滩促淤一期工程	工程位于浦东机场外侧滩涂促淤圈围工程以南的没冒沙水域，一期工程堤线总长67.4km，总促淤面积15.7万亩（约104.7km^2），以大治河为界，分南、北两个促淤区，其中大治河以北促淤面积9.1万亩（约60.7km^2）；南促淤区面积6.6万亩（约44km^2）	2013年5月开工，2014年10月促淤工程全面完成	
	10	长兴潜堤后方滩涂圈围工程	包括新建南堤、新建东堤、围内吹填及新建南环河涵闸。新建围堤总长约3.5km，吹填成陆高程3.8m，总圈围面积约1686.6亩	2015年2月开工，计划2017年2月完工	
水源地工程	11	青草沙水库（含中央沙圈围）	工程位于南北港分汊口及北港河段，包括中央沙圈围工程和青草沙水库工程，其中青草沙水库环库大堤总长约48km	中央沙圈围工程于2006年11月开工，2007年5月完工。青草沙水库于2007年11月开工，2009年1月完成主龙口合龙，2009年7月环库大堤连成一体	
	12	东风西沙水库	工程位于上海长江口南支上段的北侧、崇明岛西南部，建设水库环库大堤总长度约12km，包括：新建东堤1220m，加高加固东风西堤海塘即水库南堤4798m，新建西堤2352m，加高加固崇明大堤即北堤3638m	2011年11月开工，2014年1月正式实现通水	

注 本表统计的长江口主要涉水工程未包括港口码头、岸线利用等其他建设工程。

8.1.5 长江口航道整治工程

1. 南港—北槽航道

长江口深水航道治理工程自1998年1月27日开工以来，分三期进行建设。一期工程航道8.5m水深，航道底宽300m；二期工程航道水深10.0m，航道底宽350～400m；三期工程航道12.5m水深，航道底宽350～400m。其主要工程有：在南港北槽河段共建造导堤、丁坝等整治建筑物169.17km，完成基建疏浚方量约3.2亿m^3，航道通航水深由7m逐步增深至12.5m。2010年3月14日长江口深水航道治理三期工程交工验收，全长92.2km、宽350～400m、水深12.5m的长江口深水航道建成。

2. 南支航道

长江口12.5m深水航道向上延伸工程于2013年6月4日通过竣工验收，形成了水深12.5m，底宽350～460m，长33km的深水航道。

2013年2—5月实施了长江口南槽航道疏浚工程，航道疏浚段长19.257km，底宽250m，水深5.5m。

以上三项工程累计建成12.5m深水航道125.2km（深水航道段长92.2km，底宽350～400m；向上延伸段长33.0km，底宽350～460m），南槽5.5m水深航道19.257km（底宽250m）。整治建筑物182.865km。

根据交通运输部要求，长江口深水航道通航深度保证率为95%，南槽航道通航深度保证率为90%。

3. 北支航道

北支上起海门港，下至连兴港，全长约85km。北支水道河床演变较为剧烈。航道部门暂以灵甸港、红阳港、五仓港为界，按照自然水深的不同进行分段维护。其中，北支口至灵甸港段利用自然水深维护；灵甸港至红阳港段维护水深为2.5m；红阳港至五仓港段维护水深为3m；五仓港至连兴港段维护水深为5m。

8.2 长江南京以下河段河床演变

8.2.1 南京新生圩—六圩河口河段演变

新生圩—六圩河口河段泥沙主要由上游径流挟带而来，年内含沙量的变化总体趋势与上游大通站基本一致，汛期大、枯期小，年内变化较为明显。根据近期仪征水道水流泥沙原型监测结果，平均悬沙中值粒径为0.01mm，河床组成大多为细沙或粉沙，深槽部位也有中粗沙和砾石，床沙平均中值粒径约为0.18mm，见表8.3。

表8.3 三峡水库蓄水运用前后大通站悬沙中值粒径对比表

年　份	蓄水前平均	2003	2004	2005	2006	2007	2008	2009	2010	2011
中值粒径/mm	0.009	0.010	0.006	0.008	0.008	0.013	0.012	0.010	0.013	0.009

8.2.2 龙潭水道演变

龙潭水道为单一、向右微弯的弯道段。从0m、－5m、－10m、－15m等高线变化及典型断面变化来看，三峡水库蓄水运用后，龙潭水道整体河势稳定，洲滩冲淤幅度很小，各等高线变化不大，年际间左右摆动距离基本在

80m以内，水道中上段相对稳定，中下段局部有所冲深发展，主要表现在兴隆洲心滩左侧串沟向上冲刷发展。自2013年7月至2015年11月，串沟-10m等高线向上延伸175m；2012年大水年作用后，兴隆洲心滩尾部左缘冲刷，最大冲幅为3.2m，串沟发展；中小水年份，兴隆洲心滩有冲有淤，基本稳定。

8.2.3 仪征水道演变

1. 汊道分流分沙比

三峡工程运行以来的十几年间，世业洲左汊分流比逐渐增大，增幅为7%左右。其中，2003—2006年，左汊分流比维持在33.1%左右；2007年以后逐渐增大，2010年3月左汊分流比为36.3%，2011年以后左汊分流比基本维持在40%左右，2014年6月达到最高值40.7%。

分沙比与分流比基本同步，随着世业洲左汊分流比的逐渐增加，左汊分沙比也逐步增大。2010—2013年世业洲左汊分沙比呈现明显上升趋势，由2010年的28.5%增加至2013年的37.6%，2013—2015年左汊分沙比基本维持在40%左右。

2. 河床演变

(1) 洲滩变化。三峡水库蓄水运用以来，整体来看，世业洲洲头低滩冲刷下切，左汊进口左侧边滩冲刷，进流条件改善，左汊进口断面冲刷扩大，深槽发展并逐步下延，中段河槽展宽下切，深槽逐步发展贯通，河槽容积显著增加。

世业洲左汊左岸（泗源沟—十二圩）：受泗源沟以下水流动力轴线左摆影响，泗源沟—十二圩一带岸线持续崩退，左汊进口左侧低滩冲刷显著，进流条件明显改善。泗源沟以下河段主流左偏，导致泗源沟河口至十二圩0m等高线有不同程度的后退。

世业洲洲头：水流顶冲世业洲洲头，分流区深槽下延，洲头低滩持续冲刷后退。2003—2006年洲头0m线左右两缘略有冲刷，右缘冲刷后退较多约80m；2006年之后洲头位置基本稳定，左右缘0m线左右摆动，变幅不大，但世业洲洲头低滩滩面整体冲刷下切，下切幅度在2～7m；2010年以后，滩面基本不变。

世业洲洲头左缘及中下段：洲头左缘在2006年之后有冲有淤，变化不大，2006—2015年，洲头左缘0m线左右摆动均在30m内；世业洲左缘中下部在2006年以后处于小幅冲刷后退状态，其中润扬大桥下后退最为明显，达50m；-5m线与0m线变化规律相似。

世业洲洲头右缘及中下段：2003—2006年洲头右缘0m线上段冲刷，下段淤积下延并向右扩展，2006年后又有所冲刷；世业洲洲尾0m线变化不大，上下小幅变动；世业洲右缘中下部的沙滩变幅较大，2006—2015 年沙滩头部 0m 线淤积展宽约 100m，中部冲刷后退 80～160m，滩尾淤积下移约 400m，2014 年后在沙滩尾部形成倒套。

(2) 汊道冲淤变化。主流顶冲世业洲洲头，分流点总体下挫左移；世业洲右汊进口及中上段深泓左移，导致世业洲右缘低滩冲刷，右汊进口深槽淤积，右汊进口及中上段冲滩淤槽，趋于宽浅；左汊深槽发展，深泓下切显著，断面持续冲刷扩大。

随着左汊分流比的增大，左汊逐步冲刷发展，2002 年左汊内－10m 槽全线贯通后，2004—2012 年左汊中段－10m 槽继续冲深展宽，进口和尾部变化不大；2012 年后，左汊中段和尾部等高线变幅不大。

世业洲右汊深槽位置基本稳定，深泓变化较小，冲滩淤槽，右汊断面略有萎缩，深槽变化主要表现在宽度的变化。其中，右汊中上段深槽拓宽、左移，右岸大道河一带边滩淤积，右汊中上段－10m 槽拓宽，大道河口—马家港对岸－10m 线向世业洲右缘一侧蚀退，2012—2014 年－10m 线不断后退至紧贴世业洲右缘；中上段马家港—高资港对岸－10m 左摆较大，中下段－10m、－15m槽整体变化不大。

3. 航道条件

三峡水库蓄水运用以来，世业洲进口段洲头右缘边滩冲刷，深槽淤积，呈现冲滩淤槽状态，右汊进口河段趋于宽浅，航道向不利方向发展。

2011 年右缘低滩头部冲刷后退，右汊新河口—马家口段出现 12.5m 航宽不足 500m 的碍航情况；2012—2013 年，右汊进口及中上段航道条件恶化明显，新河口至马家港一线 12.5m 航宽不足 500m，最小宽度仅 340m，航槽内存在水深不足 12.5m 的浅包；2014 年 7 月以来，世业洲右汊中上段航槽普遍淤积，12.5m 等深线最小宽度进一步减小至 231m，航宽不足的范围达到 5.6km，航槽内最浅水深 10.1m；2015 年 8 月 12.5m 等深线最小宽度进一步减小至 157m，航宽不足的范围达到 5.9km，航槽内最浅水深 9.6m；2015 年 11 月，12.5m 等深线最小宽度进一步减小至 85m，航宽不足范围约为 5.0km，最浅水深 9.9m。

8.2.4 六圩河口—五峰山河段演变

1. 分流分沙比

2003 年 5—7 月和畅洲左汊口门潜坝主体完工，初步遏制了左汊 1998 年大水后迅猛发展的势头，工程后左汊分流比绝对值下降 2%～3%，2009 年前维持在 73%～74%，2010 年后小幅回升至 74%～75%。

从近年实测资料看，左右汊分沙比在总体仍保持与分流比基本同步的前提下，左汊分沙比略有下降，右汊分沙比略有上升，这应该与2003年左汊口门潜坝工程实施对进入左汊泥沙的拦截作用有关。

2. 滩槽演变特征

（1）六圩弯道：2003—2015年三峡工程运行以来的12年间，六圩弯道河床在前后两个阶段的演变特征各不相同。三峡水库蓄水运用初期（2003—2009年）6年间，弯道内洲滩呈淤涨之势，征润洲边滩尤其是尾部向北、向下淤积延展，－20m与－30m深槽小幅淤积收缩，下段分流段－30m深槽槽尾淤积上提，－40m深槽呈冲刷态势，而0m河槽容积基本不变；三峡水库175m试验性蓄水运行后（2009—2015年）6年间，六圩弯道河床单向下切趋势明显，0m河槽容积扩大了4600万m^3，南岸征润洲边滩冲刷明显，弯道中段展宽，江中生长出心滩并逐渐开始发育，－20m、－30m与－40m深槽持续单向冲刷扩展。

（2）和畅洲汊道。在三峡工程运行后新的水沙条件与潜坝工程实施双重作用下，2003—2009—2015年间伴随着和畅洲左汊分流比先下降后小幅回升，2003—2009年和畅洲左汊已建潜坝下游2km范围内河床产生冲刷，上中段—孟家港—左汊出口一线总体呈淤积之势，0m河槽容积小幅下降；2009—2015年，上游输沙量大幅下降引起左汊河床普遍冲刷，坝下冲刷量值和范围增大，左汊0m河槽容积逐渐增大。

三峡水库蓄水初期2003—2009年，右汊河槽容积继续缩小，整个河道以淤积为主，航道条件进一步恶化；2009年之后，清水下泄引起的冲刷效应初步显现，尽管左汊分流比小幅回升，右汊0m河槽容积小幅扩大，右汊进口征润洲边滩尾部及上段一颗洲边滩冲刷明显，而中下段仍以淤积为主，且淤积部位多在规划航道内，右汊中下段航道条件并没有得到改善。

（3）大港水道。三峡水库蓄水运用以来，大港水道虽然总体河势保持相对稳定，右侧深槽变化不大，但左岸洲滩冲刷明显。

2004年后西还原段0m与－5m线冲刷后退，2012—2015年大港河口对岸－5m线冲刷后退100余m，江中－5m浅滩发育，河段右岸深槽贴岸，0m与－5m线变幅较小；2004—2015年来，汇流点—大港河口段－20m、－30m及－40m深槽整体呈向左岸扩展之势，平均移动50m左右；大港河口—四墩山左岸－30m深槽小幅淤积向南移动60余m，－20m与－40m深槽冲淤交替，略有扩展。2004—2010年大港水道0m河槽容积基本不变，2012年后开始冲刷扩大，2015年与2011年相比增加1335万m^3。

（4）和畅洲右汊12.5m等深线变化。2004—2010年右汊12.5m深水航宽逐年缩窄，2010年洪季12.5m等深线平均宽度仅275m，最窄航宽为136m，不足250m航宽碍航长度达1570m；2010年后右汊普遍冲刷，12.5m深水航宽持续增大，至2015年洪季12.5m等深线平均宽度达347m，但最窄航宽仍不足200m，且碍航长度达到3200m，2015年11月碍航长度3300m。

8.2.5 五峰山—江阴河段演变

1. 水流泥沙特性

扬中河段主要以单向落潮流为主，枯季时段有往复流现象，但涨潮动力明显弱于落潮动力。

根据2006—2015年多次实测资料，扬中河段枯水期含沙量为0.005～0.20kg/m³，中水期含沙量为0.01～0.60kg/m³，洪水期含沙量为0.05～1.0kg/m³，悬移质颗粒中值粒径为0.008mm左右，最大为0.013mm，最小为0.006mm，0.007～0.009mm的占95%以上。河床质多为中细沙，组成相对较为均匀，主槽粒径较粗，滩面粒径较细，最大粒径为6.7mm，最小粒径为0.004mm，中值粒径为0.017～0.241mm。

扬中河段进口五峰山节点挑流作用明显，并长年保持稳定，太平洲左右两汊分流、分沙基本稳定，左汊分流比一直保持在90%左右，历年变幅小于3.5%，分沙比的变化稍大于分流比，历年变幅小于8.05%。

2. 滩槽演变规律

（1）河势保持相对稳定，扬中河段总体上仍呈现洪水期冲滩淤槽的演变规律；年际呈现小水年河床冲淤变化小，大水年河床冲淤变化大的演变特征。

（2）近几年来，落成洲汊道段河床自动调整作用不明显，扬中河段左汊进口段主流存在右摆趋势，左汊进口三益桥浅区由正常的过渡段浅滩逐渐演变成上下深槽交错型浅滩，落成洲右汊下段仍呈冲刷发展的态势。

（3）从鳗鱼沙心滩形成及发展过程看，心滩始终存在，并具有易变反复、不易消失的特点。20世纪90年代后期遭遇连续大水年，河床冲淤变化剧烈，上段心滩冲刷萎缩并大幅度后退，两侧深槽淤积，出现滩槽易位现象；2000年以后，河床自动调整，上段河道中部又开始逐渐淤积，心滩重新发育；2006年，河道中出现上、下两个－10m以上心滩，左右两槽冲刷发展，尤其是左槽发展明显，已成为主槽；自2007年起，心滩萎缩，2008—2009年，上、下两个心滩位置虽变化不大，但滩体范围明显缩小，2008年－10m滩体范围仅为2007年的一半，2010年下心滩已消失。以上分析可知，在三峡工程清水下泄、沙量大幅减小，两岸护岸工程使河岸基本稳固，大幅度减少了心滩淤积沙源的条件下，江中鳗鱼沙心滩仍然存在，心滩滩面刷低，心滩萎缩，预计今后心滩继续发育成长的可能性不大，即使是小水年，鳗鱼沙沙体因沙源减少也难以壮大。

8.2.6 江阴—浏河口河段演变

1. 水流泥沙特性

三峡工程运行以来，福姜沙、通州沙、白茆沙河段（简称“三沙河段”）潮流运动特性变化较小，但水体含沙量减小至0.1～0.3kg/m³，而悬沙和底沙中值粒径变化较小，底沙无明显粗化现象。

2. 滩槽演变特征

（1）河床总体呈冲刷态势。三峡工程运行以来，2004—2015年福姜沙河段河床冲刷约1.5亿m³，通州沙和白茆沙河段河床冲刷约4.6亿m³，三沙河段合计冲刷约为6.1亿m³。需要说明的是，造成河床冲刷的原因与人类活动和上游来沙减小双重因素有关，三沙河段近年来人工采砂量较大，初步统计约3亿～4亿m³。

（2）低滩滩面高程降低、面积微减。2003年三峡水库蓄水运用以来，呈现通州沙、横港沙等低滩滩面高程有所降低，滩体－5m线以上面积呈微减趋势，例如新开沙面积由14.9km²减小至9.4km²，滩面高程由1.6m减小至目前0.8m；白茆小沙上沙体面积由3.0km²减小至2.5km²，滩面高程由0m减小至目前－0.6m。

（3）以悬沙落淤积为主的支汊衰退趋势减缓。受上游水库建成蓄水拦沙影响，支汊天生港水道0m以下河槽累计净冲刷量约为500万m³；西水道累计冲刷约82万m³；福山水道累计冲刷约30万m³，上游来沙减小后，以悬沙落淤为主的支汊，其淤积衰退趋势减缓。

8.3 长江口河床演变

长江口河段自徐六泾节点以下，分为南支、北支两个河段，其中南支又分为白茆沙汊道段和南支主槽段。

8.3.1 白茆沙汊道段演变

白茆沙汊道段为双汊河型，上起白茆河口，下至七丫口，全长约22km。现今的白茆沙为2012年9月至2014年5月实施守护工程后的形态，头部接近圆弧形、尾部狭长，整体呈菱形的江心洲，滩顶高程在1.0m以上。白茆沙南水道为主汊，分流比约占70%左右，北水道为支汊。

1. 深泓线变化

（1）白茆沙汊道段分流点纵向变化幅度大，横向变化幅度小。2001—2006年分流点上提1890m，速率378m/a；2006—2011年又下移650m，速率

130m/a；2011—2016 年分流点基本没有发生上下移动，向右平移了 260m。

（2）同样汇流点 2006 年以前纵向变化幅度大，横向变化幅度小。1998—2006 年汇流点下移 740m，横向向右移动 320m；2011 年与 2006 年相比，横向平均左移达 1.7km，水流冲刷扁担沙右缘，造成扁担沙尾部淤积并向南扩展；2016 年较 2011 年汇流点上提了 4.2km，同时南偏。

（3）白茆沙北水道深泓持续左移，南水道深泓变化较小。1998 年后，深泓左移幅度减小，至 2016 年，出徐六泾节点的深泓继续右偏，顶冲点正对新建河，但在护岸工程的作用下，新建河下深泓仅左移 50m。南水道在 1984—2016 年间，新泾河—七丫口之间的深泓在约 300m 范围内摆动，十分稳定。

白茆沙南、北水道深泓线的变化，主要受长江来水量大小及出徐六泾节点段的落潮主流方向的影响，同时护岸工程也起制约作用。

2. 洲滩变化

1992 年白茆沙沙体面积最大，长度最长，但滩顶高程只有 0m；1992 年 7 月至 1997 年 12 月，白茆沙头−5m 等高线总计后退 1.34km；1997 年 12 月至 1998 年 11 月，沙头向上淤涨，而沙尾有所上提，主沙体−5m 等高线以上面积增加了 3.4km^2，体积增大了 21.8%；2001—2013 年期间白茆沙则是逐年冲刷。为防止白茆沙冲刷影响深水航道通航，2012 年 9 月至 2014 年 5 月，实施了长江南京以下 12.5m 深水航道整治一期工程中的白茆沙整治工程，随后 2013—2016 年白茆沙开始淤涨，沙头上提，沙头向白茆沙南水道淤涨，沙尾轻微下延，白茆沙沙体面积、长度、−5m 线以上体积均呈增大趋势。

3. 河床冲淤变化

白茆沙河段的冲淤统计范围介于白茆河口与七丫口之间。总体看，白茆沙河段 0m 以下河床，1997—1998 年、2013—2016 年间出现淤积，其余时段均呈冲刷状态；1984—2016 年间，累计冲刷了近 1.74 亿 m^3，冲刷部位集中在−10m以下的河床，−10～−5m 基本冲淤平衡，0～5m 则总体淤积；1984—1992 年、2001—2006 年以及 2008—2011 年间，年平均冲刷分别为 1120 万 m^3、1190 万 m^3 和 870 万 m^3，速率均较快。

1998 年 11 月，白茆沙−5m 以上的面积为 30.23km^2，2001 年后白茆沙面积又逐渐减小。1998—2001 年，本河段 0～−5m 的低滩淤积，−15～−5m 的河槽冲刷，−25～−15m 的河槽淤积，洪水冲滩淤槽，冲淤量基本相当；2001—2013 年，本河段进入普遍冲刷时段，白茆沙南水道−5m 以下的容积由 7.44 亿 m^3 增大为 9.02 亿 m^3，扩大了 21.2%，但同时段内北水道容积却缓慢缩小，由 4.08 亿 m^3 减小为 3.75 亿 m^3。

4. 汊道分流比变化

近年来，白茆沙北水道涨潮分流比变化不大，多年平均近 30%，但落潮分流比持续减小，2002 年 9 月大、中、小潮平均为 39.3%，至 2016 年 8 月大、小潮平均为 28.5%，对应的净泄量分流比分别为 42.8%和 27.3%。

8.3.2 南支主槽段演变

南支主槽段位于白茆沙汊道汇流点和南北港分流点之间，近 30 年来在七丫口至新川沙河之间上下移动，长度在 10～20km 变化，自上而下逐渐展宽，由南支主槽、扁担沙及新桥水道组成。

1. 深泓线变化

(1) 白茆沙南、北水道的汇流点逐年下移，速度先快后慢，1984 年位于七丫口，1992 年位于长江石化码头前沿，下移了 4.4km，此后至 2006 年，在长江石化码头上下游 1.5km 的范围内上下摆动，2006—2011 年，汇流点平面上向北偏了约 2km，2011—2013 年分流点上提 1.5km，2013—2016 年汇流点大幅上提了 3.4km，上移至杨林口前沿。

(2) 南、北港分流段的分流点持续下移，1984—2016 年间累计下移了 7.8km，中间经历了一个快速下移的时段，其中 1997 年 12 月至 1998 年 11 月，南北港分流点下移了约 5km，为移动速度最快的一次，可见 1998 年大洪水对长江口洲滩的冲刷影响非常显著，特别是位于主流河段主槽内的心滩。

(3) 1984—2016 年期间，南支主槽段深泓经历了较为稳定和大幅动荡两个阶段，其中 1984—2006 年间深泓较为稳定，左右摆动较小；2006—2016 年深泓出现大幅动荡，2011 年与 2006 年相比，白茆沙南水道深泓先于七丫口处向左突变了 1.5km，至长江石化码头下游白茆沙南、北水道汇流处，平均向左移动了 1.7km，至浏河口，又向右移动了 550m，直至下行至新川沙河附近，才顺延原深泓轨迹线趋势；2011—2013 年，南支主槽深泓线归于平顺，与扁担沙－5m 线基本平行；2013—2016 年，深泓摆动幅度较大，杨林口处深泓从江中向南岸摆动了约 2km，逼近杨林口沿岸码头前沿，至长江石化码头前沿深泓线过渡，长江石化码头以下深泓线走向与 2013 年大致相同。

2. 洲滩变化

扁担沙是位于南支河段左侧的江心洲，为南支主槽的左边界和新桥水道的右边界。以崇明南门港为界，以西称上扁担沙，以东称下扁担沙。按－5m 高程计算，2006 年洲体总长 33.5km，最大宽度 6.6km，占河道一半以上，滩面自上游向下游倾伏。

在 1998 年大洪水作用下，扁担沙遭受剧烈冲刷，面积缩小了 4km^2 (－4%)，尤其是南门港以上；1998—2006 年间，扁担沙面积变化不大，平均约为 98.0km^2；2013 年由于扁担沙沙体尾部被冲刷掉一块，沙体进一步缩小至 92.2km^2，2013—2016 年扁担沙再次由冲转淤。

3. 河床冲淤变化

自1984年以来，南支主槽段持续冲刷，30多年来0m以下河床累计冲刷量达3.21亿m^3，冲刷下泄的泥沙对南北港分流段及南港、北港河段的河床演变产生了影响。总体来看，本河段冲刷的高程区间主要发生在−20～−5m，其中−20～−10m范围内冲刷尤为剧烈，达2.96亿m^3，占0m以下冲刷总量的78%。冲刷强度最大的时期是1992—1998年间和2008—2011年间，0m以下冲刷速度分别达1950万m^3/a和2450万m^3/a。

南支主槽段虽然总体呈冲刷状态，但冲淤在时间和空间上的分布差异很大，如−25m以下的深槽部位，1984—1992年间冲刷了4417万m^3，而2001—2006年间又淤积了4040万m^3，显示出本段河床的冲淤变化频繁且剧烈。

8.3.3 南港河段演变

南港河段上承南支主槽段，下接南、北槽水道，为一顺直河段，河道偏靠长兴岛侧有瑞丰沙，南侧为主槽，北侧为长兴岛涨潮槽，河势相对稳定。南港上口分流通道历史上多次变迁，现为新宝山水道、新宝山北水道和南沙头通道。

1. 深泓线变化

南港深泓平面摆动受上游汇流影响。近年来，南港上游汇流比较稳定，在吴淞口至南北槽分流段，南岸主槽深泓平面略有摆动，摆幅最大的时段发生在2002年12月至2007年8月之间，主泓向航槽方向偏移了约1km，主流逐渐脱离南岸是外高桥港区近年淤积的原因之一；其后，又逐渐向岸线方向摆动，至2016年10月移回约1km。因此，近年外高桥港区又重现冲刷之势，虽然疏浚起到短期内浚深的作用，但不会改变大的淤积趋势。

2. 瑞丰沙演变

历史上，瑞丰沙以活动性强而著称。瑞丰沙表层沉积物分析表明，沙体表层由细砂组成，D_{50}在0.100～0.200mm，80%以上的泥沙颗粒粒径大于0.063mm，小于0.004mm的黏土小于5%，0.004～0.063mm的粉砂占2%～18%，沉积物分选良好。

近年瑞丰沙总体呈逐渐缩小的趋势，1997年12月瑞丰沙还是一个完整的沙体，但2001年8月，上下沙体之间已经相距2.5km，以后该距离逐年增加，直至2006年年底下沙体5m线以上消失。2016年10月与1997年12月相比，沙体体积缩小了53%，面积缩小了44%。下沙体的冲刷消失，除受主泓北偏，水流冲击淘刷外，人工大规模采砂也是一个主要原因。

3. 南港主槽演变

历史演变表明，南港河槽容积存在着周期性变化，上游河段沙洲冲刷，下泄泥沙以底沙形式下移，堆积在南港河段，引起淤积。而在落潮水流的持续作用下，底沙的逐年下移，南港河槽水深将随之恢复。因此，过境泥沙量及滞留时间是南港主槽冲淤变化的主要原因。

近年来南港河段主槽虽然冲淤交替，但总体以冲刷为主，2010 年 2 月后南港主槽容积持续增大，至 2016 年 10 月，主槽容积从 7.37 亿 m^3 增加至 8.21 亿 m^3，增加了 11.4%，同期面积增加了约 4.8%。

8.3.4 北港河段演变

北港河段上起中央沙头，下至拦门沙外，全长约 80km，河道平面形态微弯。目前河道入口宽约 7.1km，河道最窄处在堡镇港附近，宽约 4.0km。落潮动力是塑造北港河床主槽的主要动力，目前北港落潮分流比在 53%左右。

1. 岸线及平面形态

20 世纪 90 年代以前，北港大多处于自然演变状态，90 年代以后，北港两岸实施了大量的圈围工程。随着中央沙、青草沙以及长兴岛东北侧滩地圈围，近期北港右侧中、上段岸线表现为大幅度左移。

在长江口深水航道治理二期、三期工程疏浚泥土吹填上滩以及人工促淤圈围工程的双重影响下，横沙东滩及横沙浅滩的大部分高滩快速淤涨。自 2003 年起，上海市利用航道疏浚土方逐步实施了横沙东滩一～八期促淤造地工程，如图 8.5 所示，其中一～六期已经实施，累计形成促淤面积 12.26 万亩，累计圈围面积 7.41 万亩；七期工程 2015 年 11 月开工，圈围面积为 2.02 万亩，

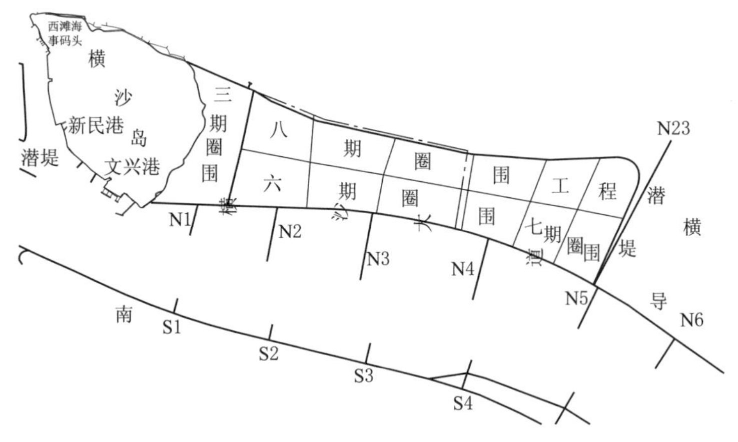

图 8.5 长江口近期横沙东滩促淤圈围工程示意图

2017 年 12 月完工；八期工程 2016 年 9 月开工，圈围面积 6.36 万亩，计划 2020 年完工。

2. 深泓线的变化

近期北港河道进口段深泓线偏右，受扁担沙尾下淤南扩的影响，新桥通道深泓线不断往中央沙头及青草沙水库逼近，对水库围堤的稳定构成了较大威胁。

3. 河床冲淤变化

北港上段－5m、－10m 水深下河槽容积呈增大之势。2007 年以后，受高滩圈围尤其是青草沙水库建设的影响 0m 以下河槽容积有所减少，2010 年以后又呈增大之势，2016 年长江大洪水期间，－5m 以下河床冲刷强度达到了 0.30 亿 m^3/a，为历年来最大值。

北港下段上起团结沙港，下至佘山，长约 42km，－5m 等深线的平均宽度约 6.6km。该段为北港入海主槽，中间为拦门沙河段。北港下段 0m、－5m、－10m 水深下河槽容积均呈震荡增大之势。

8.3.5 南、北槽河段演变

长江口深水航道治理工程建成后，南、北槽分流口已得到初步控制，其间滩槽演变也基本脱离了自然演变状态。

1. 分汊段深泓线变化

南北槽分流鱼嘴工程建设以前，南北槽约在现分流鱼嘴上游 9.1km 的外高桥码头区分流（1973 年 8 月）。工程实施后，分流点先上提后快速下挫，2002 年 12 月至 2007 年 8 月，共下行约 8.5km 至鱼嘴前沿 2.9km 处，随后在不到 1.0km 的范围内上下移动，且左右摆幅约 0.6km。

2. 分流分沙比变化

自深水航道治理工程实施以来，北槽下断面分流分沙比（均为落潮期）总体呈波动减小的趋势如图 8.6 所示，近年维持在 42%～44%。北槽分沙比与分流比变化基本同步，在大部分测次小于分流比，分沙比/分流比多年平均值为 0.93。

8.3.6 北槽演变

北槽位于南港以下、横沙东滩与九段沙之间，1998 年实施了长江口深水航道治理工程，主要整治建筑物有两条长约 50km 里的南导堤和北导堤以及 19 座丁坝。为进一步减少航道回淤，2015 年 11 月实施了长江口 12.5m 深水航道减淤工程即南坝田挡沙堤加高工程，主体工程已于 2016 年 7 月底完工。

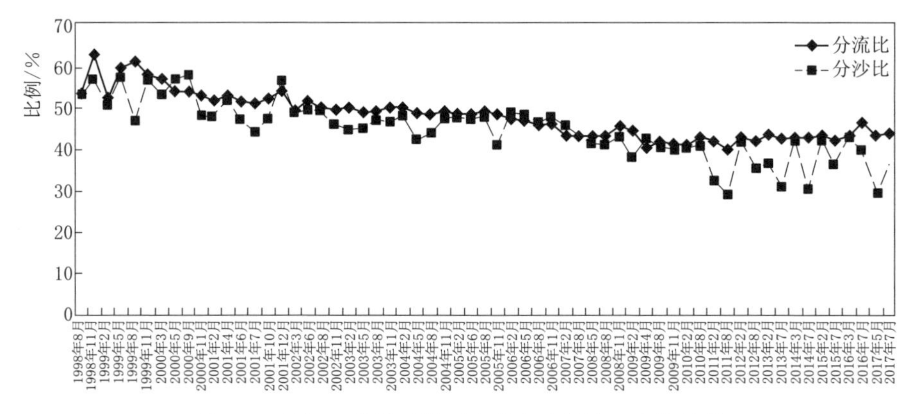

图 8.6 长江口北槽下断面落潮分流分沙比变化过程

从 1997 年 12 月以来北槽冲淤变化可以看出，北槽进口段北侧淤积，上段航槽冲深展宽，下段航槽亦冲刷，但幅度小于上段；南、北导堤间坝田淤积，弯顶（W3）上游北侧淤积幅度远大于南侧，弯顶下游南侧淤积大于北侧，弯顶处有一南北走向的淤积带穿越航道。

2004 年 5 月之前，北槽总容积（统计中已扣除航槽 350m 的区域，本节同）呈波段起伏，－5m 以下总体增大，－8m 以下与开工前相比略有减小，平均为 0.8 亿 m^3。三期 YH101 减淤工程于 2009 年 1 月实施，当年 4 月 23 日完工，与之相对应，－5m、－8m 以下容积快速增大，2009 年 5 月至 2010 年 8 月，－5m 以下容积从 4.48 亿 m^3 增大至 5.26 亿 m^3，增大了 17.4%；－8m 以下容积从 0.74 亿 m^3 增大至 1.45 亿 m^3，增大了 95.9%。2010 年 8 月至 2011 年 2 月，北槽－5m、－8m 以下容积均略有减小，但 2011 年 5 月，又趋于增大。

需要指出的是，长江口演变中要高度关注切滩串沟冲刷发展及其带来的隐患。长江口近期北港河道进口段深泓线偏右，受扁担沙尾下淤南扩的影响，新桥通道深泓线不断往中央沙头及青草沙水库逼近，这对水库围堤的稳定构成较大威胁；扁担沙沙体的动荡和冲刷体下移，不利于邻近航道和有关整治工程的安全和稳定；瑞丰沙串沟发展，上沙体南沿切滩，－5m 串沟贯通，南侧形成独立沙体，可能会对南港 12.5m 深水航道、南岸港区产生影响；九段沙南缘滩面冲刷对九段沙自然保护区的稳定带来不利影响；南支太仓新泾河—美孚码头段、新泾河—中远集装箱码头上游段、老太海汽渡（协鑫码头)—鹿鸣泾段，－20m、－30m 线紧贴区间大部分码头前沿，给码头的安全稳定带来了隐患。

三峡工程运行以来，流域上游来沙显著减少，长江下游及河口河道主槽容积扩大，江心沙洲有所缩小，冲刷下来的泥沙给局部河段增加了航道维护压力。世业洲进口段洲头右缘边滩冲刷，深槽淤积，右汊进口及中上段航道条件恶化明显；和畅洲右汊12.5m深水航道航宽不足，碍航长度增加，南京以下12.5m航道局部航行条件恶化。

8.4 长江口主要滩涂演变

由于横沙东滩、九段沙受长江口深水航道南北导堤工程的影响，南汇东滩受促淤圈围工程以及后期整治工程的影响，崇明岛北边沿受促淤并岸工程的影响，相对而言，位于北支出口的顾园沙和位于崇明岛东侧的崇明东滩基本保持了自然的演变规律，如图8.7所示。因此，分析顾园沙和崇明东滩的演变情况可以反映出三峡工程运行后水沙条件变化带来的影响。

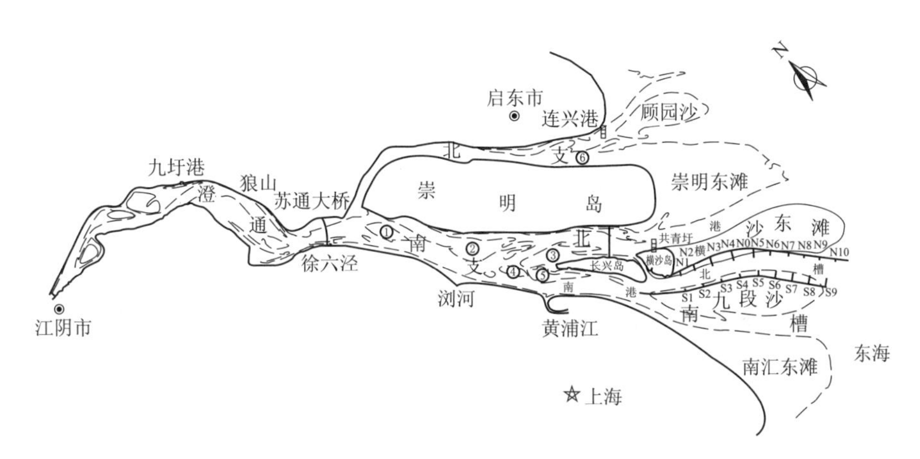

图8.7 长江口顾园沙和崇明东滩示意图

①—白茆沙；②—扁担沙；③—中央沙+青草沙；④—新浏河沙；⑤—瑞丰沙；⑥—崇明北边沿

本章高程系统为当地理论最低潮面，基于实测资料，统计分析0m、－2m、－5m等深线范围内的面积，见表8.4，并以－2～0m、－5～－2m区间来分别定义中低滩和低滩，其中，崇明东滩的统计范围从东旺沙闸至团结沙水闸，包括外团结沙，剔除了互花米草治理工程区。

表8.4 长江口顾园沙和崇明东滩面积统计表 单位：km²

年份 \ 等深线	0m等深线以上		－2m等深线以上		－5m等深线以上	
	顾园沙	崇明东滩	顾园沙	崇明东滩	顾园沙	崇明东滩
1997	31.6	98.6	68.4	259.4	—	567.2

续表

年份 \ 等深线	0m等深线以上		-2m等深线以上		-5m等深线以上	
	顾园沙	崇明东滩	顾园沙	崇明东滩	顾园沙	崇明东滩
2002	40.4	100.6	73.7	256.3	161.2	548.6
2010	46.3	166.7	81.2	292.7	161.7	579.8
2016	32.5	147.0	62.1	245.6	125.8	561.7

8.4.1 顾园沙演变

顾园沙又称启兴沙，为沉积于北支入海口的洲滩，基本处于江中位置，归属权在江苏省与上海市之间存在争议。2016年，浅于－5m等深线的沙体东西长约26.0km，南北最大宽度约9.5km，面积125.8km^2。基本处于自然演变状态。

从实测资料可以看出，虽然顾园沙浅于0m、－2m、－5m的面积历年有大有小，但－2～0m和－5～－2m的面积呈逐渐减小趋势，说明顾园沙的中低滩和低滩都减小。三峡工程前后比较，2002年顾园沙中低滩和低滩的面积分别为33.34km^{2}和87.5km^2，2016年分别为29.6km^{2}和63.7km^2，分别减小了11.4%和27.2%，低滩减小的速度快于中低滩。

8.4.2 崇明东滩演变

崇明东滩位于崇明岛的东端，呈向东南展布的三角状，高滩地被芦苇、藨草和海三棱藨草覆盖，中低潮滩大部分为裸露滩地。

崇明东滩的泥沙淤积部位主要发生在浅于5m的区域，20世纪80—90年代是崇明东滩自然淤涨和人工围滩速率最快的年代，平均每年外伸约100m。20世纪90年代后，崇明东滩的淤涨速率减缓。从1997年、2002年、2010年、2016年实测资料可以看出，崇明东滩的－2～0m的中低滩资源在逐渐减小，2002年为155.8km^2，2016年减小为98.6km^2，减小幅度达－36.7%，部分中低滩因淤涨而转化为中滩或中高滩；－5～－2m的低滩资源略有增长，2002年为292.2km^2，2016年为316.1km^2，增加了8.2%。

8.5 长江口水源地盐水入侵

8.5.1 长江口水源地

上海市在长江口主要有三大水源地，即青草沙水源地，陈行水源地，东风西沙水源地，如图8.8所示。青草沙水库供水规模超过全市的50%，陈行水库约占12%，东风西沙水库主要为崇明岛供水，宝钢水库在咸潮期间也会参与陈行水库的调度。

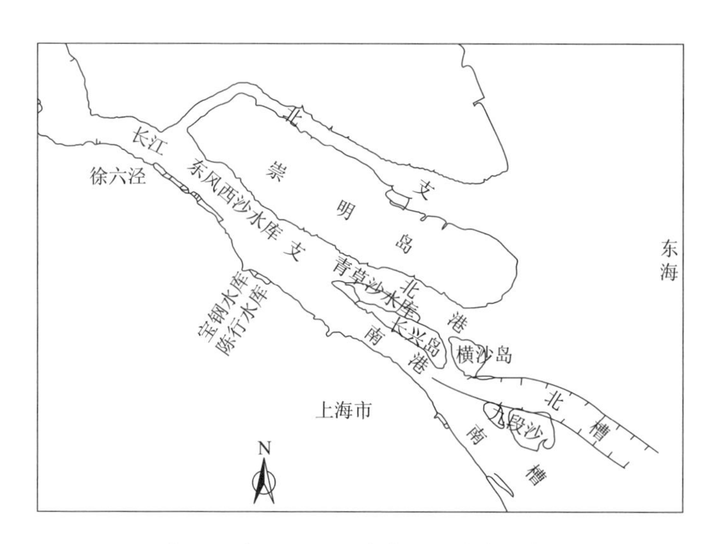

图 8.8　长江口上海市水源地分布示意图

8.5.2　长江口水源地盐水入侵情况

三大水源地中，陈行水库建成最早（1992 年），因此拥有的实测资料时间最长。陈行水库近 20 年盐水入侵观测资料统计显示，1994—2014 年共有 125 次受盐水入侵影响，受影响次数较多的年份是 1999 年、2001 年、2002 年、2004 年、2006 年、2007 年和 2014 年。1999—2008 年陈行水库盐水入侵次数最多，历时最长，其中三峡工程运行前的 1999—2002 年受盐水入侵影响每年总天数都达到 70～80d，且 2001 年是陈行水库建成后盐水入侵发生次数最多的一年，2002 年是总天数最多的一年。三峡工程运行之后，盐水入侵较严重年份为 2004 年和 2007 年，每年总天数在 70d 左右；2014 年，春季枯水期盐水入侵影响陈行水库 5 次，总天数达到 35d，连续三次盐水入侵时间间隔很短，严重影响陈行水库取水。青草沙水库自 2010 年底通水以来遭受严重盐水入侵影响达到 8 次，最长历时 22d6h，发生在 2014 年 2 月，本次的盐水入侵除径流较小外，还与持续偏北大风有关。

8.5.3　三峡工程对盐水入侵的影响

三峡水库秋季蓄水、冬季放水的季节性调水模式改变了长江的入海径流量，主要表现在三个时段：一是在 10 月份，少数年份延迟到 11 月份，由于要从145m蓄水至175m，相当于减少了月平均流量8400m³/s；二是1—3月，这时长江处于最枯水期，需从水库中放水1000～2000m³/s；三是在5、6月，这时三峡水库放水较多，使得长江中下游流量增加。

2003年三峡水库蓄水运用以来，水库下泄最小流量不会低于5000m³/s，尤其是到175m试验性蓄水运行期时，仅2014年出现低于10000m³/s的流量。因此，三峡工程缓解了流量较小月份的盐水入侵，对长江口水源地安全有利。同时，三峡工程在10月的蓄水会使得入海流量有所减少，10月盐水入侵出现的可能性比工程前增大，但因该月流量相对其他枯季月份较大且本底盐度较低，因此，对水源地安全影响很小。

8.6 小结

1. 新水沙条件下长江河口演变规律

(1) 来水来沙变化。三峡水库蓄水运用以来，大通站平均径流量和输沙量分别减小9.8%和64.0%；流量过程平坦化，削峰作用明显，中水流量频率增加，枯水及高水频率减小，同流量下枯水位下降明显；年内汛期输沙率减小幅度明显大于水量，汛期5—10月沙量大幅减少。

(2) 南京至徐六泾河段变化。三峡水库蓄水运用以来，南京以下的龙潭水道整体河势稳定，但中下段局部有所冲深发展；仪征水道的世业洲洲头低滩冲刷下切，左汊发展，分流比增大7%左右，分沙比增大10%左右；世业洲右汊深槽位置基本稳定，右汊断面略有萎缩，深水航道航宽不足。六圩弯道河床单向下切趋势明显，－40～－20m深槽持续单向冲刷扩展；和畅洲左汊河床普遍冲刷，右汊河道淤积，深水航道航宽不足，碍航长度有所增加；大港水道左岸洲滩冲刷明显；五峰山—江阴河段落成洲右汊下段呈冲刷发展的态势，江中鳗鱼沙心滩萎缩；江阴—浏河口河段河床总体呈冲刷态势，低滩滩面高程降低。

(3) 徐六泾河段至外海变化。长江口南支河段总体呈冲刷态势，冲刷主要发生在－20～－5m，其中－20～－10m范围内冲刷最为剧烈；白茆沙南水道容积扩大，北水道缓慢缩小，其落潮分流比持续减小，目前平均分流比在28%左右；南支主槽段冲淤交替，变化频繁；过境泥沙量及滞留时间引起南港主槽周期性冲淤变化；北港河道上段－5m以下河槽冲刷增大，北港下段0m、－5m、－10m以下河槽呈震荡增大；北槽河段主要受深水航道治理工程影响，落潮分流比近年在42%～44%，河床形态由U形变为V形，坝田淤高，－5m、－8m以下容积增大。受河口工程影响较小的顾园沙中低滩和低滩面积减小，低滩减小速度快于中低滩；崇明东滩的中低滩资源也在逐渐减小，其中一部分因淤涨而转化为中滩或中高滩。

2. 加强长江下游和河口相关问题研究

长江上游来沙锐减对长江河口冲淤演变等的影响已逐步显现，今后要加强新水沙条件下长江河口演变规律和趋势研究，重点关注变化环境下的堤防安全、航道安全、水资源安全以及过江通道和管线的安全，加强水环境、水生态理论和修复技术研究，崩岸发生机理和监测技术，河道冲刷传递过程和防护技术，深水航道局部高强度回淤和减淤技术，盐水入侵对水源地影响和预测技术，航道疏浚土利用与滩涂资源生态保护技术等。

3. 充分发挥三峡工程对长江口压咸补淡的作用

2014 年 2 月长江口遭遇青草沙水源地建成后最严重的盐水入侵，连续 23 天无法取到合格的原水，2 月 21 日三峡水库启动应急预案增加下泄流量 $1000m^3/s$，将下泄流量提升至 $7000^3/s$，此次压咸补淡调度维持 11d，累计向下游补水 18.5 亿 m^3（其中专为长江口增加补水 9.5 亿^3，此期间大通以下引水量约为 3.5 亿 m^3），对缓解长江口水源地受盐水入侵影响起到了一定的作用。因此，如能对盐水入侵进行准确预报，可以更好地发挥三峡水库对长江口压咸补淡的作用。

4. 重视滩涂湿地保护和疏浚土利用

2002—2016 年期间，崇明北沿、横沙东滩、九段沙、南汇东滩的中低滩（－2～0m）分别减少 71.8％、10.7％、31.7％、48.0％，降幅十分明显。此外，随着横沙东滩 1～8 期促淤工程在 2020 年完工，长江口深水航道每年约 6000 万方的疏浚土将无处安放，如抛在海里，既带来环境污染问题，又造成泥沙资源浪费，需要研究进一步利用的渠道，使长江口疏浚土资源得到有效利用，滩涂资源得到进一步保护。

参 考 文 献

[1] 曹民雄，应翰海，申霞．长江南京以下深水航道二期工程碍航水道演变特性及航道沿理思路 [J]. 水运工程，2008 (2)：1-12.

[2] 长江江苏段河道演变及综合治理对策研究．南京水利科学研究院科研报告 [R]，2018.6.

[3] 张幸农．长江南京以下河段深水航道整治基本原则与思路 [J]. 水利水运工程学报，2009 (4)：128-133.

[4] 余文畴，张志林．长江口河段近期演变特点与整治研究建议 [J]. 人民长江，2017 (15)：1-5.

[5] 张志林，胡国栋，朱培华，等．长江口南港近期的演变及其与重大工程之间的关系 [J]. 长江流域资源与环境，2010，19 (12)：1433-1440.

[6] 长江口水源地安全与淡水资源调度方案编制，南京水利科学研究院科研成果报告，

2017 - 2018.
[7] 丁磊，窦希萍，高祥宇，等. 长江口盐水入侵研究综述 [C]//中国海洋工程学会. 第十七届中国海洋（岸）工程学术讨论会论文集（下）. 中国海洋工程学会，2015.5.
[8] 钮新强，谭培伦. 三峡工程生态调度的若干探讨 [J]. 中国水利，2006（14）：8 - 10.

第9章

175m 试验性蓄水 10 年三峡工程泥沙冲淤变化

三峡水库 2003 年 6 月开始蓄水运用，2006 年 9 月进入初期运行期，较初步设计提前了 1 年，期间水库运行状况好于预期。为提前发挥三峡水库综合效益，三峡工程泥沙专家组组织开展了提前实施 175m 蓄水方案的可行性论证[1-2]，采用泥沙实体模型和数学模型，按照 1991—2000 年水沙系列进行试验和计算，分析成果表明，水库提前实施 175m 蓄水运用后九龙坡港口和金沙碛港口的碍航泥沙淤积量较小，泥沙淤积对库尾变动回水区通航的影响不大，可通过疏浚等措施解决；同时，鉴于工程建设和移民进度总体提前，特别是入库泥沙大幅减少，使水库提前实施 175m 蓄水成为可能。基于上述研究成果和已具备的条件，三峡工程泥沙专家组建议，2008 年汛后开始实施 175m 试验性蓄水运用是可行的，得到了主管部门的采纳。三峡水库于 2008 年提前开始实施 175m 试验性蓄水以来的实践证明，有关泥沙淤积对重庆主城区河段航运影响不大的结论是正确的；提前开展试验性蓄水不仅对库尾泥沙淤积情况进行了实践检验，而且使三峡工程全面发挥综合效益的时间较原定的分期蓄水方案提前了 5 年。特别需要指出的是，在 175m 试验性蓄水期间，依据实际的来水来沙情况、研究成果和运行需要，调整了部分水库运行参数，如汛后提前蓄水、汛期中小洪水调度、汛期水位上浮等。实践也证明这些调整对于水库蓄水至正常高水位 175m 是有助和可行的，有利于发电、洪水资源利用、下游水量调控等，利大于弊，为水库发挥巨大的综合效益提供了重要的科技支撑[3]。

本章系统分析了三峡水库 175m 试验性蓄水以来，水库淤积和坝下游冲刷演变情况，总结了三峡蓄水运用 15 年、试验性蓄水运用 10 年来关于泥沙问题的基本认识和经验，提出了今后工作的建议。

9.1 三峡工程水文泥沙概况

9.1.1 水库运行调度

2003年6月三峡水库蓄水运用以来，经历了围堰发电期、初期蓄水期和175m试验性蓄水期等3个阶段。其中：2003年6月至2006年9月为三峡水库围堰发电期，坝前水位为135（汛期）～139m（非汛期），水库回水末端达到重庆市涪陵区李渡镇，回水长度为498km；2006年9月至2008年9月为三峡水库初期运行期，汛期在水库没有防洪任务时水位控制在143.9～145m范围内，枯季水位控制在156m，水库回水末端达到重庆铜锣峡，回水长度为598km。2008年汛末开始实施正常蓄水位175m试验性蓄水，水库回水末端达到重庆江津附近，回水长度为660km。2008年和2009年最高蓄水位分别为172.80m和171.43m，2010—2017年连续8年实现175m蓄水目标，工程在防洪、发电、航运、水资源利用等方面发挥了巨大综合效益。运行期间，三峡水库根据长江流域防汛形势及水雨情预报，在确保防洪安全、风险可控、泥沙淤积许可的前提下，实施了防洪调度、蓄水调度和消落期供水调度，并适时开展了库尾减淤调度、汛期沙峰排沙调度和生态调度试验。

9.1.2 长江上游水库群联合调度

随着以三峡工程为核心的长江上游水库群的逐步建成，水库群在防洪与综合利用、梯级水库间的蓄泄矛盾等也逐步显现。为统筹长江上游水库群防洪、发电、航运、供水、水生态与水环境保护等方面的需求，保障流域防洪和供水安全，2012年8月国家防总批复了《2012年度长江上游水库群联合调度方案》，对三峡、二滩、紫坪埔、构皮滩、碧口等10座水库的调度原则和目标、洪水调度、蓄水调度、应急调度、调度权限、信息报送和共享等方面进行了明确，为水库群联合统一调度提供了依据。

在国家防总批复的《2016年度长江上游水库群联合调度方案》中，进一步将金沙江梨园、阿海、金安桥、龙开口、鲁地拉、观音岩、溪洛渡、向家坝，雅砻江锦屏一级、二滩，岷江紫坪铺、瀑布沟，嘉陵江碧口、宝珠寺、亭子口、草街，乌江构皮滩、思林、沙陀、彭水，三峡水库等21座水库纳入水库群联合调度范围，总调节库容为459.22亿m^3，总防洪库容为363.11亿m^3。2017年又将水库群联合调度的范围扩展到了城陵矶河段以上的长江上中游28座水库。

9.1.3 水文泥沙原型监测

三峡工程水文泥沙原型监测工作贯穿于工程的论证、设计、施工、运行等各个阶段。1993年工程开工以来，先后编制了《三峡工程施工期阶段工程水文泥沙监测规划》《长江三峡工程2002—2019年泥沙原型监测计划》《长江三峡工程2002—2009年杨家脑以上河段新增水文泥沙监测研究项目实施方案和预算报告》、《长江三峡工程2010—2019年杨家脑以上河段水文泥沙监测研究项目实施方案》等。1993年至2017年12月，水利部及中国长江三峡集团公司等组织有关单位系统地开展了水文泥沙原型监测工作，共计完成水文泥沙监测1600余站年，河道地形测量24000余km^2，泥沙取样分析约63300线次，河道固定断面监测约31400个次等。

水文泥沙监测范围包括：水库库区、坝区（包括三峡近坝段和三峡—葛洲坝两坝间）和坝下游宜昌至湖口河段等3大部分。监测内容包括：水文泥沙（降水、水温、水位、流量，悬移质、推移质泥沙输沙率及颗粒级配等），基本控制设置，河床组成勘测，河道地形，河段固定断面（床沙及干容重取样），重点河段河道演变，变动回水区冲淤，坝区河道演变，过机泥沙及水资源利用实时调度专题观测，库区能见度观测，三峡水库不平衡输沙观测等。

9.1.4 三峡水库蓄水运用以来泥沙冲淤变化

9.1.4.1 三峡水库上游来沙变化

20世纪90年代以来，受上游水库拦沙、水土保持工程、降雨变化和河道采砂等因素影响，长江上游径流量变化不大，输沙量减少趋势明显。三峡水库蓄水运用以来，2003—2017年入库（朱沱站＋北碚站＋武隆站，下同）年平均径流量、悬移质输沙量分别为3602亿m^3和1.55亿t，较1990年前平均值分别减小了7%和68%，较1991—2002年平均值分别减少了4%和56%。近年来随着金沙江中下游溪洛渡、向家坝等梯级电站相继建成并蓄水运用后，金沙江来沙量大幅减少，2017年向家坝出库泥沙量仅为148万t，三峡入库泥沙量为3440万t。

受长江干流溪洛渡、向家坝等水电站蓄水拦沙影响，三峡入库泥沙地区组成也发生明显变化。2003—2012年金沙江来沙量占寸滩水文站沙量的比重为75.9%，2013—2017年该比重减少为3.0%。

随着三峡上游干支流水库群的建设与运用，预期三峡入库泥沙量将进一步减少，并在相当长时期内维持较低水平。

9.1.4.2 水库泥沙淤积

受长江上游干支流来沙减少和河道采砂等影响，三峡水库泥沙淤积明显减缓。2003 年 6 月至 2017 年 12 月，三峡水库实测泥沙淤积量为 16.69 亿 t，年平均淤积量为 1.15 亿 t，为论证阶段预测成果（数学模型采用 1961—1970 系列年预测）的 35%，水库排沙比为 23.9%。其中，围堰发电期、初期运行期和 175m 试验性蓄水期的排沙比分别为 37.0%、18.8%和 17.3%。库区大部分泥沙淤积在 145m 高程以下，淤积在 145～175m 的泥沙为 1.25 亿 m^3，占 175m 高程以下总淤积量的 7.5%，占水库静防洪库容（221.5 亿 m^3）的 0.56%，且淤积主要集中在大坝至庙河和云阳至涪陵河段。

2008 年 9 月至 2017 年 12 月重庆主城区河段实测累计冲刷泥沙量为 1789 万 m^3，未出现论证阶段担忧的泥沙严重淤积的局面。实测资料表明，三峡水库蓄水运用后寸滩站汛期水位流量关系没有出现明显变化，水库泥沙淤积尚未对重庆洪水位产生明显影响。

2003—2017 年期间，坝前段河床深泓平均淤积厚度为 33.5m，最大淤积厚度为 63.7m。坝前泥沙淤积体高程目前低于坝址电厂进水口的底板高程（108m），且淤积物颗粒很细，未对发电造成影响。右岸地下电站运行以来，地下电站坝前取水区域泥沙淤积较为明显，目前河床平均高程为 104.6m，高出地下电厂排沙洞口底板高程 2.1m，其淤积发展趋势值得关注。

9.1.4.3 宜昌枯水位下降

宜昌枯水位是保证船队安全通过葛洲坝枢纽船闸下闸槛和下引航道的关键，初步设计确定在三峡水库 175m 运行后，要保证庙嘴站最低水位达到吴淞资用基准高程 39.00m（对应宜昌站水位为冻结吴淞基本 39.29m）。2003 年三峡水库蓄水运用后，受坝下游河道清水冲刷的影响，宜昌站同流量下枯水位有所下降。2017 年宜昌站 6000m^3/s 流量相应水位为 39.45m，较 2002 年下降了 0.58m，较 1973 年设计值累积下降了 1.89m；5000m^3/s 流量进行外延估算后相应水位为 38.96m，较 1973 年设计线累积下降了 1.71m。随着长江上游水库群的建成运用，三峡入、出库泥沙量在未来相当长时期内将维持在较低水平，坝下游河床仍将持续冲刷下切，宜昌枯水位仍有可能下降。

9.1.4.4 坝下游河道冲刷

2003 年三峡水库蓄水运用以来，长江中下游河道河势总体基本稳定，局部河势调整剧烈；河道总体呈现沿程全线冲刷的态势。由于受入、出库沙量减少和河道采砂等的影响，坝下游河道冲刷的速度快、强度大、范围广，冲刷已发展至长江口，强烈冲刷带从上游向下游逐渐推进，目前河道最强烈冲刷河段由上荆江逐渐向下荆江发展。

2002 年 10 月至 2017 年 11 月，宜昌至湖口河段实测平滩河槽冲刷泥沙量为 21.24 亿 m^3，年平均冲刷量为 1.38 亿 m^3/a，明显大于水库蓄水运用前 1966—2002 年的 0.011 亿 m^3/a。其中，宜昌至城陵矶河段河道冲刷强度最大，该河段冲刷量占总冲刷量的 57%。城陵矶至汉口、汉口至湖口河段冲刷量分别占总冲刷量的 19%、24%。此外，湖口至江阴河段河道也以冲刷为主，2001 年 10 月至 2016 年 10 月平滩河槽冲刷泥沙量为 11.75 亿 m^3，其中，湖口至大通和大通至江阴河段冲刷量分别为 3.72 亿 m^3 和 8.03 亿 m^3。可见湖口以下河段的河道冲刷也是十分强烈的，需引起关注。

三峡坝下游河道河势总体基本稳定，但局部河段河势发生了剧烈调整，如：沙市河段太平口心滩、三八滩和金城洲段等，下荆江调关弯道段、熊家洲弯道段主流摆动导致切滩撇弯现象。随着河势的调整，崩岸塌岸现象时有发生，据不完全统计，2003—2017 年长江中下游河道共发生崩岸 917 处，累计总崩岸长度约 692.6km，但随着河势控制工程、河道治理与航道整治工程的实施，长江中下游河道崩岸强度、频次逐渐减轻，其年平均崩岸长度由 2003—2006 年的 77.7km/a 减小至 2009—2017 年的 37.9km/a，年平均崩岸次数也由 2003—2006 年的 80 处减小至 2009—2017 年的 57 处。

9.1.4.5 水库及坝下游航道演变

三峡水库 175m 试验性蓄水运用后，坝前水位抬高了 30～65m，库区内流速和比降明显减小，航道条件得到大幅改善，航道等级由Ⅲ级提升至Ⅰ级，主力船型由蓄水运用前的 1000t 级提升到 5000～8000t 级，航运效益显著。虽然水库淤积总体较预测要小，且主要淤积在常年回水区，但变动回水区在特殊时段、特殊区段仍然存在淤积碍航问题，需通过航道维护及疏浚保持航道畅通。

三峡工程及上游水库群的建设，以及自然条件的变化，对长江中下游河段航道条件的影响有利有弊，总体利大于弊。一方面，三峡水库坝下游枯水流量的增大及航槽区域的冲刷下切对多数河段航道条件的改善有促进作用，并为进一步提高航道尺度创造了条件；另一方面，河床的冲刷带来了沿程水位的逐渐下降，以及冲淤调整的不确定性使得局部河段出现了冲滩淤槽的不利变化，部分水道航道条件有所恶化，需及时开展航道整治工程。

9.2 175m 试验性蓄水 10 年三峡水库进出库水沙特性

9.2.1 长江上游径流变化

20 世纪 90 年代以来，长江上游径流量变化不大。与多年平均值相比，2008—2017 年长江上游各站年平均径流量除沱江富顺站偏多 2%外，其余各站偏少 1%～9%；与 2003—2017 年平均值相比，除富顺站和横江站分别偏多 11%和 5%外，其余各站变化不大，如图 9.1 所示。

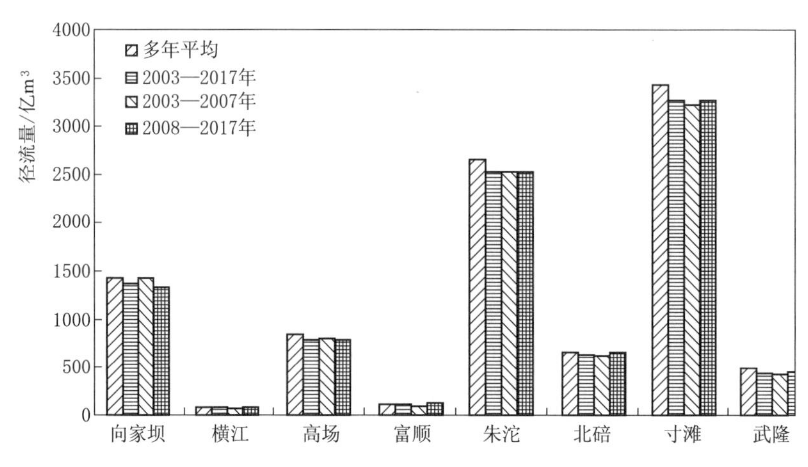

图9.1 三峡水库上游主要水文站不同时段年平均径流量比较

9.2.2 长江上游泥沙变化

20世纪90年代以来，受水利工程拦沙、降雨时空分布变化、水土保持、河道采砂等因素的综合影响，长江上游河道输沙量明显减少。2008—2017年长江上游各站输沙量较多年平均值减少27%～88%；与2003—2017年平均值相比，除富顺站偏多41%、横江站和北碚站变化不大外，其余各站输沙量减少17%～43%，如图9.2所示。特别是近年来随着金沙江下游溪洛渡、向家坝水电站相继建成蓄水运用后，金沙江来沙量大幅减少，2013—2017年向家坝站年平均输沙量为170万t/a，与2003—2012年期间平均输沙量14200万t/a相比，减少了99%。

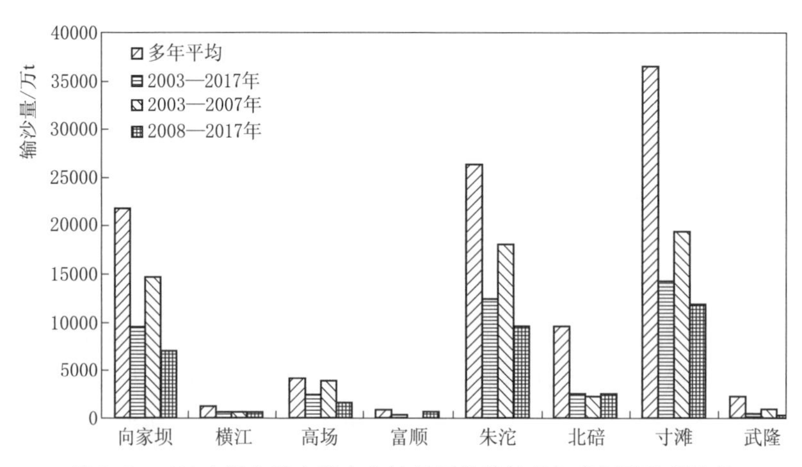

图9.2 三峡水库上游主要水文站年平均输沙量与多年平均值比较

受上游水库群拦沙等影响，三峡入库泥沙地区组成也发生明显变化。2003—2012 年金沙江屏山（向家坝）站年平均沙量占寸滩站沙量的比例为 75.9%，横江站、高场站、富顺站和北碚站来沙量占寸滩沙量比重分别为 2.99%、15.7%、1.19%和 15.6%。受溪洛渡、向家坝等水电站运用后蓄水拦沙的影响，2013—2017 年金沙江来沙量占寸滩站来沙量的比重减少为 3.0%，而横江站、高场站、富顺站和北碚站来沙量占寸滩站沙量比重分别增大为 12.6%、22.1%、14.8%和 31.3%，如图 9.3 所示。

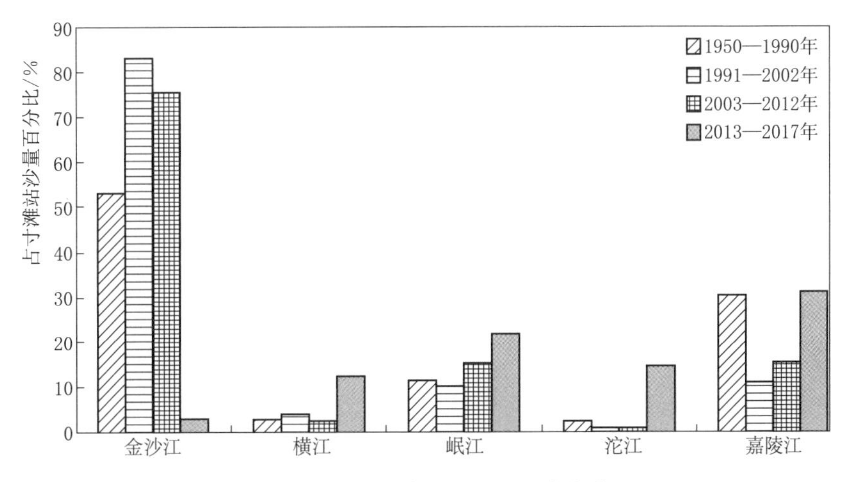

图 9.3　三峡入库沙量地区组成变化

特别需要指出的是，虽然三峡入库沙量总体减少，但上游个别支流大洪水时仍可能出现来沙量较大的现象。2011 年 9 月渠江出现较大洪水，导致输沙量高度集中，7 天左右的输沙量达 1220 万 t，占罗渡溪站全年的比例达 49%。2013 年 7 月 8—17 日涪江发生洪水期间，小河坝站实测输沙量达 2950 万 t，占小河坝站全年输沙量的 78%。2014 年 9 月 10—23 日渠江发生洪水期间，罗渡溪站实测输沙量达 1001 万 t，占罗渡溪站全年输沙量的 91.8%。2017 年 8 月24—27 日横江流域遭遇洪水，期间输沙量达 614 万 t，占全年输沙量的 70%，占 2017 年三峡入库沙量的 18%。

在入库沙量大幅减小的同时，入库粗颗粒泥沙含量也有所降低。2008—2017 年寸滩站悬沙中值粒径为 0.010mm，粗颗粒泥沙含量分别由 1987—2002 年的 10.3%和 2003—2007 年的 7.1%减少至 4.9%。

9.2.3　入库水沙情况

三峡水库 175m 试验性蓄水运用以来，入库径流量变化不大，但入库泥沙量却大幅减小。2008—2017 年三峡入库年平均径流量和输沙量分别为3617亿m^3和1.25亿t，径流量与多年平均值和2003—2017年平均值基本持平，但输沙量较多年平均值和2003—2017年平均值分别减少了65%和19%。

2008—2017年朱沱和寸滩站年平均砾卵石推移质输沙量分别为7.37万t和3.41万t，较2003—2017年平均值分别减少了30%和7%；朱沱和寸滩站年平均沙质推移质输沙量分别为0.72万t（2012—2017年）和0.42万t。寸滩站砾卵石推移质和沙质推移质历年推移量变化如图9.4所示。

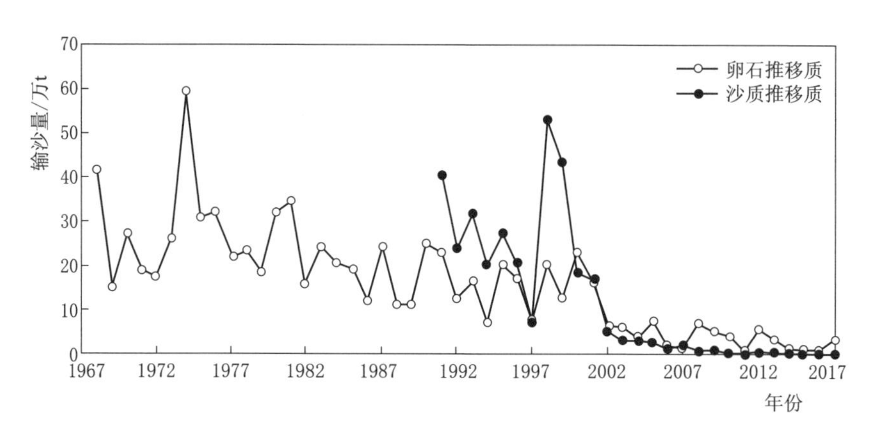

图9.4 长江寸滩水文站砾卵石推移质和沙质推移质输沙量历年变化过程

9.2.4 出库水沙情况

2008—2017年宜昌站年平均径流量为4105亿m^3，较多年平均值偏少4%，与2003—2017年平均值基本持平；输沙量为2040万t，较多年平均值和2003—2017年平均值分别偏少95%和43%。

9.3 175m试验性蓄水10年三峡水库泥沙冲淤变化

9.3.1 库区泥沙冲淤变化

9.3.1.1 水库泥沙淤积量与排沙比

2008年10月至2017年12月，三峡水库实测入库悬移质泥沙量为10.486亿t，出库（黄陵庙站）悬移质泥沙量为1.812亿t，不考虑三峡库区区间来沙量（下同），水库淤积泥沙量为8.674亿t，水库年平均淤积泥沙量为0.938亿t/a，仅为论证阶段的28%；水库排沙比为17.3%，见表9.1。

表 9.1 三峡水库进出库泥沙与水库淤积量统计表

年份	累积值			年平均值			排沙比/%
	入库沙量/亿 t	出库沙量/亿 t	淤积量/亿 t	入库沙量/亿 t	出库沙量/亿 t	淤积量/亿 t	
2003 年 6 月至 2006 年 8 月	7.004	2.590	4.414	2.155	0.797	1.358	37.0
2006 年 9 月至 2008 年 9 月	4.435	0.832	3.603	2.129	0.399	1.729	18.8
2008 年 10 月至 2017 年 12 月	10.486	1.812	8.674	1.134	0.196	0.938	17.3
2003 年 6 月至 2017 年 12 月	21.925	5.234	16.691	1.503	0.359	1.145	23.9

9.3.1.2 水库泥沙淤积沿程分布

2008 年 10 月至 2017 年 11 月，三峡水库干流累计淤积泥沙量为 6.896 亿 m^3（含河道采砂影响，下同）。受上游来水来沙、河道采砂和水库调度等影响，变动回水区（江津至涪陵，长约 173.4km）累计冲刷泥沙量为 0.831 亿 m^3；涪陵以下的常年回水区（涪陵至大坝，长约 486.5km）累计淤积泥沙量为 7.726 亿 m^3，见表 9.2。

表 9.2 三峡水库变动回水区及常年回水区冲淤量统计表 单位：亿 m^3

时间	变动回水区				常年回水区				合计
	江津—大渡口	大渡口—铜锣峡	铜锣峡—涪陵	小计	涪陵—丰都	丰都—奉节	奉节—大坝	小计	
2003 年 3 月至 2006 年 10 月	—	—	−0.017	−0.017	0.020	2.698	2.735	5.453	5.436
2006 年 10 月至 2008 年 10 月	—	0.098	0.008	0.107	−0.003	1.294	1.104	2.396	2.502
2008 年 10 月至 2017 年 11 月	−0.399	−0.253	−0.178	−0.831	0.391	5.453	1.883	7.726	6.896
2003 年 3 月至 2017 年 10 月	−0.399	−0.155	−0.187	−0.741	0.408	9.445	5.722	15.575	14.834

从各时段来看，三峡水库围堰发电期、初期运行期和 175m 试验性蓄水期年平均泥沙淤积量分别为 1.81 亿 m^3/a、1.25 亿 m^3/a 和 0.77 亿 m^3/a，且随着回水范围向上游延伸，奉节至丰都段泥沙淤积占总淤积量的比例逐渐增加，大坝至奉节段泥沙淤积占总淤积量的比例则逐渐减小，如图 9.5 所示。

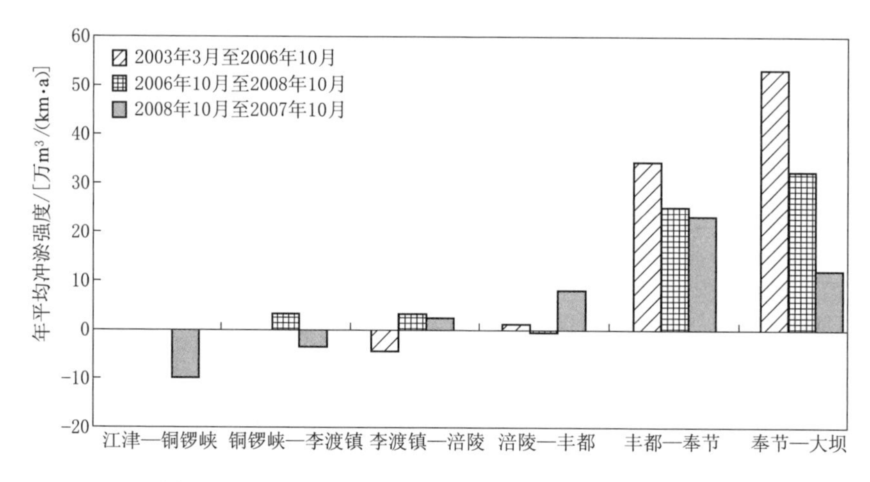

图9.5 三峡水库库区各河段泥沙年平均淤积强度对比

9.3.2 库区重点河段泥沙冲淤变化

三峡水库175m试验性蓄水运用以来，受上游来水来沙、水库调度及河道采砂等综合因素影响，重庆主城区河段河道总体表现为冲刷下切，未出现论证时担忧的泥沙严重淤积的局面，寸滩站汛期水位流量关系没有出现明显变化，表明水库泥沙淤积尚未对重庆洪水位产生明显影响。2008年9月至2017年12月重庆主城区河段累计冲刷泥沙量为1789万m^3，其中边滩淤积量为149万m^3，主槽冲刷量为1938万m^3。从淤积分布来看：长江干流朝天门以上河段、以下河段和嘉陵江河段全部表现为冲刷，冲刷泥沙量分别为1399万m^3、150万m^3和241万m^3。

目前库区泥沙淤积主要发生在弯曲、开阔、分汊河段，受入库泥沙大幅度减小等影响，洛碛至长寿、青岩子、土脑子、凤尾坝、兰竹坝、黄花城等重点淤积河段淤积强度较之前有所减小，见表9.3。

表9.3 三峡库区重点河段冲淤量统计表 单位：万m^3

不同时段	洛碛至长寿河段	青岩子河段	土脑子河段	凤尾坝河段	兰竹坝河段	黄花城河段
长度/km	30.8	14.9	5.0	5.5	6.1	5.1
2003年3月至2006年10月	—	—	462.0	331.0	1449.0	3871.0
2006年10月至2008年10月	−40.0	439.1	591.0	507.0	1204.0	2525.0
2008年10月至2017年10月	−1428.6	−1490.1	872.8	1755.4	2661.1	4792.3
2003年3月至2017年10月	−1468.6	−1051.0	1925.8	2593.4	5314.1	11188.3

9.3.3 坝区泥沙冲淤变化

9.3.3.1 坝区泥沙冲淤变化

2003 年 3 月至 2017 年 12 月，三峡水库坝前段（庙河至坝址，长约 15.1km）累积淤积泥沙量为 1.59 亿 m^3，年平均淤积量为 0.11 亿 m^3/a，其中 90m 高程以下河槽占总淤积量的 73%。坝前河段深泓平均淤积厚度为 33.5m，最大淤积厚度为 63.7m（S34 断面，距离大坝 5.6km）。2008—2017 年，三峡水库坝前段淤积泥沙量为 0.53 亿 m^3，年平均淤积量为 0.06 亿 m^3/a，90m 高程以下河槽占总淤积量的 66%。目前坝前泥沙淤积体高程低于电厂进水口的底板高程（108m），而且淤积物颗粒很细，对发电取水尚未造成影响。

9.3.3.2 地下电站进口泥沙淤积情况

三峡右岸地下电站运行以来，2006 年 3 月至 2017 年 10 月右岸地下电站前沿引水区域累计淤积量达 364 万 m^3，年平均淤积量为 31.7 万 m^3/a，其中：关门洞以上区域的泥沙淤积量较为明显，而靠近大坝的区域淤积量相对较少。目前河床平均高程为 104.6m，高出地下电站排沙洞口底板高程 2.1m，其淤积发展趋势需要引起重视。

9.4 175m 试验性蓄水 10 年坝下游水沙变化与河道冲刷演变

9.4.1 坝下游水沙变化

9.4.1.1 径流、输沙量与级配变化

三峡水库 175m 试验性蓄水运用以来，长江中下游各水文站的径流量较蓄水运用前略有减少，但径流过程发生重大变化，表现为洪水削峰和枯水流量加大，中水时间增加。2008—2017 年宜昌、汉口和大通站年平均径流量分别为 4105 亿 m^3、6872 亿 m^3 和 8879 亿 m^3，较蓄水运用前分别偏少 6%、3%和 2%，与蓄水运用以来的 2003—2017 年平均值基本相当。由于入库沙量偏少和三峡水库的拦沙作用，坝下游各站输沙量大幅减小，且减幅沿程递减，2008—2017 年宜昌、汉口和大通站年平均输沙量分别为 0.204 亿 t、0.868 亿 t 和 1.27 亿 t，较蓄水运用前分别偏少 96%、78%和 70%，较 2003—2017 年平均值则分别减小 43%、14%和 7%，如图 9.6 和图 9.7 所示。

三峡水库 175m 试验性蓄水运用以来，坝下游河道推移质泥沙继续大幅度减小。2008—2017 年，宜昌站年平均沙质推移质输沙量为 0.68 万 t，较 1981—2002 年和 2003—2017 年平均值分别减小了 99%和 94%；枝城、沙市、

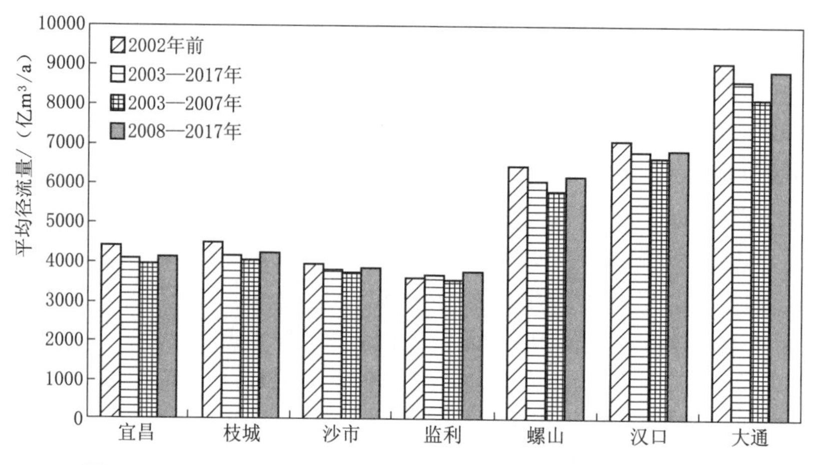

图9.6 三峡坝下游主要水文站年平均径流量与多年平均值比较

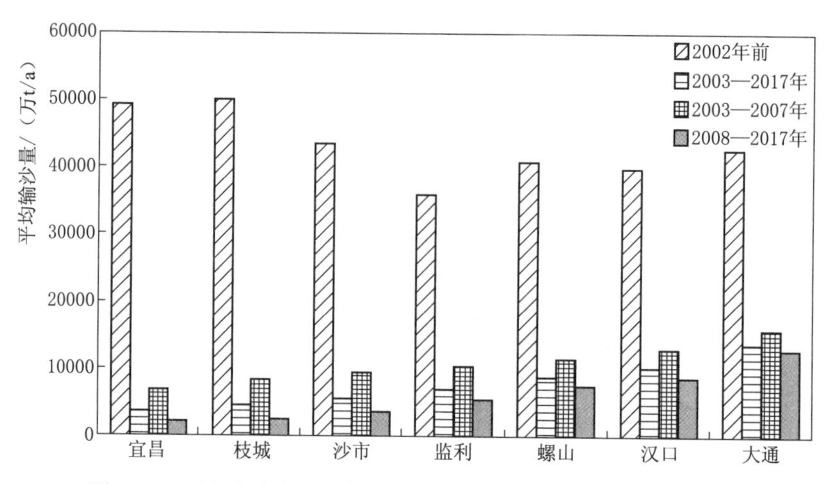

图9.7 三峡坝下游主要水文站年平均输沙量与多年平均值比较

监利、螺山、汉口和九江站年平均沙质推移质输沙量分别为73.9万t/a、166万t/a、300万t/a、144万t/a（2009—2017年）、156万t/a（2009—2017年）和32.4万t/a（2009—2017年）。

2008—2017年期间，宜昌、监利、汉口和大通站悬沙中值粒径分别为0.006mm、0.052mm、0.016mm和0.012mm，粗颗粒泥沙含量分别为1.4%、40.2%、19.9%和10.0%。宜昌站出库泥沙中值粒径与蓄水运用前的0.009mm相比明显偏细。

9.4.1.2 水位流量关系变化

2003 年三峡水库蓄水运用以来，由于坝下游河道冲刷，长江中下游主要水文站枯水期同流量下水位除大通站无明显变化外，其他各站均有不同程度的降低。与 2003 年相比，2017 年汛后宜昌、枝城、沙市、螺山和汉口站枯水流量时水位分别下降了 0.58m（6000m^3/s）、0.56m（7000m^3/s）、2.23m（7000m^3/s）、1.48m（10000m^3/s）和 1.21m（10000m^3/s）。其中，2008—2017 年宜昌、枝城、沙市、螺山和汉口站分别下降了 0.43m、0.31m、1.87m、1.06m 和 0.68m。

2017 年宜昌站 6000m^3/s 流量相应水位为 39.45m（庙嘴站资用吴淞水位 39.00m 对应宜昌站水位为冻结吴淞水位 39.19m），已接近庙嘴站水位控制值。三峡水库 175m 试验性蓄水运用以来，较初步设计，通过增加枯水期下泄流量，基本满足了葛洲坝枢纽下游最低通航水位的要求。

9.4.2 坝下游河道泥沙冲淤变化

9.4.2.1 宜昌至湖口河段冲淤变化

宜昌至湖口为长江中游，河段长为 955km。按照河道特性，可分为宜昌至城陵矶河段、城陵矶至汉口河段和汉口至湖口河段等三个河段。在三峡工程修建前的数十年中，长江中游河床冲淤变化较为频繁，但总体冲淤相对平衡。2003 年三峡水库蓄水运用以来，坝下游宜昌至湖口河段河道平滩河槽冲刷泥沙量为 21.24 亿 m^3，冲刷主要集中在枯水河槽。从沿程分布来看，宜昌至城陵矶、城陵矶至汉口、汉口至湖口河段河床冲刷量分别占总冲刷量的 57%、19%和 24%。三峡水库 175m 试验性蓄水运用以来，2008 年 10 月至 2017 年 11 月宜昌至湖口河段河床冲刷强度有所增大，平滩河槽冲刷泥沙量为 14.98 亿 m^3，年平均冲刷量为 1.66 亿 m^3/a，且随着冲刷的发展，冲刷重心逐渐下移，城陵矶以下河段河床冲刷强度有所增大，如图 9.8 所示。

从河道纵剖面来看，2002 年 10 月至 2017 年 10 月宜昌至枝城和枝城至城陵矶河段深泓纵剖面平均冲刷深度分别为 4.0m 和 2.9m，最大冲刷深度分别为 22.5m（外河坝段的枝 2 断面）和 17.3m（调关河段的荆 120 断面）；城陵矶至湖口河段深泓纵剖面则有冲有淤，以冲刷下切为主。其中，2008—2017 年枝城至城陵矶河段深泓平均冲刷深度 2.0m。

9.4.2.2 湖口至徐六泾河段冲淤变化

1. 湖口至江阴河段冲淤变化

湖口至江阴河段长 659km，为宽窄相间、江心洲发育、汊道众多的藕节状分汊型河段。2001—2016 年湖口至江阴河段平滩河槽冲刷泥沙量为 11.75 亿 m^3，年平均冲刷量为 0.78 亿 m^3/a，其中：湖口至大通、大通至江阴河段

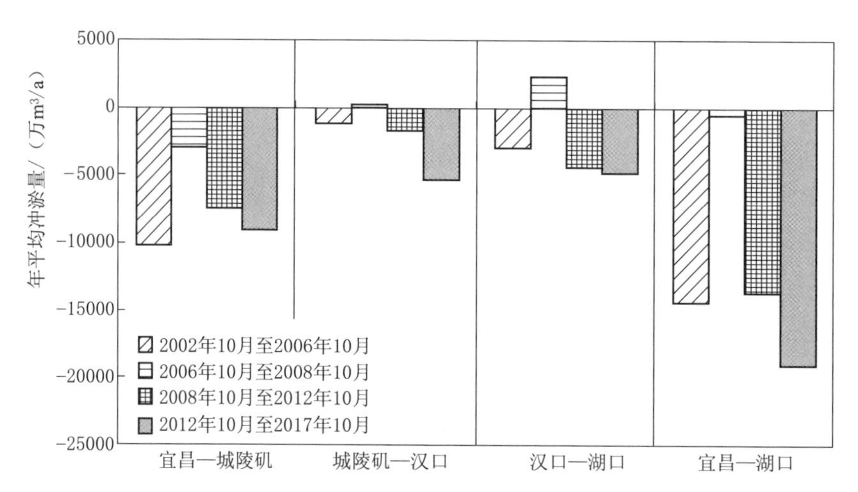

图 9.8 三峡水库蓄水运用后宜昌至湖口各河段年平均泥沙冲淤量对比

冲刷泥沙量分别占总冲刷量的 32%和 68%。

从沿时分布来看，2001—2006 年平滩河槽冲刷泥沙量为 2.31 亿 m^3，年平均冲刷量为 4615 万 m^3/a，2006 年后该河段冲刷强度进一步加大，2006—2011 年和 2011—2016 年，该河段平滩河槽冲刷泥沙量分别达 4.58 亿 m^3 和 4.87 亿 m^3，年平均冲刷量分别增加为 9152 万 m^3/a 和 9736 万 m^3/a，如图 9.9所示。

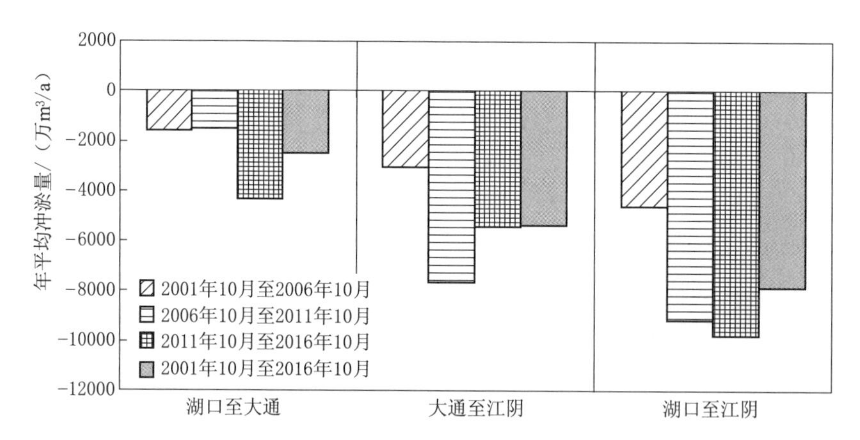

图 9.9 三峡水库蓄水运用后湖口至江阴各河段年平均泥沙冲淤量对比

2. 江阴至徐六泾河段冲淤变化

江阴至徐六泾（澄通河段）属近河口段，河道全长约 96.8km。整个河段由福姜沙汊道、如皋沙群汊道和通州沙汊道组成，属弯曲分汊型河道。1983—2001 年期间，澄通河段总体表现为淤积，0m 以下河槽淤积泥沙量为 2190 万 m^3，－5m 以下深槽冲刷泥沙量为 1390 万 m^3。

2003 年三峡水库蓄水运用以来，澄通河段转为冲刷。2001—2016 年澄通河段 0m 高程以下河槽冲刷泥沙量为 4.74 亿 m^3，年平均冲刷量为 3162 万 m^3/a。从沿时分布来看，2001—2006 年江阴至徐六泾河段 0m 高程以下河槽冲刷泥沙量为 0.865 亿 m^3，年平均冲刷量为 1730 万 m^3/a，2006 年后该河段冲刷强度开始加大，2006—2011 年和 2011—2016 年河段冲刷泥沙量分别达 2.41 亿 m^3 和 1.47 亿 m^3，年平均冲刷量分别增加到 4813 万 m^3/a 和 2941 万 m^3/a。

9.4.2.3 长江河口段冲淤变化

长江河口段为徐六泾至河口外原 50 号灯标，河段全长约 181.8km。长江河口为陆海双相河口，呈喇叭形三级分汊。第一级徐六泾以下，崇明岛将长江分为南支和北支；第二级是南支在吴淞口由长兴岛和横沙岛分为南港和北港；第三级是南港在横沙岛尾由九段沙分为南槽和北槽，形成北支、北港、北槽、南槽四口入海之势。1984—2001 年期间，南支河段表现为冲刷，0m 以下河槽冲刷泥沙量为 4.42 亿 m^3，河床冲刷主要集中在 1992—1998 年期间，1998 年大洪水后河床略有冲刷，0m 以下河槽冲刷泥沙量为 2600 万 m^3；北支河段总体表现为淤积，0m 以下河槽淤积泥沙量为 1.82 亿 m^3，1998 年大洪水后，河床总体冲淤基本平衡。

2001—2016 年长江口的南支段 0m 以下河槽累积冲刷泥沙量为 3.47 亿 m^3，北支段 0m 以下河槽淤积泥沙量为 2.10 亿 m^3。南支、北支河段冲淤趋势虽然未发生变化，南支由三峡水库蓄水运用前的年平均冲刷量 2594 万 m^3/a 降至蓄水运用后的 2316 万 m^3/a，北支由三峡水库蓄水运用前的年平均淤积量 1071m^3/a 略增为 1398 万 m^3/a。此外，2006—2016 年南港段和北港段分别冲刷泥沙量为 2.94 亿 m^3 和 2.01 亿 m^3，年平均冲刷量分别为 1960 万 m^3/a 和 1343 万 m^3/a。

9.4.2.4 长江中下游河道河势变化及崩岸情况

近 10 多年来，长江中下游两岸实施了以控制河势和保护堤防、城镇安全为主要目标的护岸工程，总体河势保持相对稳定，未发生长河段的主流线大幅度摆动现象，但局部河段的河势仍不断调整，一些河段河势调整十分剧烈。主要表现为：宜枝河段整体以冲刷下切为主，导致洲滩面积萎缩、深槽冲刷发展。荆江河段在河床冲深的同时，伴随着局部河段的河岸冲刷和横向展宽。城陵矶至湖口河段，河道平面形态总体稳定，但一些弯道段，进口段主泓横向摆动大，河势调整较大；分汊段河床冲淤变化较大，主要表现为主泓摆动，深槽上提、下移，洲滩分割、合并，滩槽冲淤交替等；顺直型汊道洲滩变化较大；鹅头型汊道内各汊分流分沙比变化较大。湖口至徐六泾河段主要为分汊河道主支汊呈单向变化或周期性冲淤交替变化，洲滩则表现为冲淤消长、切滩及涨连兼并等。

随着三峡坝下游河道河势的调整，崩岸塌岸现象时有发生，据不完全统计，2008—2017年，长江中下游崩岸处数568处，总长360.76km。如2017年4月19日，洪湖长江干堤燕窝虾子沟段发生崩岸险情，距堤脚最近仅14m，10月27日再次发生崩岸险情，位于汛前的崩岸下游420m处，崩长105m，崩宽17m，距离堤脚最近80m，严重危及洪湖长江干堤的度汛安全；2017年11月8日，扬中市三茅街道指南村长江江岸发生崩岸险情，形成了岸线崩长约540m、最大坍进尺度约190m的崩窝，严重危及人民生命财产安全。

9.4.3 175m试验性蓄水10年洞庭湖与鄱阳湖水沙变化

9.4.3.1 洞庭湖水沙变化

1. 荆江三口分流分沙变化

三峡水库蓄水运用前，受下荆江裁弯、葛洲坝水利枢纽兴建等因素影响，荆江河段河床冲刷下切、同流量下水位下降，三口分流道河床淤积，以及三口口门段河势调整等，荆江三口分流和分沙量一直处于衰减之中，如图9.10所示。

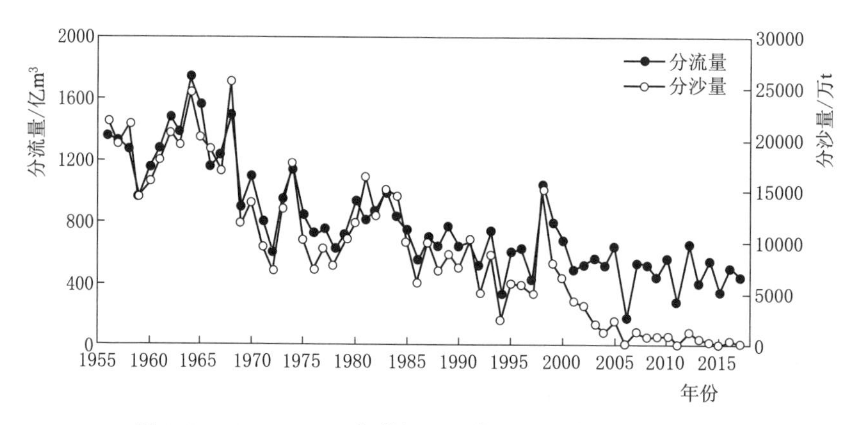

图9.10 1956—2017年荆江三口分流量和分沙量变化过程

2008—2017年荆江三口实测年平均分流量为473.6亿m^3/a，较1981—2002年和2003—2017年分别减少了31%和1%。2008—2017年枝城站年平均输沙量为2430万t/a，较1981—2002年和2003—2017年分别减小了95%和44%。由于三峡水库蓄水运用后干流含沙量大幅减少，三口年平均分沙量为564万t/a，较1981—2002年和2003—2017年平均值分别减小了93%

和 35%。

2003 年三峡水库蓄水运用以来，荆江与三口河道均发生了冲刷，加之上游来流过程变化的影响，三口河道枯水期断流天数总体略有增加，见表 9.4。

表 9.4 不同时段荆江三口控制站年平均断流天数统计表 单位：d

时段	年平均断流天数			
	沙道观	弥陀寺	藕池(管)	藕池(康)
1956—1966 年	0	35	17	213
1967—1972 年	0	3	80	241
1973—1980 年	71	70	145	258
1981—1998 年	167	152	161	251
1999—2002 年	189	170	192	235
2003—2017 年	190	138	182	271

2. 洞庭湖入、出湖水沙变化

实测资料表明，洞庭湖四水（湘、资、沅、澧）入湖水量变化不大，沙量呈明显减小趋势。2008—2017 年期间，洞庭湖四水与荆江三口年平均入湖水、沙量分别为 2144 亿 m^3/a 和 1340 万 t/a，较 1981—2002 年平均值分别减少了 11%和 88%，与 2003—2017 年平均值相比，水量增加了 2%，沙量则减少了 23%；城陵矶站年平均出湖水、沙量分别为 2490 亿 m^3/a 和 2170 万 t/a，较 1981—2002 年平均值分别减少了 9%和 22%，较 2003—2017 年平均值则分别增加了 3%和 12%。洞庭湖入、出湖年水沙量变化过程如图 9.11 和图 9.12 所示。

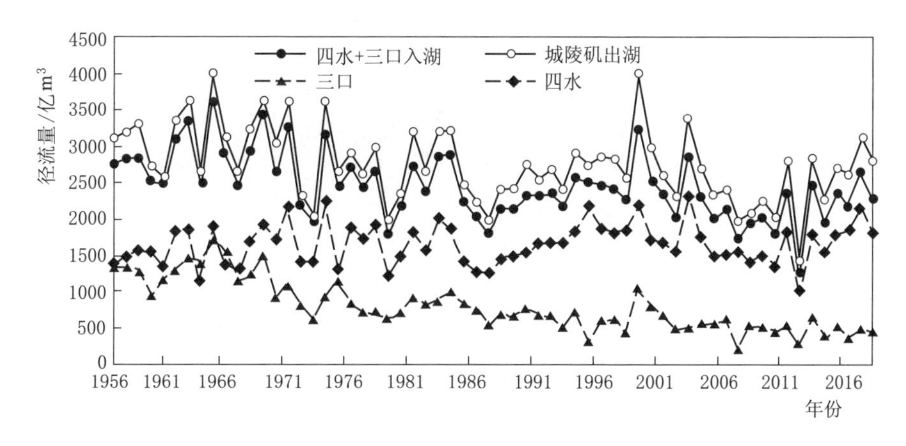

图 9.11 洞庭湖入、出湖年水量变化过程

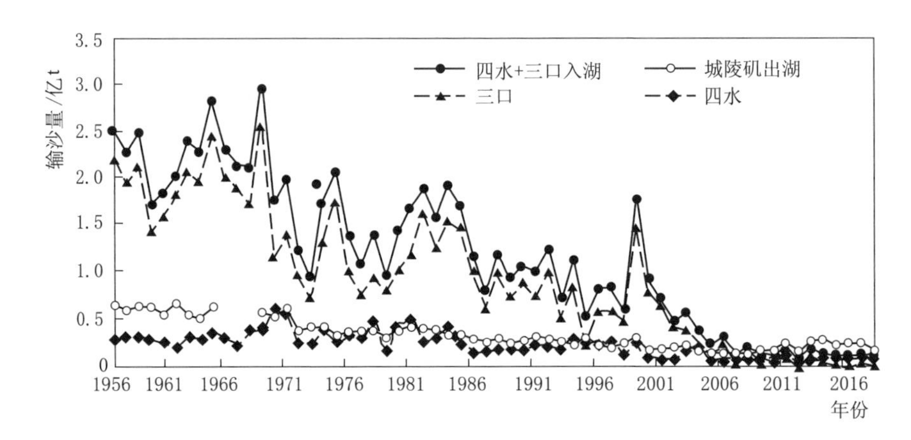

图 9.12　洞庭湖入、出湖年沙量变化过程

3. 洞庭湖湖区水位变化

2003年三峡水库蓄水运用以来，洞庭湖区各站8—11月水位均有所降低。2008—2017年洞庭湖南咀、小河咀、鹿角和城陵矶站8—11月平均水位与三峡水库蓄水运用前相比，降幅在0.41～2.02m，城陵矶站降幅最大，降幅往上游总体呈减小趋势，在各个月中以10月份降幅最大。三峡水库蓄水运用前后城陵矶站月平均水位变化过程如图9.13所示。

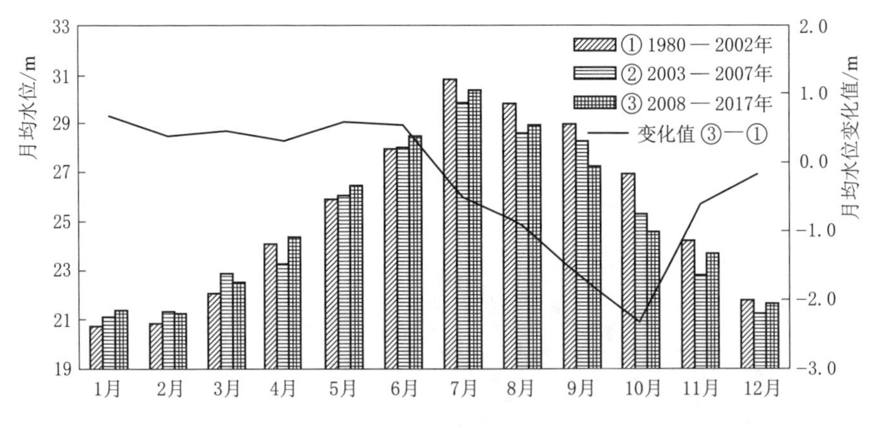

图 9.13　三峡水库蓄水运用前后城陵矶站月平均水位变化过程

9.4.3.2　鄱阳湖水沙变化

1. 鄱阳湖入、出湖水沙变化

鄱阳湖承纳赣江、抚河、信江、饶河、修水等江西五河的来水，经调蓄后由湖口注入长江。湖区泥沙绝大部分来源于赣江。

2008—2017 年实测五河年平均入鄱阳湖的水量和沙量分别为 1166 亿 m^3/a 和 624 万 t/a，与蓄水运用前 1956—2002 年平均值相比，水量增加了 6%，沙量则减少了 56%，较 2003—2017 年平均值分别增加了 8%和 7%；2008—2017 年实测湖口出湖年平均水量和沙量分为 1628 亿 m^3/a 和 1020 万 t/a，较蓄水运用前 1956—2002 年平均值分别增加了 10%和 9%，与 2003—2017 年平均值相比，水量增加了 8%，沙量则减少 13%。鄱阳湖入、出湖年水沙量变化过程如图 9.14 和图 9.15 所示。

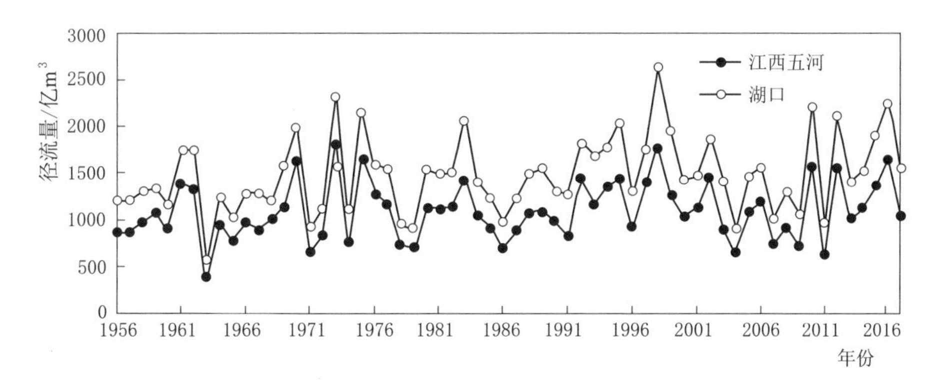

图 9.14　鄱阳湖入、出湖年水量变化过程

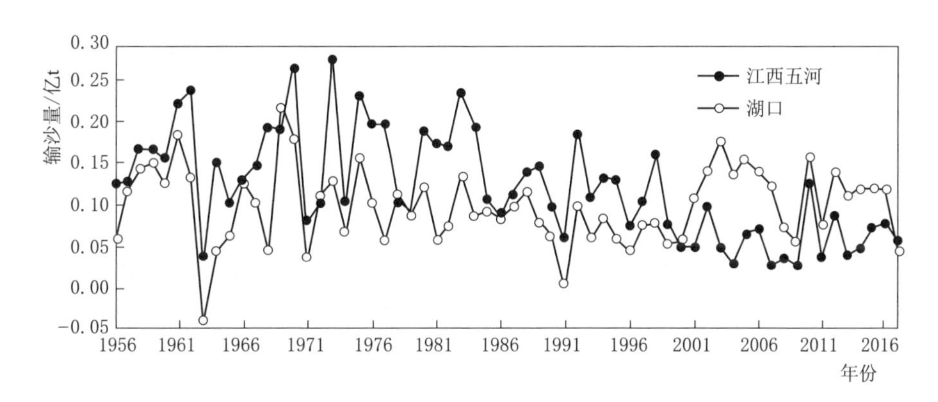

图 9.15　鄱阳湖入、出湖年沙量变化过程

2. 湖区水位变化

2003 年三峡水库蓄水运用以来，实测鄱阳湖各站 8—11 月平均水位有所降低。2008—2017 年与三峡蓄水运用前比，鄱阳湖各站 8—11 月平均水位下降幅度在 0.62～2.38m，其中 10 月降幅最大，8 月降幅相对较小。从湖区各站变化幅度来看，最上游的康山站变化幅度相对较小，星子、都昌、吴城和湖

口站降幅都较大。三峡水库蓄水运用前后湖口站月平均水位变化过程如图 9.16所示。

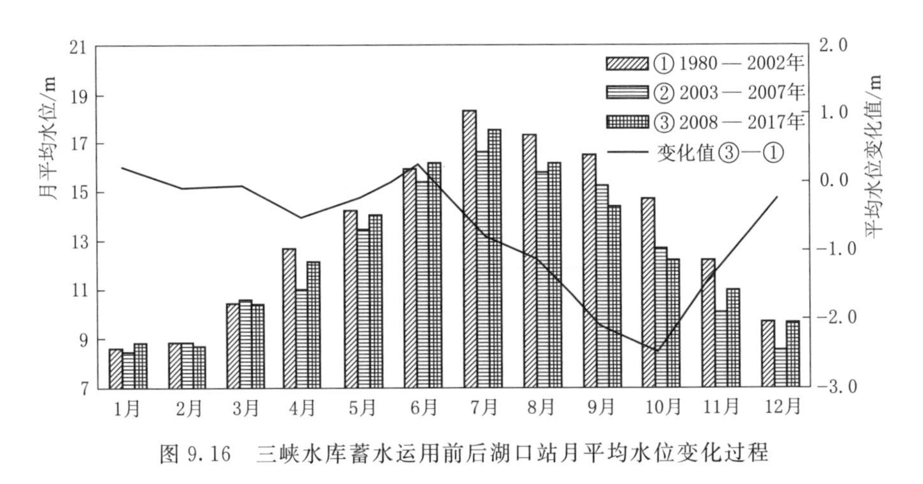

图 9.16 三峡水库蓄水运用前后湖口站月平均水位变化过程

9.5 主要认识与建议

9.5.1 主要认识

三峡水库 175m 试验性蓄水 10 年来，水库淤积量远小于预期、淤积形态良好，重庆河段未出现累积性淤积，通过优化水库运行调度参数，使工程在防洪、发电、航运、水资源等方面提前 5 年发挥了设计的综合效益。在三峡工程泥沙问题研究方面取得如下认识和结论。

1. 三峡入库沙量大幅减少、来沙组成发生明显变化

20 世纪 90 年代以来，长江上游河道径流量变化不大，受上游水库拦沙、水土保持工程、降雨变化和河道采砂等影响，河道输沙量大幅减少。三峡水库蓄水运用以来，2003—2017 年三峡入库（朱沱站＋北碚站＋武隆站，下同）年平均径流量、悬移质输沙量分别为 3602 亿 m^3/a 和 1.55 亿 t/a，较 1990 年前平均值分别减小了 7％和 68％，较 1991—2002 年平均值分别减少了 4％和 56％。

三峡水库 175m 试验性蓄水运用以来，入库沙量进一步减少，2008—2017 年三峡入库年平均径流量和悬移质输沙量分别为 3617 亿 m^3/a 和 1.25 亿 t/a，与 2003—2017 年平均值相比，径流量基本持平，输沙量减少了 19％，特别是近年来，随着金沙江中游梯级电站和下游溪洛渡、向家坝水电站相继建成运用，金沙江来沙大幅减少，2013—2017 年向家坝站年平均输沙量为 170 万 t/a，与

2003—2012 年期间平均输沙量 1.42 亿 t/a 相比，减少了 99%。

2008—2017 年朱沱站和寸滩站砾卵石推移质输沙量分别为 7.37 万 t 和 3.41 万 t，较 2003—2017 年平均值分别减少了 30%和 7%；朱沱站和寸滩站沙质推移质输沙量分别为 0.72 万 t（2012—2017 年）和 0.42 万 t。

受长江上游干支流水库拦沙等影响，三峡入库泥沙地区组成也发生明显变化。溪洛渡和向家坝水电站蓄水运用后，2013—2017 年向家坝站输沙量占寸滩沙量的比重由 2003—2012 年的 75.9%减少为 3.0%，而横江站、高场站、富顺站和北碚站来沙量占寸滩沙量比重则有所增大。

2003 年三峡水库蓄水运用以来，出库水量变化不大、沙量大幅减少，出库水沙过程发生了较大变化。2008—2017 年三峡水库出库宜昌站年平均径流量为 4105 亿 m^3/a，较多年平均值偏少 4%，与 2003—2017 年平均值基本持平；输沙量为 2040 万 t，较多年平均值和 2003—2017 年平均值分别偏少了 95%和 43%。

2. 三峡水库淤积减轻、淤积形态得到优化

近十多年来，受长江上游干支流来沙减少和河道采砂等影响，三峡水库泥沙淤积明显减轻。据 2003 年 6 月至 2017 年 12 月的实例资料，三峡水库淤积泥沙总量为 16.691 亿 t，年平均淤积量为 1.15 亿 t/a，为论证值阶段的 35%；水库排沙比为 23.9%。其中，围堰发电期、初期运行期和 175m 试验性蓄水期的排沙比分别为 37.0%、18.8%和 17.3%。由于水库采取"蓄清排浑"运用方式，调控指标不断优化，水库淤积形态得到改善，库区大部分泥沙淤积在 145m 高程以下，淤积在 145～175m 的泥沙为 1.25 亿 m^3，占 175m 高程以下总淤积量的 7.5%，占水库静防洪库容（221.5 亿 m^3）的 0.56%，水库有效库容损失目前还较小，且淤积主要集中在大坝至庙河和云阳至涪陵河段。

2008 年 10 月至 2017 年 12 月期间，水库淤积泥沙量为 8.67 亿 t，年平均淤积量为 0.94 亿 t/a，仅为论证值阶段的 28%，水库排沙比为 17.3%。坝前泥沙淤积尚未对发电取水造成影响。2006 年 3 月至 2017 年 10 月右岸地下电站前沿引水区域累计淤积量达 364 万 m^3，年平均淤积量为 31.7 万 m^3/a，目前河床平均高程为 104.6m，高出地下电站排沙洞口底板高程 2.1m，需要引起重视。

今后，三峡入库泥沙量将会在相当长的时期内继续维持在较低水平，水库淤积进一步减缓，水库大部分有效库容长期保留的目标是可以实现的。但要继续探索汛期水位动态调控、沙峰排沙调度和库尾减淤调度等优化水库"蓄清排浑"运用方式的新模式，进一步提高水库排沙比和改善水库淤积部位，保持水库有效库容长期使用。

3. 重庆主城区河道发生冲刷、重点河段淤积逐渐减缓[3,6]

2008年三峡水库175m试验性蓄水以来，受上游来水来沙、水库调度及河道采砂等综合因素影响，涪陵以上的变动回水区总体呈冲刷状态，2008年9月至2017年12月重庆主城区河段河道累计冲刷泥沙量为1789万m^3，其中边滩淤积量为149万m^3，主槽冲刷量为1938万m^3，未出现论证时担忧的重庆主城区河段泥沙严重淤积的局面，也未出现砾卵石和沙质推移泥沙的累积性淤积，寸滩站汛期水位流量关系没有出现明显变化。洛碛至长寿、青岩子、土脑子、凤尾坝、兰竹坝、黄花城等重点河段淤积强度呈减小趋势。

今后相当长时期内三峡水库入库沙量继续维持在较低水平，将有利于进一步减轻重庆主城区河段的泥沙淤积，但在局部河段仍会发生淤积，且航道对局部短时淤积十分敏感，因此，变动回水区的局部泥沙淤积碍航问题，仍应持续关注。

4. 坝下游河道发生强烈冲刷、河道河势总体基本稳定[3,6]

2003年三峡水库蓄水运用以来，受长江干支流来沙量持续减少、河道采砂、局部河道（航道）整治等因素影响，坝下游河道发生了强烈的冲刷，目前河道冲刷已发展到长江口，强冲刷带呈从上向下逐渐推移发展的态势，冲刷重心逐年下移。实测资料表明，2002年10月至2017年11月宜昌至湖口河段平滩河槽冲刷泥沙量为21.24亿m^3，年平均冲刷量为1.38亿m^3/a，其中，宜昌至城陵矶段河段冲刷强度最大，其冲刷量占总冲刷量的57%，城陵矶至汉口、汉口至湖口河段河床冲刷量分别占总冲刷量的19%和24%。2001年10月至2016年10月，湖口至江阴河段实测平滩河槽冲刷泥沙量为11.75亿m^3，年平均冲刷量为0.78亿m^3/a；江阴至徐六泾河段0m高程以下河槽冲刷量为4.74亿m^3，年平均冲刷量为0.32亿m^3/a，徐六泾以下长江河口段呈冲刷态势。

三峡水库蓄水运用以来，由于坝下游河道冲刷，长江中下游主要水文站枯水期同流量下水位除大通站无明显变化外，其他各站均有不同程度的降低。与2003年相比，2017年汛后宜昌、枝城、沙市、螺山和汉口站枯水流量时水位分别下降了0.58m（6000m^3/s）、0.56m（7000m^3/s）、2.23m（7000m^3/s）、1.48m（10000m^3/s）和1.21m（10000m^3/s）。其中，2008—2017年宜昌、枝城、沙市、螺山和汉口站分别下降了0.43m、0.31m、1.87m、1.06m和0.68m。

三峡水库175m试验性蓄水运用以来，2008年10月至2017年11月宜昌至湖口河段河床冲刷强度有所增大，平滩河槽冲刷泥沙量为14.98亿m^3，年平均冲刷量为1.66亿m^3/a，且随着冲刷的发展，冲刷重心逐渐下移，城陵矶以下河段河床冲刷强度有所增大。

三峡水库蓄水运用以来，坝下游（长江中下游干流）河道河势总体基本稳定，但局部河段的河势仍不断调整，一些河段河势调整十分剧烈。通过实施河道整治工程，干流河道河势变化得到控制，河势变化幅度趋缓。随着三峡水库坝下游河道河势的调整，崩岸塌岸现象时有发生，据不完全统计，2003—2017年长江中下游干流河道共发生崩岸 917 处，累计总崩岸长度约 692.6km，目前崩岸强度和频度有所减弱，已发生的崩岸也得到抢护和治理，保障了防洪安全，促进了沿岸社会经济发展。

2003 年三峡水库蓄水运用以来，坝下游河道冲刷和汛末水库蓄水，导致水位下降，长江进入两湖的水沙量显著减少[13-14]。洞庭湖区各水文站 8—11 月水位均有所降低，2008—2017 年洞庭湖南咀、小河咀、鹿角和城陵矶站 8—11 月月平均水位与三峡水库蓄水运用前相比，降幅在 0.41～2.02m，城陵矶站降幅最大，降幅往上游总体呈减小趋势，在各个月中以 10 月份降幅最大。鄱阳湖各水文站 8—11 月平均水位也有所降低，2008—2017 年与三峡蓄水运用前相比，鄱阳湖各站 8—11 月平均水位下降幅度在 0.62～2.38m，其中 10 月降幅最大。两湖汛末蓄水期水位下降导致两湖枯水期提前约 20～30d。此外，三峡工程运行对长江口冲淤演变的影响已有所显现。因此，三峡工程对两湖水资源、水环境和水生态产生的影响，以及对长江口演变的影响，需加强长期的跟踪监测和深入系统的研究。

5. 三峡水库调度指标不断优化调整、中小洪水调度仍需量化[7-11]

2003 年三峡水库蓄水运用后，特别是 175m 试验性蓄水运用以来，入库泥沙大幅减少，水库运行中根据来水来沙条件和实际需要，对初步设计规定的汛期水位和调度指标作了适当调整[12]。在保证防洪安全和泥沙淤积许可的条件下，从 2010 年开始，在汛期水库开展了“中小洪水”调度，将汛期水位动态向上浮动，有效提高了三峡水库的发电和航运效益，促进了水资源的高效利用；但抬高了水库汛期水位，增加了防洪风险和水库泥沙淤积、减小了水库排沙比，同时水库下泄洪水长期小于坝下游河道安全泄量，减少了漫滩洪水几率，可能会造成坝下游河道萎缩和防洪隐患。为了充分发挥三峡工程的综合效益，对目前汛期开展的“中小洪水”调度的调控指标还应进一步研究，其影响及对策尚需深入分析论证。

近年来，为了减少三峡水库的泥沙淤积和提高水库排沙比，开展了库尾减淤调度试验和汛期沙峰排沙调度试验，取得了较好的效果，丰富了三峡水库“蓄清排浑”运用的模式，但三峡水库消落期库尾冲淤变化和水库排沙情况受诸多因素的综合影响，需要对库尾减淤调度试验和沙峰排沙调度试验的机理、指标和效果进一步加强分析，优化“蓄清排浑”的运用方式[4-5]。

6. 库区及坝下游航道条件大为改善、宜昌枯水位仍需关注

三峡水库175m试验性蓄水运用以来，整个库区航道条件得到大幅改善，航道尺度提升明显，航道等级由Ⅲ级提升至Ⅰ级，主力船型由蓄水运用前的1000t级提升到5000～8000t级，航运效益显著。三峡水库具有河道性水库特征，由于水流条件变化和泥沙淤积，在特殊时段、特殊区段库区局部点仍然存在碍航问题，需通过航道维护及疏浚保持航道畅通。2003年三峡水库蓄水运用以来，随着坝下游枯水流量的增大，以及来沙减少，促进了部分浅滩航槽区域的冲刷下切，对长江中下游航道条件的改善产生了积极影响，为近年来航道尺度的提升创造了条件。面对局部浅滩河段发生冲滩淤槽、高滩崩退、边心滩萎缩等不利调整，航道部门遵循"固滩稳槽、局部调整"的理念，通过航道整治工程引导和归顺水流冲刷主航槽，各浅滩航道条件改善明显，中下游各航段整体航道尺度均有不同程度的提升。

三峡水库蓄水运用后，坝下游河道冲刷强烈，宜昌站枯水位有不同程度的降低，与2002年相比，2017年宜昌站流量6000m^3/s时水位下降了0.58m。三峡水库175m试验性蓄水运用后，枯水期增加了水库下泄流量，坝下游河道枯水期流量达到6000m^3/s以上，2017年宜昌站最小流量进一步增加至6200m^3/s左右，一方面有利于坝下游枯水航槽的冲刷，提高枯水期坝下游航道水深，另一方面减缓了因河床冲刷下切造成的水位降幅，基本满足了葛洲坝枢纽下游最低通航水位的要求。在坝下游河段进行的河床护底加糙试验工程、胭脂坝坝头保护工程和宜昌至昌门溪航道整治一期工程，对遏制宜昌枯水位下降起到了一定的作用，使得宜昌水位问题暂时有所缓解，但鉴于坝下游还将经历长时期的冲刷，宜昌站枯水位的长期变化趋势仍需密切关注并提出应对措施。

9.5.2 建议

三峡水库蓄水运用15年、175m试验性蓄水运用10年来，水库运行状况良好，效益巨大，利远大于弊，建议水库尽快转入正常运行期。同时，长江流域社会经济的快速发展对三峡工程在防洪、航运、供水、发电等方面提出了更高的需求，其泥沙处理也面临新的形势。三峡水库泥沙淤积与坝下游河道冲刷是一个不断发展变化的累积过程，需要长期跟踪监测与研究。通过系统分析三峡工程水文泥沙原型监测与研究成果，综合反映三峡工程泥沙新情况、新问题与新需求，为三峡工程安全、高效运行及维护长江健康、推动长江经济带发展国家战略提供科技支撑。

1. 研究提出三峡水库"蓄清排浑"运用的新模式

在长江中上游水库群联合调度和新的水沙形势下，高度重视水库调度运用

中的有关泥沙问题研究，兼顾防洪、库区泥沙淤积、坝下游河势稳定与河道可能出现的萎缩、江湖关系变化等多方面因素，进一步加强三峡水库汛期“中小洪水”调度（水位动态浮动）、汛期沙峰排沙调度和汛前库尾减淤调度等的调控指标及其影响等水库优化调度研究，提出三峡水库“蓄清排浑”运用的新模式，在保持长期有效库容的条件下，进一步拓展三峡工程综合效益，实现上游水库群联合优化调度。

2. 建立三峡水库坝下游河道崩岸预警机制

随着三峡水库等长江上游水库群的投入运行，三峡水库出库沙量将继续大幅减少，水沙过程进一步改变，坝下游河床将经历更长时间、更长距离的冲刷演变，给河势稳定、生态环境和沿江工程设施安全造成了诸多不利影响。为保障坝下游的防洪安全，应尽快建立崩岸预警和应急抢护长效机制，科学评估和预警崩岸险情，加快坝下游河势控制工程的实施，保障长江的防洪安全。

3. 进一步加强水文泥沙原型监测与科学研究工作

三峡水库及坝下游河道泥沙的冲淤变化及其影响是一个逐步累积、长期演变的过程，目前水库运行时间较短，尚不能对三峡工程泥沙问题得出全面的结论。加之长江上游水库群联合运用，对三峡水库淤积、坝下游河道冲刷与演变、枯水位变化、江湖关系调整以及长江口演变等产生了系统影响，应长期坚持水文泥沙跟踪监测与分析研究，制定和实施三峡工程的泥沙原型监测长期计划，将其纳入长江上游、中下游及河口水文泥沙观测统一考虑。

加强长江上游来水来沙变化、水库有效库容长期保持、下游河道冲刷机理与水位变化、河势演变趋势、江湖关系变化、长江口冲淤演变等方面的科学研究，为三峡工程泥沙问题全面、正确的把握和工程安全高效运行提供科技支撑。

4. 加强泥沙问题研究与生态环境的结合

长江是一个有机的系统与整体，而长江泥沙通量则深刻地影响着整个流域环境与生态系统的健康。传统的泥沙研究大多着眼于泥沙输移的力学机制和工程影响，近年来泥沙工作者越来越关注泥沙通量对环境生态的影响。随着推动长江经济带发展上升为国家战略，要把修复长江生态环境摆在压倒性位置，共抓大保护，不搞大开发，三峡工程泥沙研究应顺应时代的要求，大胆突破工程泥沙限制，勇于创新研究思路，不断拓展研究范围，遵循生态优先的理念，在传统泥沙研究的基础上，注重泥沙问题研究与生态环境的结合，深入开展环境泥沙与生态泥沙研究，为推动长江经济带发展与长江健康提供坚实的科技支撑。

参 考 文 献

[1] 国务院三峡工程建设委员会办公室泥沙课题专家组，中国长江三峡集团公司三峡工

程泥沙专家组．长江三峡工程泥沙问题研究 2001—2005：第五卷 2007 年蓄水位方案泥沙专题研究 [M]. 北京：知识产权出版社，2008.

[2] 国务院三峡工程建设委员会办公室泥沙课题专家组，中国长江三峡集团公司三峡工程泥沙专家组．长江三峡工程泥沙问题研究 2006—2010：第七卷 三峡水库试验性蓄水运行方案研究及查勘调研报告 [M]. 北京：中国科学技术出版社，2013.

[3] 胡春宏，方春明．三峡工程泥沙问题解决途径与运行效果研究 [J]. 中国科学：技术科学，2017，47 (8)：832-844.

[4] 胡春宏．我国多沙河流水库"蓄清排浑"运用方式的发展与实践 [J]. 水利学报，2016，47 (3)：283-291.

[5] 胡春宏．从三门峡到三峡我国工程泥沙学科的发展与思考 [J]. 泥沙研究，2019，44 (2)：1-10.

[6] 胡春宏，李丹勋，方春明，等．三峡工程泥沙模拟与调控 [M]. 北京：中国水利水电出版社，2017.

[7] 郑守仁．三峡水库实施中小洪水调度风险分析及对策探讨 [J]. 人民长江，2015，46 (5)：7-12.

[8] 张继顺，张慧，张雅琦．三峡水库优化调度研究 [J]. 华东电力，2010，38 (8)：1191-1194.

[9] 周曼，黄仁勇，徐涛．三峡水库库尾泥沙减淤调度研究与实践 [J]. 水力发电学报，2015，34 (4)：98-104.

[10] 胡挺，王海，胡兴娥，等．三峡水库近十年调度方式控制运用分析 [J]. 人民长江，2014，45 (9)：24-29.

[11] 国务院三峡工程建设委员会办公室泥沙课题专家组，中国长江三峡集团公司三峡工程泥沙专家组．长江三峡工程泥沙问题研究 2006-2010：第八卷 三峡工程"十一五"泥沙研究综合分析 [M]. 北京：中国科学技术出版社，2013.

[12] 水利部长江水利委员会．长江三峡水利枢纽初步设计报告（枢纽工程）：第九篇 工程泥沙问题研究 [R]．武汉：水利部长江水利委员会，1992.

[13] 方春明，胡春宏，陈绪坚．三峡水库运用对荆江三口分流及洞庭湖的影响 [J]. 水利学报，2014 (1)：36-41.

[14] 胡春宏，阮本清，张双虎，等．长江与洞庭湖、鄱阳湖关系演变及其调控 [M]．北京：科学出版社，2017.

附录

三峡工程泥沙专家组简介

三峡工程泥沙专家组成立至今已有27年了，其成立与发展的历程同三峡工程规划、设计、施工、运行各个阶段紧密结构、息息相关，取得的研究成果为三峡工程的顺利建设、安全运行和综合效益的充分发挥提供了重要的技术支撑。

一、三峡工程泥沙专家组前身

1984年4月，国务院原则上批准了由长江流域规划办公室提交的《三峡水利枢纽可行性研究报告》，初步确定三峡工程实施蓄水位为150m的低坝方案。随后部分单位和专家从充分发挥工程效益出发，提出抬高蓄水位的建议。为此，国务院委托国家计委和国家科委对三峡工程蓄水方案进一步组织论证，水库泥沙淤积问题是此次论证的重点之一。1985年6月，国家科委成立了由13人组成的三峡工程泥沙攻关专家组，林秉南任组长。

为回应社会各界对三峡工程的关切，充分体现决策的民主和科学性，本着积极而慎重的态度，党中央和国务院于1986年6月联合下发了《关于长江三峡工程论证工作有关问题的通知》（中发〔1986〕15号），决定由水利电力部负责广泛组织各方面专家对三峡工程的可行性进一步深入论证，重新提出三峡工程可行性报告，“以求更加细致、精确和稳妥”，并成立了以水电部部长钱正英为组长的三峡工程论证领导小组，组织412位专家和21位特邀顾问，按10个专题成立了14个专家组，国家科委也集中了3000多人配合进行科技攻关。作为14个专家组之一，1986年8月，在前述攻关专家组的基础上成立了三峡工程泥沙论证专家组，专家组成员增至27人，由林秉南任组长，严恺、钱宁、张瑞瑾、杨贤溢和石衡任顾问，戴定忠和张启舜分别兼任专家工作组正、副组长。

1988年2月，三峡工程泥沙论证专家组在南京通过了三峡工程泥沙专题论证报告，得出结论："三峡工程可行性阶段的泥沙问题经过研究，已基本清楚，是可以解决的。"

二、三峡工程泥沙专家组成立

1991年，国务院审议通过了三峡工程可行性研究报告，同意兴建三峡工程，并提请第七届全国人民代表大会审议。1992年4月3日，第七届全国人民代表大会第五次会议审议通过了《关于兴建长江三峡工程的决议》。

1993年，三峡工程正式开工建设，参加三峡工程论证的14个专家组的工作暂时结束，但三峡工程泥沙问题的研究并没有因此停止。

1993年7月，国务院三峡工程建设委员会第二次会议批准了三峡工程初步设计，同时指出"泥沙问题是三峡工程建设与运行中的关键技术问题之一，需要进行长期的试验、研究与验证"。同时根据时任全国政协副主席、三峡工程建设委员会顾问钱正英的建议，决定在国务院三峡工程建设委员会办公室（以下简称三峡办）下设"泥沙课题专家组"，继续负责协调和研究三峡工程的泥沙问题。1993年9月，三峡办印发《关于成立三峡工程泥沙课题专家组的通知》（国三峡办发技字〔1993〕033号），聘请5位专家组成泥沙课题专家组，其中，国际泥沙研究培训中心林秉南任组长，南京水利科学研究院窦国仁、武汉水利电力大学谢鉴衡、长江科学院陈济生、清华大学张仁为成员。同年11月，增聘国际泥沙中心谭颖承担泥沙课题专家组秘书工作。

三、三峡工程泥沙专家组沿革和发展

1994年2月23日，三峡办组织召开了三峡工程泥沙专家组工作会，泥沙专家组组长林秉南在会上作了"关于三峡工程泥沙研究规划"的汇报。会议再次明确"泥沙问题是关系三峡工程成败与效益的重要技术问题之一"，"泥沙的科研仍要抓紧，不能放松"；同意专家组提出的"三峡工程泥沙研究规划"；同时，为保证专家组工作的顺利开展，会议决定设立泥沙专家组的工作组，以处理专家组的日常工作，并聘请国际泥沙研究培训中心戴定忠为工作组组长。

1995年3月，三峡办印发了《关于增聘三峡工程泥沙专家组工作组成员的通知》（国三峡办发技字〔1995〕013号），增聘国际泥沙研究培训中心谭颖、交通部三峡航运办魏京昌、长江科学院潘庆燊、三峡总公司一人、国际泥沙研究培训中心范昭5人为工作组成员；同期还印发了《关于制定并审查三峡工程"九五"期间泥沙科研规划的通知》（国三峡办发技字〔1995〕014号），请三峡工程泥沙课题专家组制定"九五"期间泥沙科研规划。经过一年多的酝酿策划，三峡办批准了泥沙专家组提出的《三峡工程泥沙科研“九五”(1996—2000年）计划》。

1998年8月，三峡办印发《关于调整泥沙专家组的通知》（国三峡办发技字〔1998〕098号），调整后专家组成员增至9名，增设副组长1名，由张仁担任，新增成员有潘庆燊（兼工作组成员）、长江航道局荣天富、中国水科院韩其为和戴定忠（兼工作组组长）。

随着三峡工程建设的推进，三峡坝区泥沙问题基本得到解决，科研重心有所转移。2000年2月，经三峡办与中国长江三峡工程开发总公司（以下简称三峡总公司）协商，同意将三峡工程泥沙专家组调整为由三峡总公司管理。2000年8月，三峡总公司印发《关于聘请三峡工程泥沙专家组和工作组成员的函》（三峡技设字〔2000〕193号），在原三峡工程泥沙专家组和工作组成员的基础上，增聘谭颖为专家组成员（兼工作组副组长），增聘三峡总公司朱光裕为工作组成员。2000年11月，三峡总公司印发《关于增补三峡工程泥沙工作组成员的函》（三峡技委会字〔2000〕第23号），增加武汉大学谢葆玲、清华大学王桂仙、中国水科院胡春宏和南京水科院窦希萍为工作组成员。2002年5月又增聘南京水科院李昌华为专家组成员。

2002年12月，三峡总公司印发《关于调整三峡工程泥沙专家组组长成员的函》（三峡技设字〔2002〕344号），同意林秉南辞去组长职务，聘请为专家组顾问，张仁任组长，增聘三峡总公司邓景龙为专家组成员。

随着三峡工程建成并蓄水运用，泥沙观测和研究工作尤为重要，直接关系到三峡工程分期蓄水方案的确定。为此，2004年8月，国务院三峡工程建设委员会印发《关于调整三峡工程泥沙研究工作领导体制的通知》（国三峡委发办字〔2004〕27号），泥沙专家组转由三峡办领导，对外名称为“国务院三峡工程建设委员会办公室三峡工程泥沙专家组”，聘请钱正英同志为三峡办三峡工程泥沙研究工作顾问；重新调整了专家组和秘书组（原工作组）成员，其中，谢鉴衡改任专家组顾问，戴定忠任专家组副组长，王桂仙、谢葆玲为专家组成员，胡春宏任秘书组副组长，并新成立了由有关部门负责人参加的工作组。2005年8月增聘南京水科院唐存本，四川大学曹叔尤为专家组成员。

2010年9月，三峡办印发《关于调整三峡工程泥沙专家组组成人员的通知》（国三峡办发库字〔2010〕53号），聘请胡春宏为专家组副组长，主持日常工作，戴定忠改任专家组顾问。

2017年3月，为适应三峡工程正常运行后的新形势和新情况，三峡办印发《关于调整泥沙专家组工作职责和组成人员的通知》（国三峡办发库字〔2017〕6号），明确了新时期三峡工程泥沙专家组的职责，聘任胡春宏为专家组组长，调整后的专家组由顾问 7 人、专家 12 人和工作组成员 7 人组成，具体名单如下：

专家组顾问：钱正英　中国工程院院士、全国政协原副主席

张　仁　清华大学教授

韩其为　中国工程院院士、中国水利水电科学研究院教高

陈济生　长江科学院原院长、教高

潘庆燊　长江科学院原副总工、教高

唐存本　南京水利科学研究院教高

谢葆玲　武汉大学教授

专家组组长：胡春宏　中国工程院院士、中国水利水电科学研究院副院长

专家组成员：王光谦　中国科学院院士、清华大学教授、青海大学校长

王　俊　长江水利委员会水文局局长、教高

王桂仙　清华大学教授

卢金友　长江科学院院长、教高

刘怀汉　长江航道局技术服务处处长、教高

孙志禹　中国长江三峡集团公司科技与环境保护部主任、教高

李义天　武汉大学教授

曹文洪　中国水利水电科学研究院泥沙所所长、教高

曹叔尤　四川大学教授

窦希萍　南京水利科学研究院总工、教高

谭　颖　国际泥沙研究培训中心原副主任、教高

工作组组长：方春明　中国水利水电科学研究院泥沙所副总工、教高

工作组副组长：白　葳　国务院三峡办水库管理司生态环境协调处副处长

李丹勋　清华大学河流研究所所长、教授

工作组成员：陈　磊　中国长江三峡集团公司三峡枢纽建设运行管理局运行部副主任、教高

范　昭　国际泥沙研究培训中心原秘书处处长、教高

胡向阳　长江科学院河流研究所所长助理、教高

史红玲　中国水利水电科学研究院教高

2018年，三峡办并入水利部。根据水利部“三定”方案，组织提出并协调落实三峡工程运行和后续工程建设的有关政策措施，指导监督工程安全运行，是水利部重要职责之一，并设立三峡工程管理司。三峡工程泥沙专家组的工作由水利部三峡工程管理司负责管理。

四、三峡工程泥沙专家组职责和主要工作

随着三峡工程泥沙问题的发展和演变，针对当前三峡工程面临的新情况、新问题和新需求，2017年，将三峡工程泥沙专家组的工作职责进一步明确为：组织编制并指导实施三峡工程泥沙重大问题研究计划，开展成果评审和验收工作；提出三峡工程泥沙原型观测计划编制和实施建议，并开展技术指导和成果审定；组织三峡工程泥沙问题专题调研并提供技术咨询意见；按年度向水利部提交三峡工程泥沙原型观测数据分析报告；完成水利部交办的其他工作。

三峡工程泥沙专家组自1993年成立以来，协调组织了国内主要有关科研院所和高校，联合研究解决了一系列重大而复杂的关键技术难题，为三峡工程的论证、设计、建设和运行提供了重要科技支撑。从三峡工程论证阶段开始，研究论证了三峡水库不同蓄水位方案，确定了蓄水位175m的水库规模和“蓄清排浑”的运用方式；在初步设计阶段，进行了航道泥沙问题的专题研究，选定了枢纽上下引航道合理布置方案。在三峡工程建设期间，配合工程施工，研究了电站引水口和通航建筑物防沙方案、葛洲坝水利枢纽工程下游近坝段通航水位问题、变动回水区冲淤变化对航运和港口的影响及整治对策等。2003年三峡水库蓄水运用后，着重围绕三峡水库优化调度开展研究，提出了提前实施175m试验性蓄水、汛末蓄水时间提前到9月10日等优化方案，并针对水库淤积和坝下游河道冲刷等开展了系统观测，研究了三峡入库水沙变化、水库淤积规律、坝下游冲刷及对长江中下游的影响等。

三峡工程泥沙专家组主持和实施了“九五”“十五”“十一五”“十二五”期间三峡工程的泥沙监测计划制定、泥沙研究计划编制、技术成果的评审、验收和汇编等工作，出版了三峡工程泥沙研究成果论文集共23卷、水文泥沙观测成果中、英版4本，完成了中国工程院组织的三峡工程竣工验收第三方评估泥沙课题的评估工作。“十三五”以来，编制了《三峡工程泥沙重大问题研究计划（2016—2035年）》，并组织实施了“十三五”三峡泥沙研究项目；编写了三峡工程泥沙十年工作总结报告2本，从2018年开始，编写《三峡工程泥沙年度报告》。三峡工程泥沙专家组成立以来，还通过专题研究、现场调研、回应社会公众关注的问题等，提出专题研究报告、调研报告及建议等100余份，为新时期三峡工程安全运行和综合效益充分发挥提供了重要科技支撑。